GUANGDIANZI JISHU SHIJIAN

光电子技术实践

黄思俞 著

厦门大学出版社
XIAMEN UNIVERSITY PRESS
国家一级出版社
全国百佳图书出版单位

图书在版编目(CIP)数据

光电子技术实践/黄思俞著.—厦门:厦门大学出版社,2016.4
ISBN 978-7-5615-6023-5

Ⅰ.①光… Ⅱ.①黄… Ⅲ.①光电子技术 Ⅳ.①TN2

中国版本图书馆 CIP 数据核字(2016)第 078656 号

出 版 人 蒋东明
责任编辑 眭 蔚
封面设计 李嘉彬
责任印制 许克华

出版发行 厦门大学出版社
社 址 厦门市软件园二期望海路 39 号
邮政编码 361008
总 编 办 0592-2182177 0592-2181253(传真)
营销中心 0592-2184458 0592-2181365
网 址 http://www.xmupress.com
邮 箱 xmupress@126.com
印 刷 南平市武夷美彩印中心

开本 787mm×1092mm 1/16
印张 12.5
字数 306 千字
版次 2016 年 4 月第 1 版
印次 2016 年 4 月第 1 次印刷
定价 35.00 元

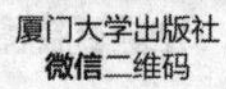

厦门大学出版社
微信二维码

厦门大学出版社
微博二维码

前　言

光电子技术是光学、电子学和计算机科学知识的高度集中，是跨学科的边缘技术。特别是近年来，各种新型光电器件的出现，以及电子技术和微计算机技术的发展，使光电子技术的内容更加丰富，在家庭生活、工农业以及航天等各领域都得到了广泛应用。本书结合目前光电子技术的主要教学仪器设备而撰写，可作为高等院校光电子技术专业的实践教学用书。通过理论知识结合实践的交互式学习，提高学生的专业实践能力和动手能力。

全书共分为6章。第1章主要是有关光敏器件特性测试的实验，包含光敏电阻、光敏二极管、光敏三极管等主要光敏器件的内容。第2章为光电子技术基础应用实验，通过这些实验让学生了解和掌握光电子技术在家庭生活、工农业等各领域的基本应用。第3章为光电子技术创新综合设计实训，是在学生对各种光电器件有了一定了解之后，结合电子技术相关知识，自行设计电路解决实际问题，并进行元件安装和调试，有助于培养学生的创新和对知识的综合运用能力。第4章为CCD成像与图像处理技术实验，包括线阵CCD和面阵CCD的基本原理，以及利用线阵CCD和面阵CCD进行光电检测和图像处理等内容。第5章为LED与液晶显示技术实训，包括LED照明、LED图文显示和液晶显示技术。第6章为太阳能光伏发电实训，包括太阳能光伏发电、太阳能电池充电控制系统，以及220 V逆变器的组装及性能测试等内容。实训装置和内容均接近实际工程应用，学生在实训过程中可根据自己对太阳能光伏发电应用的理解，自行动手安装和调试。

本书在撰写过程中，得到了机电工程学院各位领导的关心和重视。武汉光驰科技有限公司提供的产品说明为本书的撰写提供了极大的帮助。本书在撰写过程中也广泛参考和吸收了其他老师提出的许多建设性意见。在此向他们表示衷心的感谢！

由于作者水平有限，错误和疏漏之处在所难免，恳请读者批评指正。

作　者

2016年2月

前言

目 录

第 1 章　光敏器件特性测试实验

1.1　光敏电阻的特性测试

1.1.1　实验目的与要求

1. 掌握光敏电阻工作原理；
2. 掌握光敏电阻的基本特性；
3. 掌握光敏电阻特性测试的方法；
4. 了解光敏电阻的基本应用。

1.1.2　实验仪器与材料

光源驱动模块 1 个，负载模块 1 个，显示模块 1 个，直流稳压电源 1 台，光通路组件 1 套，光敏电阻及封装组件 1 套，光照度计 1 台，示波器 1 台，2＃迭插头对(红色，50 cm)10 根，2＃迭插头对(黑色，50 cm)10 根。

1.1.3　实验原理与方法

1. 光敏电阻的结构与工作原理

光敏电阻又称光导管，它几乎都是用半导体材料制成的光电器件。光敏电阻没有极性，纯粹是一个电阻器件，使用时既可加直流电压，也可以加交流电压。无光照时，光敏电阻值(暗电阻)很大，电路中电流(暗电流)很小。当光敏电阻受到一定波长范围的光照时，它的阻值(亮电阻)急剧减小，电路中电流迅速增大。一般希望暗电阻越大越好，亮电阻越小越好，此时光敏电阻的灵敏度高。实际上光敏电阻的暗电阻值一般在兆欧量级，亮电阻值在几千欧以下。

光敏电阻的结构很简单，图 1.1.1(a)为金属封装的硫化镉光敏电阻的结构图。在玻璃底板上均匀地涂上一层薄薄的半导体物质，称为光导层。半导体的两端装有金属电极，金属电极与引出线端相连接，光敏电阻就通过引出线端接入电路。为了防止周围介质的影响，在半导体光敏层上覆盖了一层漆膜，漆膜的成分应使它在光敏层最敏感的波长范围内透射率最大。为了提高灵敏度，光敏电阻的电极一般采用梳状图案，如图 1.1.1(b)所示。图 1.1.1(c)为光敏电阻的接线图。

2. 光敏电阻的主要参数

(1)暗电阻：光敏电阻在不受光照射时的阻值称为暗电阻，此时流过的电流称为暗电流。

(2)亮电阻：光敏电阻在受光照射时的电阻称为亮电阻，此时流过的电流称为亮电流。

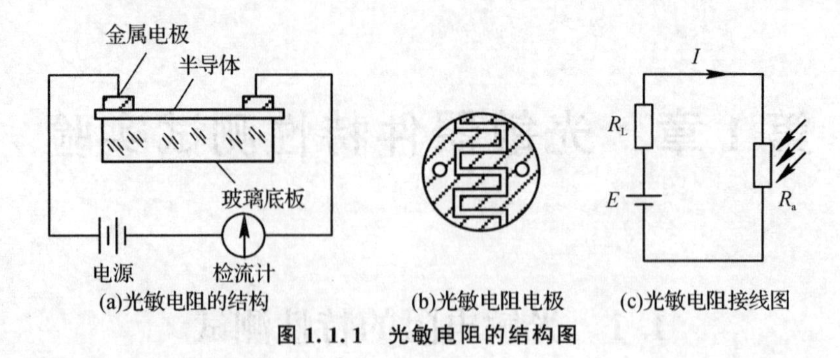

图 1.1.1　光敏电阻的结构图

(3)光电流:亮电流与暗电流之差称为光电流。

3. 光敏电阻的基本特性

(1)伏安特性:在一定照度下,流过光敏电阻的电流与光敏电阻两端的电压的关系称为光敏电阻的伏安特性。在一定的电压范围内,光敏电阻 I-U 曲线为直线,如图 1.1.2 所示。

(2)光照特性:光敏电阻的光照特性用来描述光电流 I 和光照强度之间的关系,不同材料的光照特性是不同的,绝大多数光敏电阻的光照特性是非线性的,如图 1.1.3 所示。

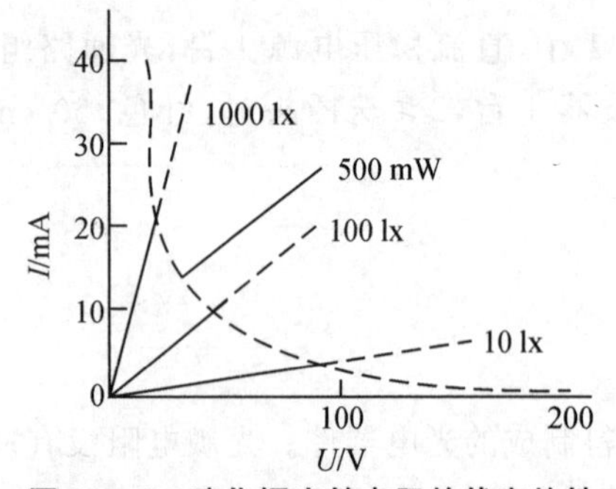

图 1.1.2　硫化镉光敏电阻的伏安特性

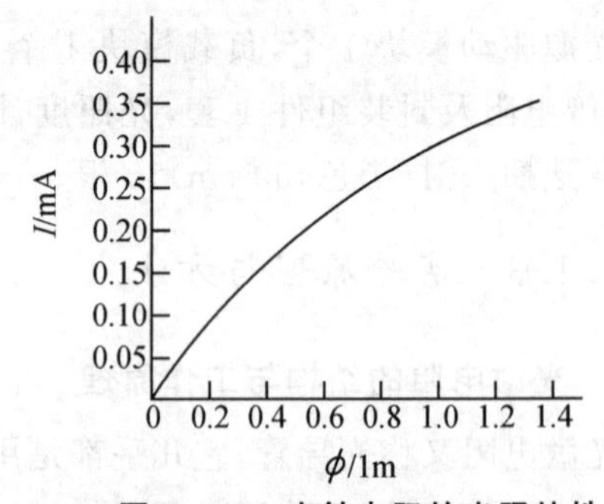

图 1.1.3　光敏电阻的光照特性

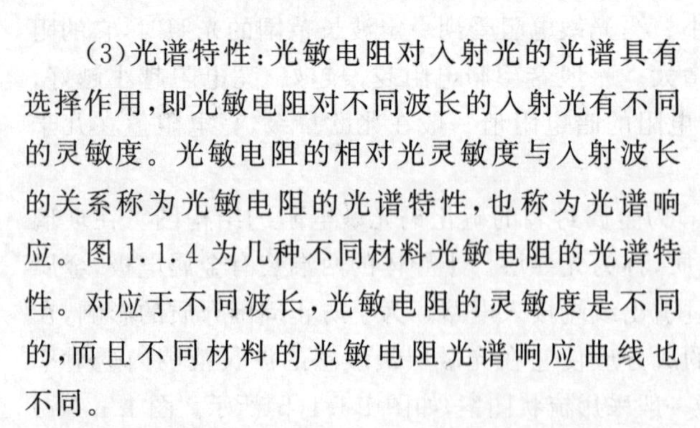

(3)光谱特性:光敏电阻对入射光的光谱具有选择作用,即光敏电阻对不同波长的入射光有不同的灵敏度。光敏电阻的相对光灵敏度与入射波长的关系称为光敏电阻的光谱特性,也称为光谱响应。图 1.1.4 为几种不同材料光敏电阻的光谱特性。对应于不同波长,光敏电阻的灵敏度是不同的,而且不同材料的光敏电阻光谱响应曲线也不同。

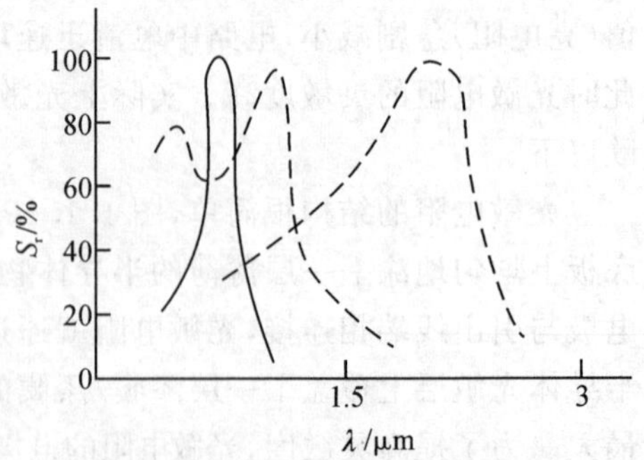

图 1.1.4　光敏电阻的光谱特性

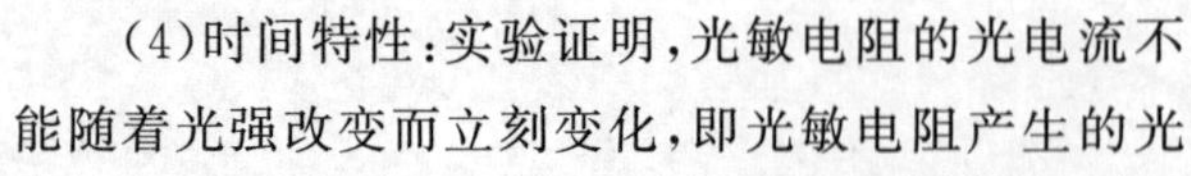

(4)时间特性:实验证明,光敏电阻的光电流不能随着光强改变而立刻变化,即光敏电阻产生的光电流有一定的惰性,这种惰性通常用时间常数表示。大多数的光敏电阻时间常数都较大,这是它的缺点之一。不同材料的光敏电阻具有不同的时间常数(毫秒数量级),因而它们的频

率特性也就各不相同，如图 1.1.5 所示。

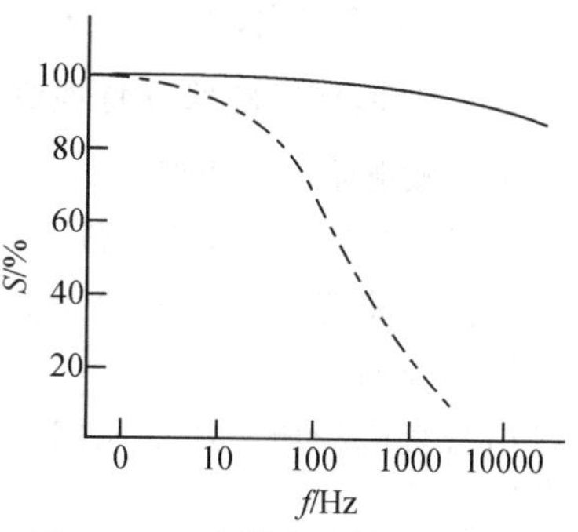

图 1.1.5　光敏电阻的频率特性

1.1.4　实验内容与步骤

1. 光敏电阻的暗电阻、暗电流测试

（1）将光敏电阻完全置入黑暗环境中（将光敏电阻装入光通路组件，不通电即为完全黑暗），使用万用表测试光敏电阻引脚输出端，即可得到光敏电阻的暗电阻。（注意：由于光敏电阻个性差异，某些暗电阻可能大于 200 MΩ，属于正常。）

（2）将精密直流稳压电源的两路"+5 V""⊥"对应接到显示模块的"+5 V""GND"，为显示表供电。

（3）将精密直流稳压电源的 0～15 V 输出的正负极与电压表头的输入对应相连，接通电源，将直流电流调到 12 V，关闭电源，拆除导线。

（4）按照图 1.1.6 连接电路图，取 R_L=10 MΩ（R_L从负载模块上选取）。

（5）接通电源，记录电压表的读数，使用欧姆定理 $I=U/R$ 得出支路中的暗电流值。（注意：在测量光敏电阻的暗电流时，应先将光敏电阻置于黑暗环境中 30 min 以上，否则电压表的读数会较长时间后才能稳定。）

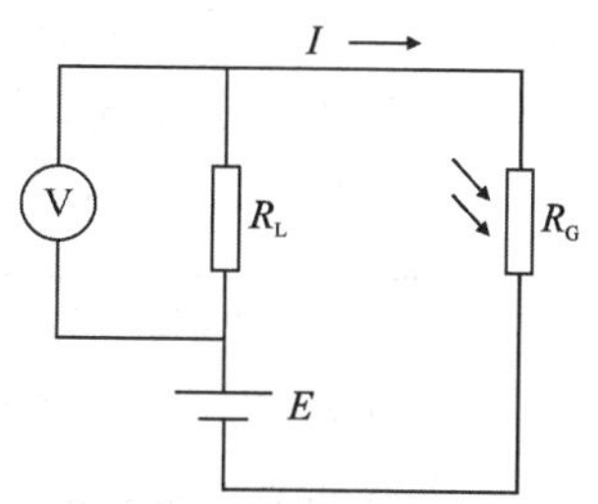

图 1.1.6　光敏电阻暗电流测试电路

2. 光敏电阻的亮电阻、亮电流、光电阻、光电流测试

（1）组装好光通路组件，将照度计与照度计探头输出正负极对应相连（红为正极，黑为负极），将光源驱动模块上 J_1 与光通路组件光源接口用彩排数据线相连。将精密直流稳压电源的"+5 V""⊥""−5 V"对应接到光源驱动模块上的"+5 V""GND""−5 V"。将精密直流稳压电源的两路"+5 V""⊥"对应接到显示模块的"+5 V""GND"，为显示表供电。

（2）将三掷开关 BM_2 拨到"静态"，将拨位开关 S_1 拨上，S_2，S_3，S_4，S_5，S_6，S_7 均拨下。

（3）接通电源，缓慢调节光照度调节电位器，直到光照为 300 lx（约为环境光照），用万用表测试光敏电阻引脚输出端，即可得到光敏电阻的亮电阻。

（4）将精密直流稳压电源的 0～15 V 输出的正负极与电压表头的输入对应相连，接通电源，将直流电压输出调到 12 V，关闭电源，拆除导线。

（5）按图 1.1.7 连接电路图，取 R_L=5.1 kΩ。U 为电压表，微安表为电流表，E 为直流电压。

（6）接通电源，记录此时电流表的读数，即为光敏电阻在 300 lx 的亮电流。

（7）亮电阻与暗电阻之差即为光电阻，光电阻越大，灵敏度越高。

（8）亮电流与暗电流之差即为光电流，光电流越大，灵敏度越高。

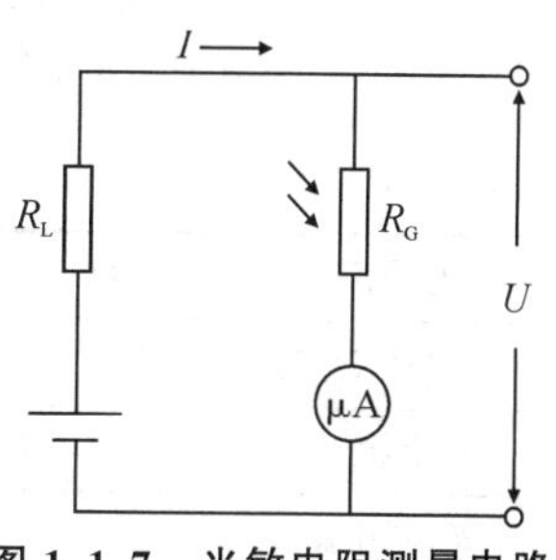

图 1.1.7　光敏电阻测量电路

(9)实验完成,关闭电源,拆除各导线。

3. 光敏电阻的伏安特性测试

光敏电阻的伏安特性即为光敏电阻两端所加的电压与光电流之间的关系。

(1)组装好光通路组件,将照度计与照度计探头输出正负极对应相连(红为正极,黑为负极),将光源驱动模块上 J_1 与光通路组件光源接口用彩排数据线相连。将精密直流稳压电源的"+5 V""⊥""−5 V"对应接到光源驱动模块上的"+5 V""GND""−5 V"。将精密直流稳压电源的两路"+5 V""⊥"对应接到显示模块的"+5 V""GND",为显示表供电。

(2)将三掷开关 BM_2 拨到"静态",将拨位开关 S_1 拨上,S_2,S_3,S_4,S_5,S_6,S_7 均拨下。

(3)按照图 1.1.7 连接电路,U 为电压表,微安表为电流表,E 选择 0~15 V 直流电压并调至最小,取 $R_L=510\ \Omega$(负载模块上取)。

(4)接通电源,将光照度设置为 200 lx 不变,调节电源电压,分别测得电压表显示为 0 V、2 V、4 V、6 V、8 V、10 V 时的光电流,填入表 1.1.1。

(5)按照上述步骤(4),改变光源的光照度为 400 lx,分别测得偏压为 0 V、2 V、4 V、6 V、8 V、10 V 时的光电流,填入表 1.1.1。

表 1.1.1　光照度分别为 200 lx 和 400 lx 时的光电流与偏压

偏压/V	0	2	4	6	8	10
光电流 I/mA(200 lx)						
光电流 I/mA(400 lx)						

(6)根据表中所测得的数据,在同一坐标轴中作出 V-I 曲线,并进行分析比较。

4. 光敏电阻的光电特性测试

在一定的电压作用下,光敏电阻的光电流与光照度的关系称为光电特性。

(1)组装好光通路组件,将照度计与照度计探头输出正负极对应相连(红为正极,黑为负极),将光源驱动模块上 J_1 与光通路组件光源接口用彩排数据线相连。将精密直流稳压电源的"+5 V""⊥""−5 V"对应接到光源驱动模块上的"+5 V""GND""−5 V"。将精密直流稳压电源的两路"+5 V""⊥"对应接到显示模块的"+5 V""GND",为显示表供电。

(2)将三掷开关 BM_2 拨到"静态",将拨位开关 S_1 拨上,S_2,S_3,S_4,S_5,S_6,S_7 均拨下。

(3)按照图 1.1.7 连接电路,取 $R_L=100\ \Omega$。

(4)接通电源,将电压设置为 8 V 不变,调节光照度电位器,依次测试出光照度在 100 lx、200 lx、300 lx、400 lx、500 lx、600 lx、700 lx、800 lx、900 lx 时的光电流,填入表 1.1.2。

表 1.1.2　不同光照度与光电阻

光照度/lx	100	200	300	400	500	600	700	800	900
电压 U/V									
光电流 I/A									
光电阻 R/Ω									

(5)根据测试所得到数据，描出光敏电阻的光电特性曲线。

5. 光敏电阻的光谱特性测试

用不同的材料制成的光敏电阻有着不同的光谱特性，当不同波长的入射光照到光敏电阻的光敏面上时，光敏电阻就有不同的灵敏度。

(1)组装好光通路组件，将照度计与照度计探头输出正负极对应相连(红为正极，黑为负极)，将光源驱动模块上 J_1 与光通路组件光源接口用彩排数据线相连。将精密直流稳压电源的“+5 V”“⊥”“−5 V”对应接到光源驱动模块上的“+5 V”“GND”“−5 V”。将精密直流稳压电源的两路“+5 V”“⊥”对应接到显示模块的“+5 V”“GND”，为显示表供电。

(2)将三掷开关 BM_2 拨到“静态”，将拨位开关 S_1 拨上，S_2，S_3，S_4，S_5，S_6，S_7 均拨下。

(3)接通电源，缓慢调节光照度调节电位器到最大，将 S_2，S_3，S_4，S_5，S_6，S_7 依次拨上后拨下，记录照度计所测数据，并将最小值 E 作为参考。(注意:请不要同时将两个拨位开关拨上。)

(4)将 S_2 拨上，缓慢调节光照度调节电位器直到照度计显示为 E，使用万用表测试光敏电阻的输出端，将测试所得的数据填入下表，再将 S_2 拨下。

(5)依次将 S_3，S_4，S_5，S_6，S_7 拨上后拨下，分别测试出橙光、黄光、绿光、蓝光、紫光在光照度 E 时光敏电阻的阻值，填入表 1.1.3。

表 1.1.3　不同入射光波长与光电阻

波长/nm	红(630)	橙(605)	黄(585)	绿(520)	蓝(460)	紫(400)
光电阻/Ω						

(6)根据所测试得到的数据，作出光敏电阻的光谱特性曲线。(注意:不同的光敏电阻曲线略有不同，属正常现象，峰值在蓝光附近。)

6. 光敏电阻的时间特性测试

(1)组装好光通路组件，将照度计与照度计探头输出正负极对应相连(红为正极，黑为负极)，将光源驱动模块上 J_1 与光通路组件光源接口用彩排数据线相连。将精密直流稳压电源的“+5 V”“⊥”“−5 V”对应接到光源驱动模块上的“+5 V”“GND”“−5 V”。将精密直流稳压电源的两路“+5 V”“⊥”对应接到显示模块的“+5 V”“GND”，为显示表供电。

(2)将三掷开关 BM_2 拨到“脉冲”，将拨位开关 S_1 拨上，S_2，S_3，S_4，S_5，S_6，S_7 均拨下。

(3)按图 1.1.7 连接电路，取 $R_L = 10\ k\Omega$，示波器的测试点应为光敏电阻两端，为了测试方便，可把示波器的测试点用迭插头对引至光源驱动模块上信号测试区的 TP_1 和 TP_2。

(4)接通电源，白光对应的发光二极管亮，其余的发光二极管不亮。缓慢调节 0～15 V 直流电源电位器，用示波器的第一通道接 TP 和 GND(即为输入的脉冲光信号)，用示波器的第二通道接 TP_1 和 TP_2。

(5)观察示波器两个通道信号的变化，并作出实验记录(描绘出两个通道的 U-T 曲线)。

(6)缓慢增大输入脉冲的信号宽度，观察示波器两个通道信号的变化，并作出实验记录(描绘出两个通道的 U-T 曲线)，拆去导线，关闭电源。

1.1.5　注意事项

1. 实验之前，请仔细阅读光电探测综合实验仪说明，弄清实验箱各部分的功能及拨位开关的意义；

2. 当电压表和电流表显示为“1_”时，说明超过量程，应更换为合适量程；

3. 连线之前必须关闭电源；

4. 实验过程中，请勿同时拨开两种或两种以上的光源开关，这样会造成实验所测试的数据不准确。

1.1.6 思考与分析题

1. 为什么当光敏电阻所受光强发生改变时，光电流要经过一段时间才能达到稳态值，光照突然消失时光电流也不立刻为零？

2. 什么叫光敏电阻的光谱特性以及频率特性？如何研究？

1.2 光电二极管的特性测试

1.2.1 实验目的与要求

1. 掌握光电二极管的工作原理；
2. 掌握光电二极管的基本特性；
3. 掌握光电二极管特性测试的方法；
4. 了解光电二极管的基本应用。

1.2.2 实验仪器与材料

光源驱动模块 1 个，负载模块 1 个，显示模块 1 个，直流稳压电源 1 台，光通路组件 1 套，光电二极管及封装组件 1 套，光照度计 1 台，2＃选插头对(红色，50 cm)10 根，2＃选插头对(黑色，50 cm)10 根，示波器 1 台。

1.2.3 实验原理与方法

光电二极管的结构和普通二极管相似，只是它的 PN 结装在管壳顶部，光线通过透镜制成的窗口，可以集中照射在 PN 结上，图 1.2.1(a)是其结构示意图。光敏二极管在电路中通常处于反向偏置状态，如图 1.2.1(b)所示。

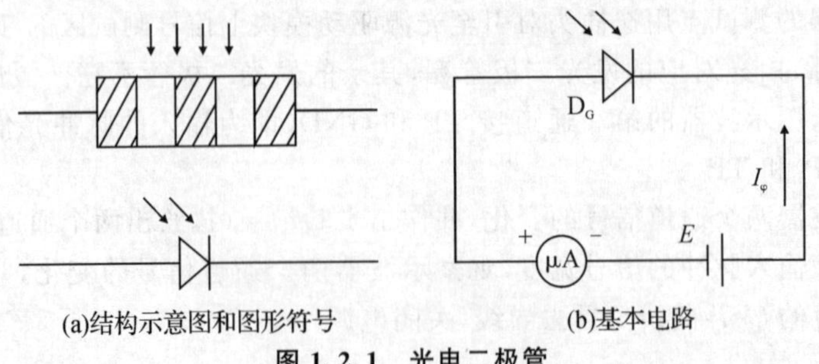

图 1.2.1 光电二极管

PN 结加反向电压时，反向电流的大小取决于 P 区和 N 区中少数载流子的浓度，无光照时 P 区中少数载流子(电子)和 N 区中的少数载流子(空穴)都很少,因此反向电流很小。但是当光照射 PN 结时,只要光子能量 $h\nu$ 大于材料的禁带宽度,就会在 PN 结及其附近产生光生电子-空穴对,从而使 P 区和 N 区少数载流子浓度大大增加,它们在外加反向电压和 PN 结内电场作用下定向运动,分别在两个方向上渡越 PN 结,使反向电流明显增大。如果入射光的照度改变,光生电子-空穴对的浓度将相应变动,通过外电路的光电流强度也会随之变动,光敏二极管就把光信号转换成了电信号。

1.2.4　实验内容与步骤

1. 光电二极管的暗电流测试

光电二极管的暗电流测试装置原理框图如图 1.2.2 所示。在实际操作过程中,光电二极管和光电三极管的暗电流非常小,只有 nA 数量级,因而对电流表的要求较高。本实验中,采用电路中串联大电阻的方法,将图 1.2.2 中的 R_L 改为 $R_L=20\ \mathrm{M\Omega}$,再利用欧姆定律计算出支路中的电流,即为所测器件的暗电流 $I=U/R_L$,如图 2.2.2 所示。

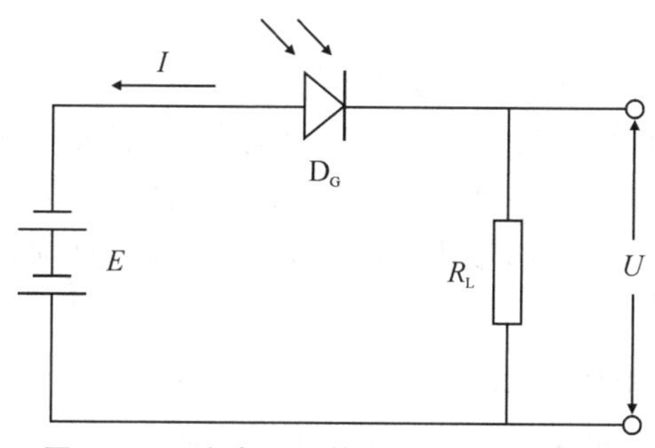

图 1.2.2　光电二极管的暗电流测量电路

(1)组装好光通路组件,将照度计与照度计探头输出正负极对应相连(红为正极,黑为负极),将光源驱动模块上 J_1 与光通路组件光源接口用彩排数据线相连。将精密直流稳压电源的"+5 V""⊥""−5 V"对应接到光源驱动模块上的"+5 V""GND""−5 V"。将精密直流稳压电源的两路"+5 V""⊥"对应接到显示模块的"+5 V""GND",为显示表供电。

(2)将三掷开关 BM_2 拨到"静态",将拨位开关 S_1 拨上,S_2,S_3,S_4,S_5,S_6,S_7 均拨下。

(3)将精密直流稳压电源的 0~15 V 输出的正负极与电压表头的输入对应相连,接通电源,将直流电流调到 15 V,关闭电源,拆除导线。

(4)"光照度调节"调到最小,连接好光照度计,直流电源调至最小,打开照度计,此时照度计的读数应为 0。(注意:在下面的实验操作中请不要动电源调节电位器,以保证直流电源输出电压不变。)

(5)按图 1.2.2 连接电路,负载 R_L 选择 $R_L=20\ \mathrm{M\Omega}$。

(6)打开电源开关,等电压表读数稳定后测得负载电阻 R_L 上的压降 V,则暗电流 $I=V/R_L$,所得的暗电流即为偏置电压在 15 V 时的暗电流。(注意:在测试暗电流时,应先将光电器件置于黑暗环境中 30 min 以上,否则测试过程中电压表需一段时间后才可稳定。)

2. 光电二极管的光电流测试

光电二极管光的电流测试装置原理如图 1.2.3 所示。

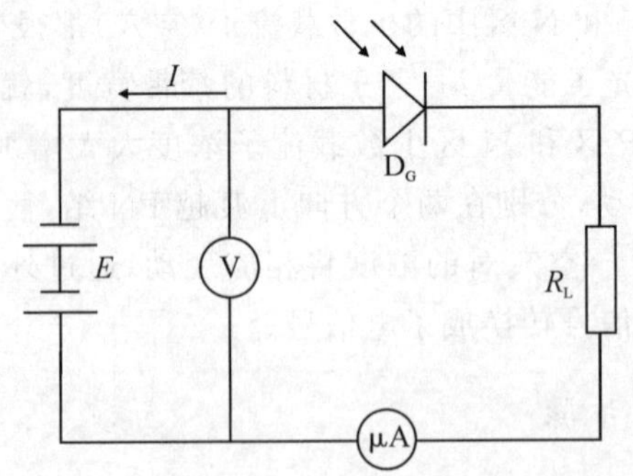

图 1.2.3　反向偏压时光电二极管测量电路

(1)组装好光通路组件,将照度计与照度计探头输出正负极对应相连(红为正极,黑为负极),将光源驱动模块上 J_1 与光通路组件光源接口用彩排数据线相连。将精密直流稳压电源的"+5 V""⊥""−5 V"对应接到光源驱动模块上的"+5 V""GND""−5 V"。将精密直流稳压电源的两路"+5 V""⊥"对应接到显示模块的"+5 V""GND",为显示表供电。

(2)将三掷开关 BM_2 拨到"静态",将拨位开关 S_1 拨上,S_2,S_3,S_4,S_5,S_6,S_7 均拨下。

(3)按图 1.2.3 连接电路,E 选择 0～15 V 直流电源,取 R_L=1 kΩ。

(4)接通电源,缓慢调节光照度调节电位器,直到光照为 300 lx(约为环境光照),缓慢调节直流电源直至电压表显示为 6 V,读出此时电流表的读数,即为光电二极管在偏压 6 V,光照 300 lx 时的光电流。

3. 光电二极管的光照特性测试

光电二极管的光照特性测试装置原理如图 1.2.3 所示。

(1)组装好光通路组件,将照度计与照度计探头输出正负极对应相连(红为正极,黑为负极),将光源驱动模块上 J_1 与光通路组件光源接口用彩排数据线相连。将精密直流稳压电源的"+5 V""⊥""−5 V"对应接到光源驱动模块上的"+5 V""GND""−5 V"。将精密直流稳压电源的两路"+5 V""⊥"对应接到显示模块的"+5 V""GND",为显示表供电。

(2)将三掷开关 BM_2 拨到"静态",将拨位开关 S_1 拨上,S_2,S_3,S_4,S_5,S_6,S_7 均拨下。

(3)按图 1.2.3 连接电路,E 选择 0～15 V 直流电源,负载 R_L 选择 R_L=1 kΩ。

(4)将"光照度调节"旋钮逆时针调至最小值,接通电源,调节直流电源电位器,直到显示值为 8 V 左右。顺时针调节光照度调节旋钮,增大光照度值,将不同照度下对应的光生电流值填入表 1.2.1。若电流表或照度计显示为"1_",说明超出量程,应改为合适的量程再测试。

表 1.2.1　加反向偏压和零偏压时的光电流与光照度

光照度/lx	0	100	300	500	700	900
光电流/μA(有反向偏压)						
光电流/μA(无反向偏压)						

(5)将“光照度调节”旋钮逆时针调节到最小值位置后关闭电源。

(6)将以上连接的电路改为如图 1.2.4 连接(即零偏压)。

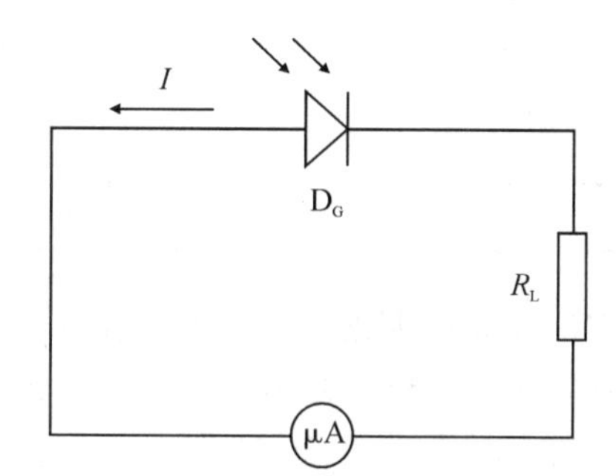

图 1.2.4 零偏压的光电二极管测量电路

(7)接通电源,顺时针调节光照度旋钮,增大光照度值,分别记下不同照度下对应的光生电流值,填入表 1.2.1。若电流表或照度计显示为“1_”,说明超出量程,应改为合适的量程再测试。

(8)根据上面两表中的实验数据,在同一坐标轴中作出两条曲线,并进行比较。

4. 光电二极管的伏安特性

光电二极管的伏安特性测量原理如图 1.2.5 所示。

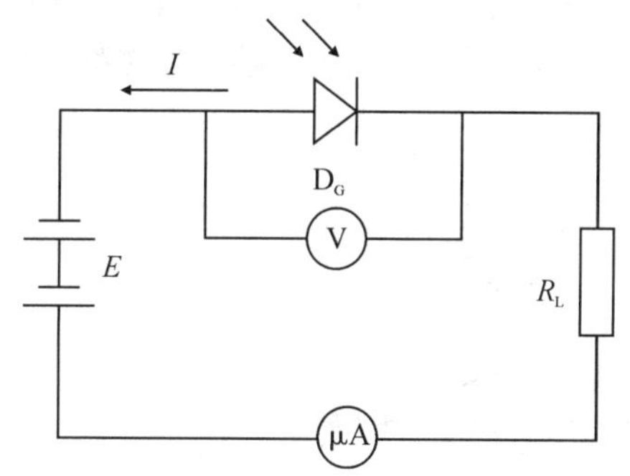

图 1.2.5 反向偏压的光电二极管测量电路

(1)组装好光通路组件,将照度计与照度计探头输出正负极对应相连(红为正极,黑为负极),将光源驱动模块上 J_1 与光通路组件光源接口用彩排数据线相连。将精密直流稳压电源的“+5 V”“⊥”“−5 V”对应接到光源驱动模块上的“+5 V”“GND”“−5 V”。将精密直流稳压电源的两路“+5 V”“⊥”对应接到显示模块的“+5 V”“GND”,为显示表供电。

(2)将三掷开关 BM_2 拨到“静态”,将拨位开关 S_1 拨上,S_2,S_3,S_4,S_5,S_6,S_7 均拨下。

(3)按图 1.2.5 连接电路,E 选择 0~15 V 直流电源,负载 R_L 选择 R_L=2 kΩ。

(4)接通电源,顺时针调节照度调节旋钮,使照度值为 500 lx,保持光照度不变,调节可调直流电源电位器,记录反向偏压分别为 0 V、2 V、4 V、6 V、8 V、10 V、12 V 时电流表的读数,填入表 1.2.2。(注意:直流电源不可高于 20 V,以免烧坏光电二极管。)

表 1.2.2　光电二极管的伏安特性

偏压/V	0	−2	−4	−6	−8	−10	−12
光电流/μA(500 lx)							
光电流/μA(300 lx)							
光电流/μA(800 lx)							

(5)根据上述实验结果,作出 500 lx 照度下的光电二极管伏安特性曲线。

(6)重复上述步骤,分别测量光电二极管在 300 lx 和 800 lx 照度下,不同偏压下的光生电流值,填入表 1.2.2。在同一坐标中作出伏安特性曲线,并进行比较。

5. 光电二极管的时间响应特性测试

(1)组装好光通路组件,将照度计与照度计探头输出正负极对应相连(红为正极,黑为负极),将光源驱动模块上 J_1 与光通路组件光源接口用彩排数据线相连。将精密直流稳压电源的“+5 V”“⊥”“−5 V”对应接到光源驱动模块上的“+5 V”“GND”“−5 V”。将精密直流稳压电源的两路“+5 V”“⊥”对应接到显示模块的“+5 V”“GND”,为显示表供电。

(2)将三掷开关 BM_2 拨到“脉冲”,将拨位开关 S_1 拨上,S_2,S_3,S_4,S_5,S_6,S_7 均拨下。

(3)按图 1.2.6 连接电路,E 选择 0~15 V 直流电源,负载 R_L 选择 $R_L=200\ k\Omega$。

(4)示波器的测试点为 A 点,为了测试方便,可把示波器的测试点用迭插头对引至信号测试区的 TP_1 和 TP_2。

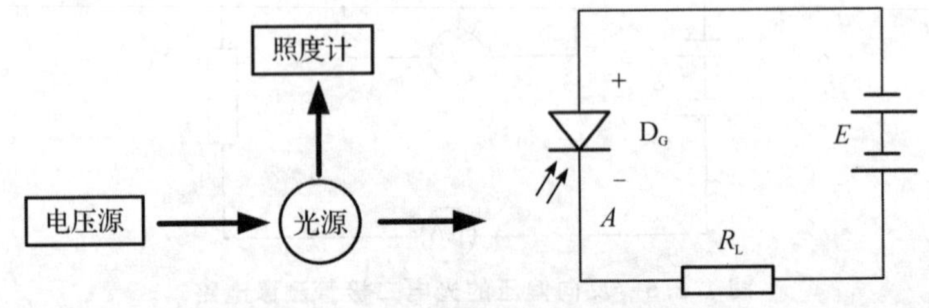

图 1.2.6　光电二极管时间响应特性测试

(5)接通电源,白光对应的发光二极管亮,其余的发光二极管不亮。用示波器的第一通道接 TP 和 GND(即输入的脉冲光信号),用示波器的第二通道接 TP_1 和 TP_2。

(6)观察示波器两个通道信号,缓慢调节直流电源幅度调节和光照度调节电位器直到示波器上观察到信号清晰为止,并作出实验记录(描绘出两个通道波形)。

(7)缓慢调节脉冲宽度调节电位器,增大输入信号的脉冲宽度,观察示波器两个通道信号的变化,作出实验记录(描绘出两个通道的波形)并进行分析。

6. 光电二极管的光谱特性测试

当不同波长的入射光照到光电二极管上时,光电二极管就有不同的灵敏度。本实验仪采用高亮度 LED(白、红、橙、黄、绿、蓝、紫)作为光源,产生 400~630 nm 离散光谱。

光谱响应度是光电探测器对单色入射辐射的响应能力,定义为在波长 λ 的单位入射功率的照射下,光电探测器的输出电压或电流。即:

$$u(\lambda)=\frac{U(\lambda)}{P(\lambda)}\text{或 }i(\lambda)=\frac{I(\lambda)}{P(\lambda)}$$

式中，$P(\lambda)$为波长为λ时的入射光功率；$U(\lambda)$为光电探测器在入射光功率$P(\lambda)$作用下的输出电压；$I(\lambda)$则为光电探测器在入射光功率$P(\lambda)$作用下的输出电流。

本实验所采用的方法是基准探测器法，在相同光功率的辐射下有

$$R(\lambda)=\frac{UK}{U_f}f(\lambda)$$

式中，$R(\lambda)$光谱响应度，U为输出电压，U_f为基准探测器显示的电压，K为基准电压的放大倍数，$f(\lambda)$为基准探测器的响应度。在测试过程中，U_f取相同值，则实验所测试的响应度由$Uf(\lambda)$确定。图 1.2.7 为基准探测器的光谱响应曲线。

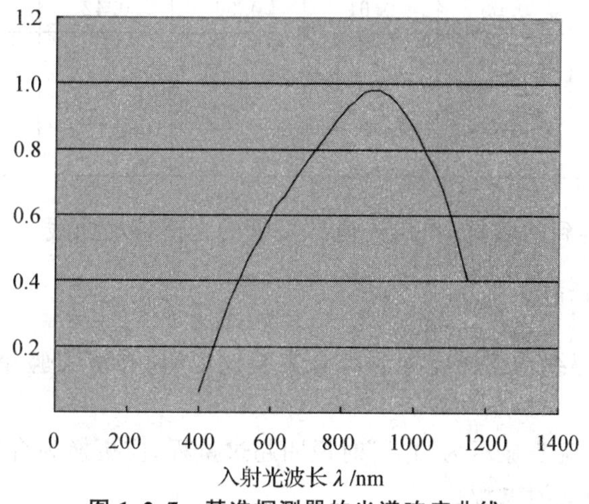

图 1.2.7　基准探测器的光谱响应曲线

(1)组装好光通路组件，将照度计与照度计探头输出正负极对应相连(红为正极，黑为负极)，将光源驱动模块上 J_1 与光通路组件光源接口用彩排数据线相连。将精密直流稳压电源的“+5 V”“⊥”“−5 V”对应接到光源驱动模块上的“+5 V”“GND”“−5 V”。将精密直流稳压电源的两路“+5 V”“⊥”对应接到显示模块的“+5 V”“GND”，为显示表供电。

(2)将三掷开关 BM_2 拨到“静态”，将拨位开关 S_1 拨上，S_2，S_3，S_4，S_5，S_6，S_7 均拨下。

(3)将 0～15 V 直流电源输出调节到 10 V，关闭电源。

(4)按图 1.2.8 连接电路，E 选择 0～15 V 直流电源，取 $R_L=100\ \text{k}\Omega$。

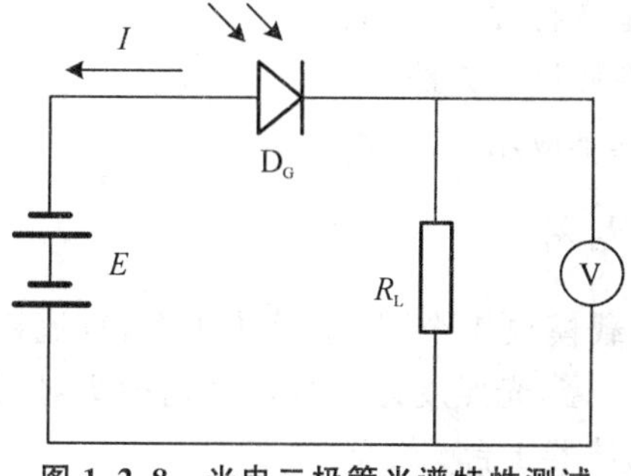

图 1.2.8　光电二极管光谱特性测试

(5)接通电源,缓慢调节光照度调节电位器到最大,将 S_2,S_3,S_4,S_5,S_6,S_7 依次拨上后拨下,分别记录照度计所测数据,并将其中最小值 E 作为参考。(注意:请不要同时将两个拨位开关拨上。)

(6)将 S_2 拨上,缓慢调节电位器直到照度计显示为 E,将电压表测试所得的数据填入表 1.2.3,再将 S_2 拨下。

(7)依次将 S_3,S_4,S_5,S_6,S_7 拨上后拨下,分别测出橙光、黄光、绿光、蓝光、紫光在光照度 E 下时电压表的读数,填入表 1.2.3。

表 1.2.3 光电二极管的光谱特性

波长 λ/nm	红(630)	橙(605)	黄(585)	绿(520)	蓝(460)	紫(400)
基准响应度 $f(\lambda)$	0.65	0.61	0.56	0.42	0.25	0.06
R_L 电压 U/mV						
光电流 I/μA						
响应度 $R(\lambda)$						

(8)根据所测试得到的数据,作出光电二极管的光谱特性曲线。

1.2.5 注意事项

1. 实验之前,请仔细阅读光电探测综合实验仪说明,弄清实验箱各部分的功能及拨位开关的意义;
2. 当电压表和电流表显示为"1_"时说明超过量程,应更换为合适量程;
3. 连线之前必须关闭电源;
4. 实验过程中,请勿同时拨开两种或两种以上的光源开关,这样会造成实验所测试的数据不准确。

1.3 光电三极管的特性测试

1.3.1 实验目的与要求

1. 掌握光电三极管的工作原理;
2. 掌握光电三极管的基本特性;
3. 掌握光电三极管特性测试的方法;
4. 了解光电三极管的基本应用。

1.3.2 实验仪器与材料

光源驱动模块 1 个,负载模块 1 个,显示模块 1 个,直流稳压电源 1 台,光通路组件 1 套,光电三极管及封装组件 1 套,光照度计 1 台,2#迭插头对(红色,50 cm)10 根,2#迭插头对(黑色,50 cm)10 根,示波器 1 台。

1.3.3　实验原理与方法

光电三极管与光电二极管的工作原理基本相同，都是基于内光电效应，它们和光敏电阻的差别仅在于光线照射在半导体 PN 结上，PN 结参与了光电转换过程。

光敏三极管有两个 PN 结，因而可以获得电流增益，它比光敏二极管具有更高的灵敏度。其结构如图 1.3.1(a)所示。

当光敏三极管按图 1.3.1(b)所示的电路连接时，它的集电结反向偏置，发射结正向偏置，无光照时仅有很小的穿透电流流过，当光线通过透明窗口照射集电结时，和光敏二极管的情况相似，流过集电结的反向电流增大，这就造成基区中正电荷的空穴的积累，发射区中的多数载流子(电子)将大量注入基区，由于基区很薄，只有一小部分从发射区注入的电子与基区的空穴复合，而大部分电子将穿过基区流向与电源正极相接的集电极，形成集电极电流。这个过程与普通三极管的电流放大作用相似，它使集电极电流为原始光电流的 $1+\beta$ 倍。这样集电极电流将随入射光照度的改变而更加明显地变化。

在光敏二极管的基础上，为了获得内增益，就利用了晶体三极管的电流放大作用，用 Ge 或 Si 单晶体制造 NPN 或 PNP 型光敏三极管。其结构使用电路及等效电路如图 1.3.1(c)所示。

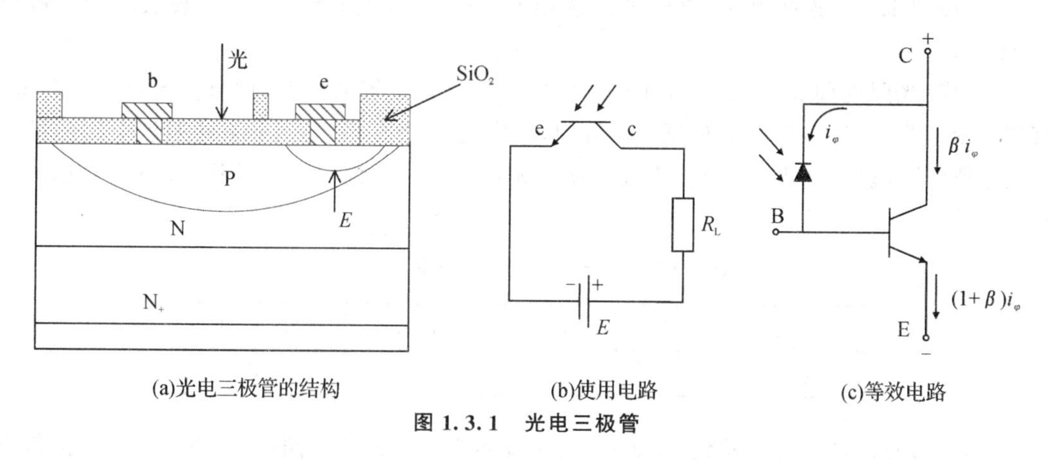

图 1.3.1　光电三极管

光敏三极管可以等效为一个光电二极管与另一个一般晶体管基极和集电极并联：集电极-基极产生的电流输入三极管的基极再放大。不同之处是，集电极电流(光电流)由集电结上产生的 i_φ 控制。集电极起双重作用：把光信号变成电信号起光电二极管作用，使光电流再放大起一般三极管的集电结作用。一般光敏三极管只引出 e、c 两个电极，体积小，光电特性是非线性的，广泛应用于光电自动控制作光电开关。

1.3.4　实验内容与步骤

1. 光电三极管的光电流测试

(1)组装好光通路组件，将照度计与照度计探头输出正负极对应相连(红为正极，黑为负极)，将光源驱动模块上 J_1 与光通路组件光源接口用彩排数据线相连。将精密直流稳压电源的“+5 V”“⊥”“−5 V”对应接到光源驱动模块上的“+5 V”“GND”“−5 V”。将精密直流稳压电源的两路“+5 V”“⊥”对应接到显示模块的“+5 V”“GND”，为显示表供电。

(2)将三掷开关 BM_2 拨到“静态”,将拨位开关 S_1 拨上,S_2,S_3,S_4,S_5,S_6,S_7 均拨下。

(3)按图 1.3.2 连接电路图,直流电源选用 0～15 V 可调直流电源,取 $R_L=1\ k\Omega$,光电三极管 c 极对应组件上红色护套插座,e 极对应组件上黑色护套插座。

(4)接通电源,缓慢调节光照度调节电位器,直到光照为 300 lx(约为环境光照),缓慢调节可调直流电源到电压表显示为 6 V,读出此时电流表的读数,即为光电二极管在偏压 6 V,光照 300 lx 时的光电流。

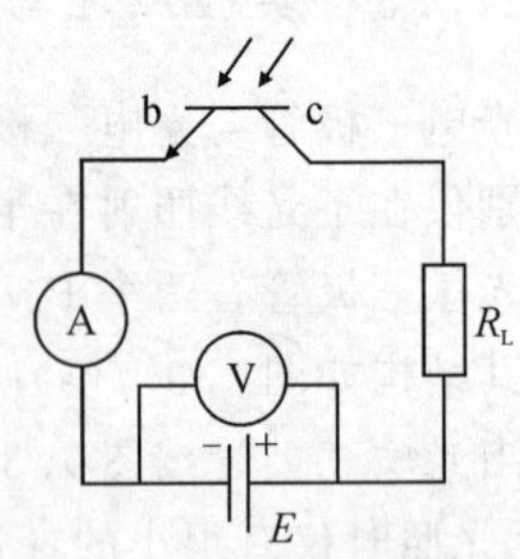

图 1.3.2　光电三极管光电流测试

2. 光电三极管的光照特性测试

(1)组装好光通路组件,将照度计与照度计探头输出正负极对应相连(红为正极,黑为负极),将光源驱动模块上 J_1 与光通路组件光源接口用彩排数据线相连。将精密直流稳压电源的“+5 V”“⊥”“−5 V”对应接到光源驱动模块上的“+5 V”“GND”“−5 V”。将精密直流稳压电源的两路“+5 V”“⊥”对应接到显示模块的“+5 V”“GND”,为显示表供电。

(2)将三掷开关 BM_2 拨到“静态”,将拨位开关 S_1 拨上,S_2,S_3,S_4,S_5,S_6,S_7 均拨下。

(3)按图 1.3.2 连接电路,直流电源选用 0～15 V 可调直流电源,负载 R_L 选择 $R_L=1\ k\Omega$。

(4)将“光照度调节”旋钮逆时针调节至最小值位置。接通电源,调节直流电源电位器,直到显示值为 6 V 左右,顺时针调节该旋钮,增大光照度值,分别记下不同照度下对应的光生电流值,填入表 1.3.1。若电流表或照度计显示为“1_”,说明超出量程,应改为合适的量程再测试。

表 1.3.1　偏压 6 V 时的光照度与光电流

光照度/lx	0	100	300	500	700	900
光电流/μA						

(5)调节直流调节电位器到 10 V 左右,重复步骤(4),改变光照度值,将测试的电流值填入表 1.3.2。

表 1.3.2　偏压 10 V 时的光照度与光电流

光照度/lx	0	100	300	500	700	900
光电流/μA						

(6)根据上面所测试的两组数据,在同一坐标轴中描绘光照特性曲线并进行分析。

3. 光电三极管的伏安特性测试

光电三极管的伏安特性装置原理如图 1.3.3 所示。

(1)组装好光通路组件,将照度计与照度计探头输出正负极对应相连(红为正极,黑为负极),将光源驱动模块上 J_1 与光通路组件光源接口用彩排数据线相连。将精密直流稳压电源的“+5 V”“⊥”“−5 V”对应接到光源驱动模块上的“+5 V”“GND”“−5 V”。将精密直流稳压电源的两路“+5 V”“⊥”对应接到显示模块的“+5 V”“GND”，为显示表供电。

(2)将三掷开关 BM_2 拨到“静态”，将拨位开关 S_1 拨上，S_2，S_3，S_4，S_5，S_6，S_7 均拨下。

(4)按图 1.3.3 连接电路，直流电源选用 0～15 V 可调直流电源，负载 R_L 选择 $R_L=2\ k\Omega$。

(5)接通电源，顺时针调节照度调节旋钮，使照度值为 200 lx，保持光照度不变，调节电源电压电位器，记录反向偏压分别为0 V、1 V、2 V、4 V、6 V、8 V、10 V、12 V 时电流表的读数，填入表 1.3.3。(注意：直流电压不可调至高于 30 V，以免烧坏光电三极管。)

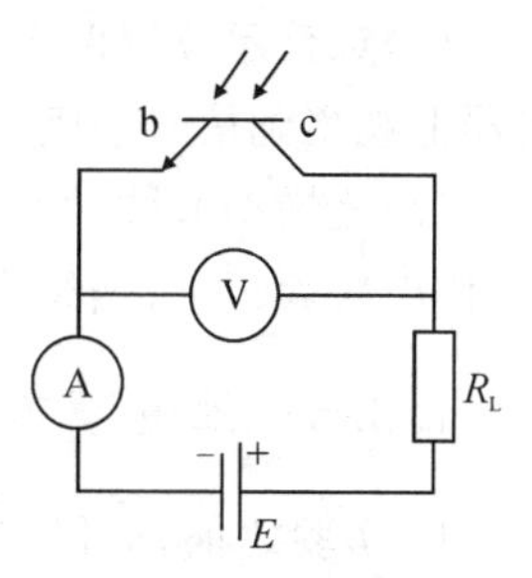

图 1.3.3　光电三极管的伏安特性测试

表 1.3.3　照度 200 lx 时的偏压与光电流

偏压/V	0	1	2	4	6	8	10	12
光电流/μA								

(6)根据上述实验结果，作出 200 lx 照度下的光电三极管伏安特性曲线。

(7)重复上述步骤。分别测量光电三极管在 100 lx 和 500 lx 照度下，不同偏压下的光生电流值，填入表 1.3.4 和表 1.3.5。在同一坐标轴作出伏安特性曲线，并进行比较。

表 1.3.4　照度 100 lx 时的偏压与光电流

偏压/V	0	1	2	4	6	8	10	12
光电流/μA								

表 1.3.5　照度 500 lx 时的偏压与光电流

偏压/V	0	1	2	4	6	8	10	12
光电流/μA								

4. 光电三极管的时间响应特性测试

(1)组装好光通路组件，将照度计与照度计探头输出正负极对应相连(红为正极，黑为负极)，将光源驱动模块上 J_1 与光通路组件光源接口用彩排数据线相连。将精密直流稳压电源的“+5 V”“⊥”“−5 V”对应接到光源驱动模块上的“+5 V”“GND”“−5 V”。将精密直流稳压电源的两路“+5 V”“⊥”对应接到显示模块的“+5 V”“GND”，为显示表供电。

(2)将三掷开关 BM_2 拨到“脉冲”，将拨位开关 S_1 拨上，S_2，S_3，S_4，S_5，S_6，S_7 均拨下。

(3)按图 1.3.2 连接电路，直流电源选用 0～15 V 可调直流电源，负载 R_L 选择 $R_L=1\ k\Omega$。

(4)示波器的测试点为光电三极管的 c、e 两端，为了测试方便，可把测试点使用迭插头对引至信号测试区的 TP_1 和 TP_2。

(5)接通电源，白光对应的发光二极管亮，其余的发光二极管不亮。用示波器的第一通道接 TP 和 GND(即为输入的脉冲光信号)，用示波器的第二通道接 TP_1 和 TP_2。

(6)观察示波器两个通道信号,缓慢调节直流电源幅度调节和光照度调节电位器直到示波器上观察到信号清晰为止,并作出实验记录(描绘出两个通道波形)。

(7)缓慢调节脉冲宽度调节,增大输入信号的脉冲宽度,观察示波器两个通道信号的变化,作出实验记录(描绘出两个通道的波形)并进行分析。

1.3.5 注意事项

1. 实验之前,请仔细阅读光电探测综合实验仪说明,弄清实验箱各部分的功能及拨位开关的意义;

2. 当电压表和电流表显示为“1_”时,说明超过量程,应更换为合适量程;

3. 连线之前必须关闭电源;

4. 实验过程中,请勿同时拨开两种或两种以上的光源开关,这样会造成实验所测试的数据不准确。

1.4 硅光电池的特性测试

1.4.1 实验目的与要求

1. 掌握硅光电池的工作原理;
2. 掌握硅光电池的基本特性;
3. 掌握硅光电池基本特性的测试方法;
4. 了解硅光电池的基本应用。

1.4.2 实验仪器与材料

光源驱动模块 1 个,负载模块 1 个,显示模块 1 个,直流稳压电源 1 台,光通路组件 1 套,硅光电池及封装组件 1 套,光照度计 1 台,2# 迭插头对(红色,50 cm)10 根,2# 迭插头对(黑色,50 cm)10 根,示波器 1 台。

1.4.3 实验原理与方法

1. 硅光电池的基本结构

目前半导体光电探测器在数码摄像、光通信、太阳能电池等领域得到了广泛应用,硅光电池是半导体光电探测器的一个基本单元,深刻理解硅光电池的工作原理和具体使用特性可以进一步领会半导体 PN 结原理、光电效应和光伏电池产生机理。

图 1.4.1 是半导体 PN 结在零偏、反偏、正偏下的耗尽区。当 P 型和 N 型半导体材料结合时,由于 P 型材料空穴多电子少,而 N 型材料电子多空穴少,结果 P 型材料中的空穴向 N 型材料这边扩散,N 型材料中的电子向 P 型材料这边扩散,扩散的结果使得结合区两侧的 P 型区出现负电荷,N 型区带正电荷,形成一个势垒,由此而产生的内电场将阻止扩散运动的继续进行,当两者达到平衡时,在 PN 结两侧形成一个耗尽区。耗尽区的特点是无自由载流子,呈现高阻抗。当 PN 结反偏时,外加电场与内电场方向一致,耗尽区在外电场作用下变宽,使势垒加强;当 PN 结正偏时,外加电场与内电场方向相反,耗尽区在外电场作用下

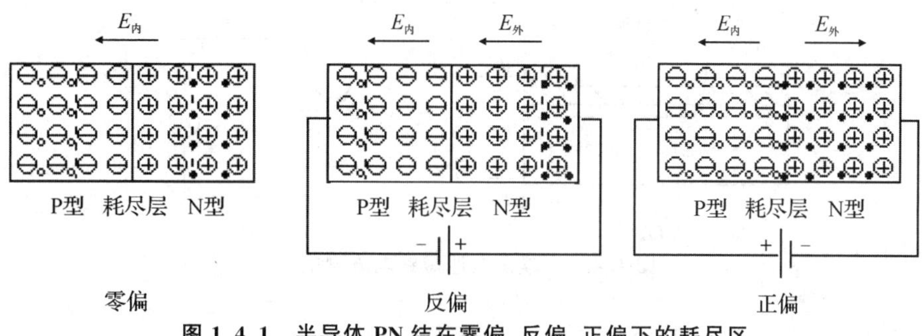

图 1.4.1　半导体 PN 结在零偏、反偏、正偏下的耗尽区

变窄，势垒削弱，使载流子扩散运动继续形成电流，此即为 PN 结的单向导电性，电流方向是从 P 指向 N。

2. 硅光电池的工作原理

硅光电池是一个大面积的光电二极管，它可以把入射到它表面的光能转化为电能，因此，可用作光电探测器和光电池，被广泛用作太空和野外便携式仪器等的能源。

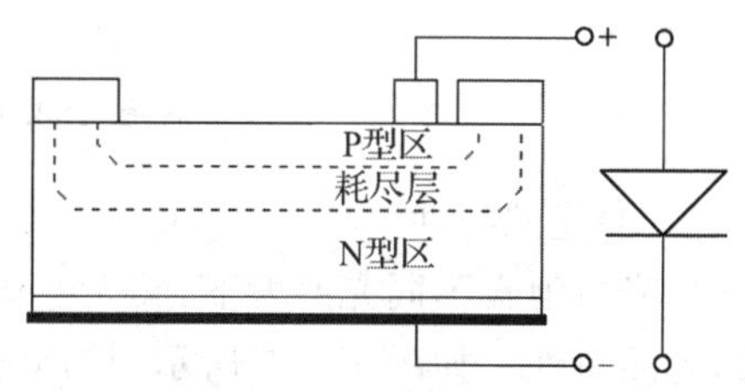

图 1.4.2　光电池结构示意图

光电池的基本结构如图 1.4.2，当半导体 PN 结处于零偏或反偏时，在它们的结合面耗尽区存在一内电场，当有光照时，入射光子将把处于价带中的束缚电子激发到导带，激发出的电子-空穴对在内电场作用下分别飘移到 N 型区和 P 型区，当在 PN 结两端加负载时就有一光生电流流过负载。流过 PN 结两端的电流可由式(1)确定：

$$I = I_s(e^{\frac{eV}{kT}} - 1) + I_p \tag{1}$$

式中，I_s为饱和电流，V 为 PN 结两端电压，T 为绝对温度，I_p为产生的光电流。从式中可以看到，当光电池处于零偏时，$V=0$，流过 PN 结的电流 $I=I_p$；当光电池处于反偏时(在本实验中取 $V=-5$ V)，流过 PN 结的电流 $I=I_p-I_s$。因此，当光电池用作光电转换器时，光电池必须处于零偏或反偏状态。光电池处于零偏或反偏状态时，产生的光电流 I_p与输入光功率 P_i有以下关系：

$$I_p = RP_i \tag{2}$$

式中，R 为响应率。R 值随入射光波长的不同而变化，对不同材料制作的光电池 R 值分别在短波长和长波长处存在一截止波长。在长波长处要求入射光子的能量大于材料的能级间隙 E_g，以保证处于价带中的束缚电子得到足够的能量被激发到导带，对于硅光电池，其长波截止波长为 $\lambda_c=1.1\ \mu m$。在短波长处也由于材料有较大吸收系数，因而 R 值很小。

3. 硅光电池的基本特性

(1)短路电流

如图 1.4.3 所示，在不同的光照作用下，毫安表若显示不同的电流值，那么硅光电池短路时的电流值也不同，此即硅光电池的短路电流特性。

(2)开路电压

如图 1.4.4 所示，不同的光照的作用下，电压表若显示不同的电压值，那么硅光电池开路时的电压也不同，此即硅光电池的开路电压特性。

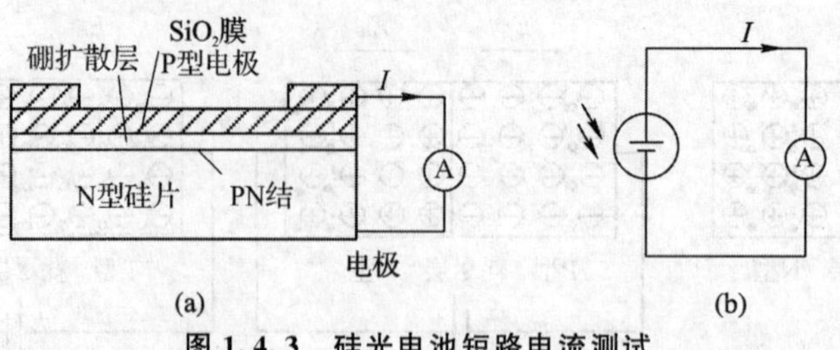

图 1.4.3　硅光电池短路电流测试

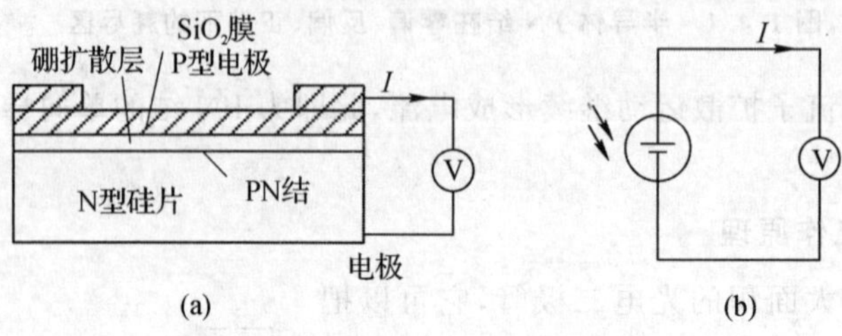

图 1.4.4　硅光电池开路电压测试

(3)光照特性

光电池在不同光照度下,其光电流和光生电动势是不同的,它们之间的关系就是光电池的光照特性。如图 1.4.5 所示即为硅光电池光生电流和光生电压与光照度的特性曲线。在不同的偏压的作用下,硅光电池的光照特性也有所不同。

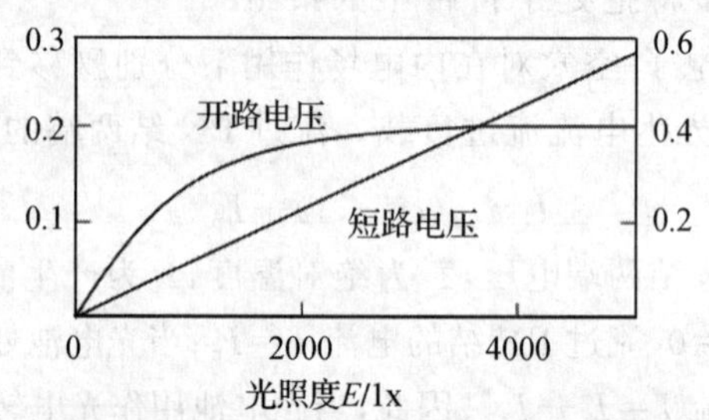

图 1.4.5　硅光电池的光照电流电压特性

(4)伏安特性

硅光电池输入光强度不变,负载在一定的范围内变化时,光电池的输出电压及电流随负载电阻变化关系曲线称为硅光电池的伏安特性。其特性曲线如图 1.4.6 所示,检测电路图如图 1.4.7 所示。

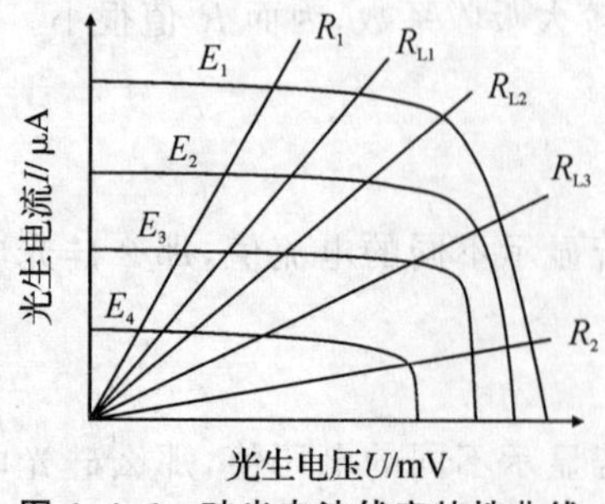

图 1.4.6　硅光电池伏安特性曲线

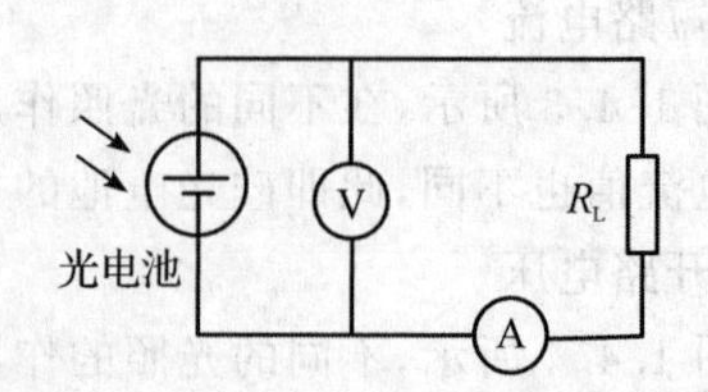

图 1.4.7　硅光电池的伏安特性测量电路

(5)负载特性(输出特性)

光电池作为电池使用,如图 1.4.8 所示。在内电场作用下,入射光子由于光电效应把处于价带中的束缚电子激发到导带,而产生光伏电压,在光电池两端加一个负载就会有电流流过,当负载很大时,电流较小而电压较大;当负载很小时,电流较大而电压较小。实验时可改变负载电阻 R_L 的值来测定硅光电池的负载特性。

在线性测量中,光电池通常以电流形式使用,故短路电流与光照度(光能量)呈线性关系,这是光电池的重要光照特性。实际使用时都接有负载电阻 R_L,输出电流 I_L 随照度(光通量)的增加而非线性缓慢地增加,并且随负载 R_L 的增大线性范围也越来越小。因此,在要求输出的电流与光照度呈线性关系时,在条件许可的情况下负载电阻越小越好,并限制在光照范围内使用。光电池光照与负载特性曲线如图 1.4.9 所示。

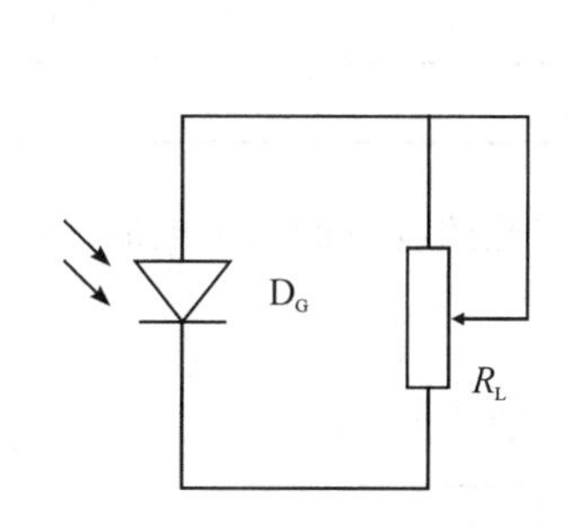

图 1.4.8　硅光电池负载特性的测定

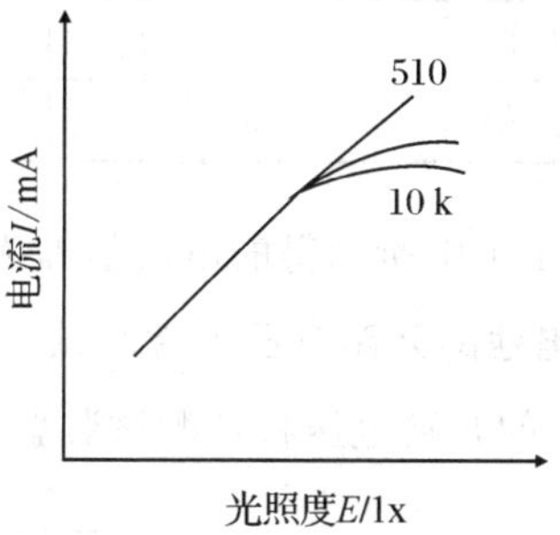

图 1.4.9　硅光电池光照与负载特性曲线

(6)光谱特性

一般硅光电池的光谱响应特性表示在入射光能量保持一定的条件下,硅光电池所产生光电流/电压与入射光波长之间的关系。

(7)时间响应特性

表示时间响应特性的方法主要有两种:一种是脉冲特性法,另一种是幅频特性法。

光敏晶体管受调制光照射时,相对灵敏度与调制频率的关系称为频率特性。减少负载电阻能提高响应频率,但输出降低。一般来说,光敏三极管的频响比光敏二极管差得多,锗光敏三极管的频响比硅管小一个数量级。

1.4.4　实验内容与步骤

1. 硅光电池的短路电流特性测试

硅光电池的短路电流特性测试装置原理如图 1.4.10 所示。

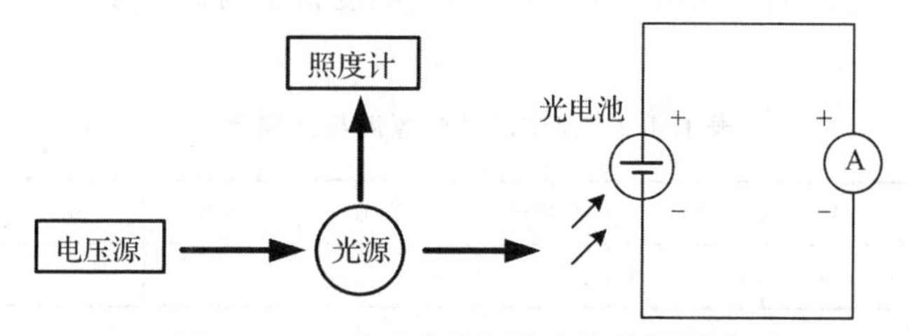

图 1.4.10　硅光电池短路电流特性测试

(1)组装好光通路组件,将照度计与照度计探头输出正负极对应相连(红为正极,黑为负极),将光源驱动模块上 J_1 与光通路组件光源接口用彩排数据线相连。将精密直流稳压电源的“+5 V”“⊥”“−5 V”对应接到光源驱动模块上的“+5 V”“GND”“−5 V”。将精密直流稳压电源的两路“+5 V”“⊥”对应接到显示模块的“+5 V”“GND”,为显示表供电。

(2)将三掷开关 BM_2 拨到“静态”,将拨位开关 S_1 拨上,S_2,S_3,S_4,S_5,S_6,S_7 均拨下。

(3)按图 1.4.10 连接电路。

(4)接通电源,顺时针调节光照度调节旋钮,使照度依次为表 1.4.1 所列值,分别读出电流表读数,填入表 1.4.1。

表 1.4.1　光电池的光照度与光电流

光照度/lx	0	100	200	300	400	500	600
光电流/μA							

(5)表 1.4.1 中所测得的电流值即为硅光电池在相应光照度下的短路电流。

2. 硅光电池的开路电压特性测试

硅光电池的开路电压特性测试装置原理如图 1.4.11 所示。

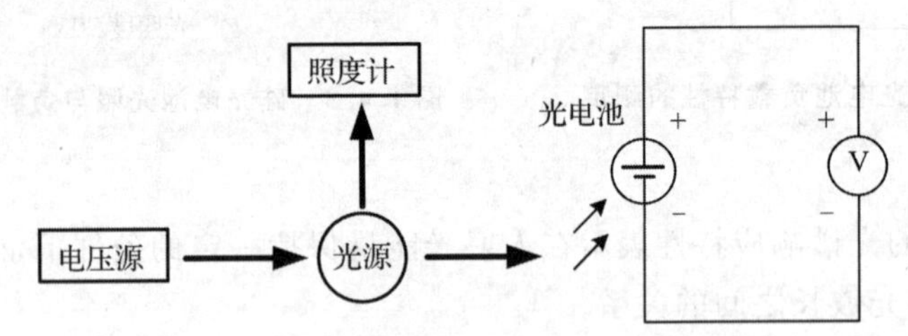

图 1.4.11　硅光电池开路电压特性测试

(1)组装好光通路组件,将照度计与照度计探头输出正负极对应相连(红为正极,黑为负极),将光源驱动模块上 J_1 与光通路组件光源接口用彩排数据线相连。将精密直流稳压电源的“+5 V”“⊥”“−5 V”对应接到光源驱动模块上的“+5 V”“GND”“−5 V”。将精密直流稳压电源的两路“+5 V”“⊥”对应接到显示模块的“+5 V”“GND”,为显示表供电。

(2)将三掷开关 BM_2 拨到“静态”,将拨位开关 S_1 拨上,S_2,S_3,S_4,S_5,S_6,S_7 均拨下。

(3)按图 1.4.11 连接电路。

(4)接通电源,顺时针调节光照度调节旋钮,使照度依次为表 1.4.2 所列值,分别读出电压表读数,填入表 1.4.2。

表 1.4.2　光电池的光照度与光电压

光照度/lx	0	100	200	300	400	500	600
光电压/mV							

(5)表 1.4.2 中所测得的电压值即为硅光电池在相应光照度下的开路电压。

3. 硅光电池的光照特性测试

根据实验 1 和实验 2 所测试的实验数据，作出如图 1.4.5 所示的硅光电池的光照电流电压特性曲线。

4. 硅光电池的伏安特性测试

硅光电池的伏安特性测试装置原理如图 1.4.12 所示。

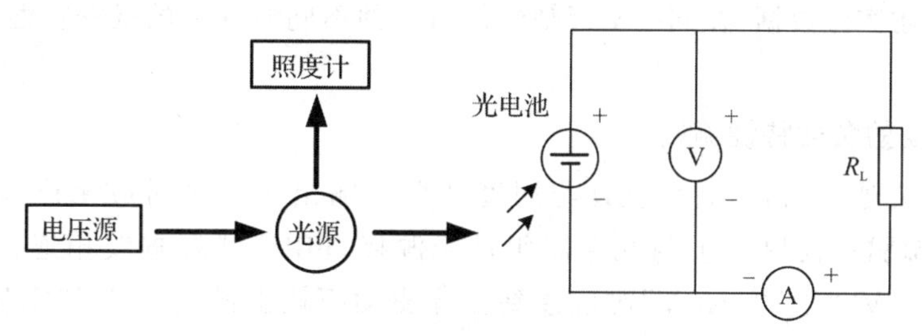

图 1.4.12　硅光电池伏安特性测试

(1)组装好光通路组件，将照度计与照度计探头输出正负极对应相连(红为正极，黑为负极)，将光源驱动模块上 J_1 与光通路组件光源接口用彩排数据线相连。将精密直流稳压电源的“+5 V”“⊥”“−5 V”对应接到光源驱动模块上的“+5 V”“GND”“−5 V”。将精密直流稳压电源的两路“+5 V”“⊥”对应接到显示模块的“+5 V”“GND”，为显示表供电。

(2)将三掷开关 BM_2 拨到“静态”，将拨位开关 S_1 拨上，S_2，S_3，S_4，S_5，S_6，S_7 均拨下。

(3)电压表挡位调节至 2 V 挡，电流表挡位调至 200 μA 挡，将“光照度调节”旋钮逆时针调节至最小值位置。

(4)按图 1.4.12 连接电路，R_L 取值为 R_L = 200 Ω，接通电源，顺时针调节照度调节旋钮，增大光照度值至 500 lx。记录下此时的电压表和电流表的读数，填入表 1.4.3。

(5)关闭电源，将 R_L 分别换为 510，750，1 kΩ，2 kΩ，5.1 kΩ，7.5 kΩ，10 kΩ，20 kΩ 重复上述步骤，并记录电流表和电压表的读数，填入表 1.4.3。

表 1.4.3　光照度为 500 lx 时，不同 R_L 与光电压和光电流

电阻 R_L/Ω	200	510	750	1 k	2 k	5.1 k	7.5 k	10 k	20 k
光电压/mV									
光电流/μA									

(6)改变光照度为 300 lx、100 lx，重复上述步骤，将实验结果填入表 1.4.4、表 1.4.5。

表 1.4.4　光照度为 300 lx 时，不同 R_L 与光电压和光电流

电阻 R_L/Ω	200	510	750	1 k	2 k	5.1 k	7.5 k	10 k	20 k
光电压/mV									
光电流 /μA									

表 1.4.5　光照度为 100 lx 时，不同 R_L 与光电压和光电流

电阻 R_L/Ω	200	510	750	1 k	2 k	5.1 k	7.5 k	10 k	20 k
光电压/mV									
光电流/μA									

(7)根据上述实验数据，在同一坐标轴中作出三种不同条件下的伏安特性曲线，并进行分析。

5. 硅光电池的负载特性测试

(1)组装好光通路组件，将照度计与照度计探头输出正负极对应相连(红为正极，黑为负极)，将光源驱动模块上 J_1 与光通路组件光源接口用彩排数据线相连。将精密直流稳压电源的“＋5 V”“⊥”“－5 V”对应接到光源驱动模块上的“＋5 V”“GND”“－5 V”。将精密直流稳压电源的两路“＋5 V”“⊥”对应接到显示模块的“＋5 V”“GND”，为显示表供电。

(2)将三掷开关 BM_2 拨到“静态”，将拨位开关 S_1 拨上，S_2，S_3，S_4，S_5，S_6，S_7 均拨下。

(3)电压表挡位调节至 2 V 挡，电流表挡位调至 200 μA 挡，将“光照度调节”旋钮逆时针调节至最小值位置。

(4)按图 1.4.12 连接电路，R_L 取值为 $R_L = 100\ \Omega$。

(5)接通电源，顺时针调节“光照度调节”旋钮，从 0 lx 逐渐增大光照度至 100 lx，200 lx，300 lx，400 lx，500 lx，600 lx，分别记录电流表和电压表读数，填入表 1.4.6。

表 1.4.6　R_L 取值为 100 Ω 时，不同光照度与光电压和光电流

光照度/lx	0	100	200	300	400	500	600
光电压/mV							
光电流/μA							

(6)关闭电源，将 R_L 分别换为 510 Ω，1 kΩ，5.1 kΩ，10 kΩ 重复上述步骤，分别将电流表和电压表的读数填入表 1.4.7、表 1.4.8、表 1.4.9、表 1.4.10。

表 1.4.7　R_L 取值为 510 Ω 时，不同光照度与光电压和光电流

光照度/lx	0	100	200	300	400	500	600
光电压/mV							
光电流/μA							

表 1.4.8　R_L 取值为 1 kΩ 时，不同光照度与光电压和光电流

光照度/lx	0	100	200	300	400	500	600
光电压/mV							
光电流/μA							

表 1.4.9　R_L取值为 5.1 kΩ 时，不同光照度与光电压和光电流

光照度/lx	0	100	200	300	400	500	600
光电压/mV							
光电流/μA							

表 1.4.10　R_L取值为 10 kΩ 时，不同光照度与光电压和光电流

光照度/lx	0	100	200	300	400	500	600
光电压/mV							
光电流/μA							

(7)根据上述实验所测试的数据，在同一坐标轴上描绘出硅光电池的负载特性曲线，并进行分析。

6. 硅光电池的光谱特性测试

不同波长的入射光照到硅光电池上，硅光电池就有不同的灵敏度。本实验仪采用高亮度 LED(白、红、橙、黄、绿、蓝、紫)作为光源，产生 400～630 nm 离散光谱。

有关光谱响应度的描述请参见本书 1.2.4 实验内容。

(1)组装好光通路组件，将照度计与照度计探头输出正负极对应相连(红为正极，黑为负极)，将光源驱动模块上 J_1 与光通路组件光源接口用彩排数据线相连。将精密直流稳压电源的“+5 V”“⊥”“−5 V”对应接到光源驱动模块上的“+5 V”“GND”“−5 V”。将精密直流稳压电源的两路“+5 V”“⊥”对应接到显示模块的“+5 V”“GND”，为显示表供电。

(2)将三掷开关 BM_2 拨到“静态”，将拨位开关 S_1 拨上，S_2，S_3，S_4，S_5，S_6，S_7 均拨下。

(3)按图 1.4.11 连接电路。

(4)接通电源，缓慢调节光照度调节电位器到最大，将 S_2，S_3，S_4，S_5，S_6，S_7 依次拨上后拨下，分别记录照度计所测数据，并将其中最小值 E 作为参考。(注意：请不要同时将两个拨位开关拨上。)

(5)将 S_2 拨上，缓慢调节电位器直到照度计显示为 E，将电压表测试所得的数据填入表 1.4.11，再将 S_2 拨下。

(7)依次将 S_3，S_4，S_5，S_6，S_7 拨上后拨下，分别测试出橙光、黄光、绿光、蓝光、紫光在光照度为 E 时电压表的读数，填入表 1.4.11。

表 1.4.11　硅光电池的光谱特性

波长 λ/nm	红(630)	橙(605)	黄(585)	绿(520)	蓝(460)	紫(400)
基准响应度 $f(\lambda)$	0.65	0.61	0.56	0.42	0.25	0.06
光电压/mV						
响应度 $R(\lambda)$						

(8)根据所测试的数据，绘出硅光电池的光谱特性曲线。

7. 硅光电池的时间响应特性测试

(1)组装好光通路组件,将照度计与照度计探头输出正负极对应相连(红为正极,黑为负极),将光源驱动模块上 J_1 与光通路组件光源接口用彩排数据线相连。将精密直流稳压电源的“+5 V”“⊥”“−5 V”对应接到光源驱动模块上的“+5 V”“GND”“−5 V”。将精密直流稳压电源的两路“+5 V”“⊥”对应接到显示模块的“+5 V”“GND”,为显示表供电。

(2)将三掷开关 BM_2 拨到“脉冲”,将拨位开关 S_1 拨上,S_2,S_3,S_4,S_5,S_6,S_7 均拨下。

(3)按图 1.4.12 连接电路,负载 R_L 选择 $R_L=10\ \text{k}\Omega$。

(4)示波器的测试点为硅光电池的输出两端,为了测试方便,可把示波器的测试点使用迭插头对引至信号测试区的 TP_1 和 TP_2。

(5)接通电源,白光对应的发光二极管亮,其余的发光二极管不亮。示波器的第一通道接 TP 和 GND(即为输入的脉冲光信号),示波器的第二通道接 TP_1 和 TP_2。

(6)缓慢调节脉冲宽度调节,增大输入脉冲的脉冲信号的宽度,观察示波器两个通道信号的变化,作出实验记录(描绘出两个通道的波形)并进行分析。

1.4.5 注意事项

1. 当电压表和电流表显示为“1_”时,说明超过量程,应更换为合适量程。
2. 连线之前保证电源关闭。
3. 实验过程中,请勿同时拨开两种或两种以上的光源开关,这样会造成实验所测试的数据不准确。

1.5 PIN 光电二极管的特性测试

1.5.1 实验目的与要求

1. 掌握 PIN 光电二极管的工作原理;
2. 掌握 PIN 光电二极管的基本特性;
3. 掌握 PIN 光电二极管特性测试的方法;
4. 了解 PIN 光电二极管的基本应用。

1.5.2 实验仪器与材料

光源驱动模块 1 个,负载模块 1 个,显示模块 1 个,直流稳压电源 1 台,光通路组件 1 套,PIN 光电二极管及封装组件 1 套,光照度计 1 台,2# 迭插头对(红色,50 cm)10 根,2# 迭插头对(黑色,50 cm)10 根,示波器 1 台。

1.5.3 实验原理与方法

图 1.5.1 是 PIN 光电二极管的结构和它在反向偏压下的电场分布。在高掺杂 P 型和 N 型半导体之间生长一层本征半导体材料或低掺杂半导体材料,称为 I 层。在半导体 PN 结中,掺杂浓度和耗尽层宽度有如下关系:

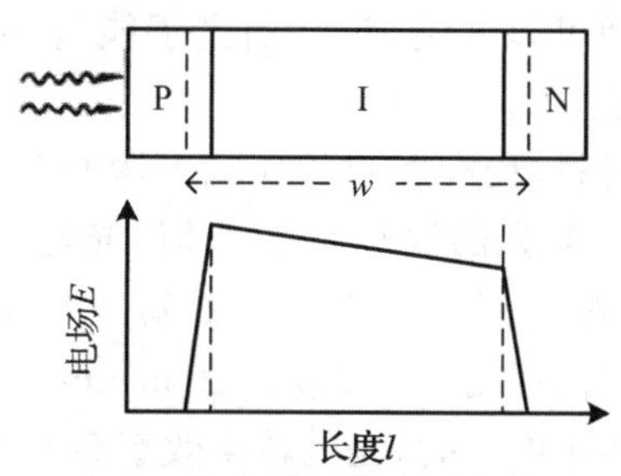

图 1.5.1　PIN 光电二极管的结构和反向偏压下的电场分布

$$L_P/L_N=D_N/D_P$$

其中，D_P和 D_N分别为 P 区和 N 区的掺杂浓度；L_P和 L_N分别为 P 区和 N 区的耗尽层的宽度。在 PIN 中，对于 P 层和 I 层(低掺杂 N 型半导体)形成的 PN 结，由于 I 层近似于本征半导体，有 $D_N \ll D_P$，$L_P \ll L_N$，即在 I 层中形成很宽的耗尽层。由于 I 层有较高的电阻，因此电压基本上降落在该区，使得耗尽层宽度 w 可以得到加宽，并且可以通过控制 I 层的厚度来改变。对于高掺杂的 N 型薄层，产生于其中的光生载流子将很快被复合掉，因此这一层仅是为了减少接触电阻而加的附加层。

要使入射光功率有效地转换成光电流，首先必须使入射光能在耗尽层内被吸收，这要求耗尽层宽度 w 足够宽。但是随着 w 的增大，在耗尽层的载流子渡越时间 τ_{cr}也会增大，τ_{cr}与 w 的关系为：

$$\tau_{cr}=w/v$$

式中，v 为载流子的平均漂移速度。由于 τ_{cr}增大，PIN 的响应速度将会下降，因此耗尽层宽度 w 需在响应速度和量子效率之间进行优化。

如采用类似于半导体激光器中的双异质结构，则 PIN 的性能可以大为改善。在这种设计中，P 区、N 区和 I 区的带隙能量的选择，使得光吸收只发生在 I 区，完全消除了扩散电流的影响。在光纤通信系统的应用中，常采用 InGaAs 材料制成 I 区及 InP 材料制成 P 区和 N 区的 PIN 光电二极管，图 1.5.2 为它的结构。InP 材料的带隙为 1.35 eV，大于 InGaAs 的带隙，对于波长在 1.3～1.6 μm 范围的光是透明的，而 InGaAs 的 I 区对 1.3～1.6 μm 的光表现为较强的吸收，几微米的宽度就可以获得较高响应度。在器件的受光面一般要镀增透膜以减弱光在端面上的反射。InGaAs 的光探测器一般用于 1.3 μm 和 1.55 μm 的光纤通信系统中。

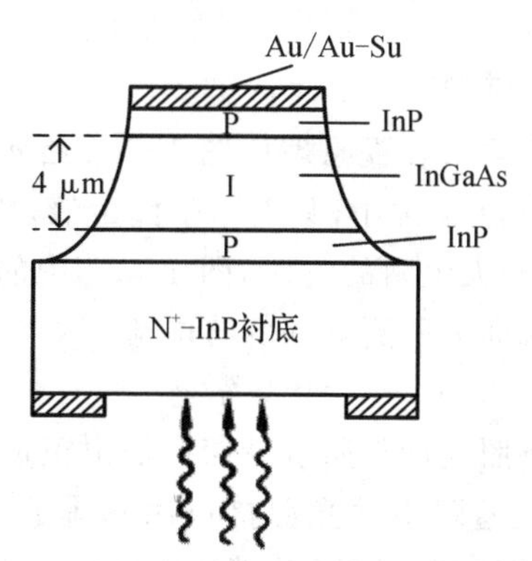

图 1.5.2　InGaAs PIN 光电二极管的结构

从光电二极管的工作原理可以知道，只有当光子能量 $h\nu$ 大于半导体材料的禁带宽度 E_g 时才能产生光电效应，即 $h\nu > E_g$。

因此对于不同的半导体材料，均存在着相应的下限频率 f_c 或上限波长 λ_c，λ_c 亦称为光电二极管的截止波长。只有入射光的波长小于 λ_c 时，光电二极管才能产生光电效应。Si-PIN 的截止波长为 1.06 μm，故可用于 0.85 μm 的短波长光检测；Ge-PIN 和 InGaAs-PIN 的截止波长为 1.7 μm，所以它们可用于 1.3 μm、1.55 μm 的长波长光检测。

当入射光波长远远小于截止波长时，光电转换效率会大大下降。因此，PIN 光电二极管是对一定波长范围内的入射光进行光电转换，这一波长范围就是 PIN 光电二极管的波长响应范围。

响应度和量子效率表征了二极管的光电转换效率。响应度 R 定义为：

$$R = I_P / P_{in}$$

其中，P_{in} 为入射到光电二极管上的光功率；I_P 为在该入射功率下光电二极管产生的光电流。R 的单位为 A/W。

量子效率 η 定义为：

$$\eta = \text{光电转换产生的有效电子-空穴对数/入射光子数}$$

$$\eta = (I_P/q)/(P_{in}/h\nu) = R(h\nu/q)$$

响应速度是光电二极管的一个重要参数。响应速度通常用响应时间来表示，响应时间为光电二极管对矩形光脉冲的响应——电脉冲的上升或下降时间。响应速度主要受光生载流子的扩散时间、光生载流子通过耗尽层的渡越时间及结电容的影响。

光电二极管的线性饱和指的是它有一定的功率检测范围，当入射功率太强时，光电流和光功率将不成正比，从而产生非线性失真。PIN 光电二极管有非常宽的线性工作区，当入射光功率低于 mW 量级时，器件不会发生饱和。

无光照时，PIN 作为一种 PN 结器件，在反向偏压下也有反向电流流过，这一电流称为 PIN 光电二极管的暗电流。它主要由 PN 结内热效应产生的电子-空穴对形成。当偏置电压增大时，暗电流增大。当反向偏压增大到一定值时，暗电流激增，发生反向击穿(即为非破坏性的雪崩击穿，如果此时不能尽快散热，就会变为破坏性的齐纳击穿)。发生反向击穿的电压值称为反向击穿电压，Si-PIN 的典型击穿电压值为 100 多伏。PIN 工作时的反向偏置都远离击穿电压，一般为 10～30 V。

1.5.4 实验内容与步骤

1. PIN 光电二极管的暗电流测试

PIN 光电二极管的暗电流测试装置原理如图 1.5.3 所示。但是在实际操作过程中，光电二极管和光电三极管的暗电流非常小，只有 nA 数量级，因此实验中对电流表的要求较高。本实验中，采用电路中串联大电阻的方法，图 1.5.3 中的 R_L 选用 $R_L = 20\ \text{M}\Omega$，再利用欧姆定律计算出支路中的电流即为所测器件的暗电流。

$$I = V/R_L$$

(1)组装好光通路组件，将照度计与照度计探头输出正负极对应相连(红为正极，黑为负极)，将光源驱动模块上 J_1 与光通路组件光源接口用彩排数据线相连。将精密直流稳压电源的“+5 V”“⊥”“−5 V”对应接到光源驱动模块上的“+5 V”“GND”“−5 V”。将精密直

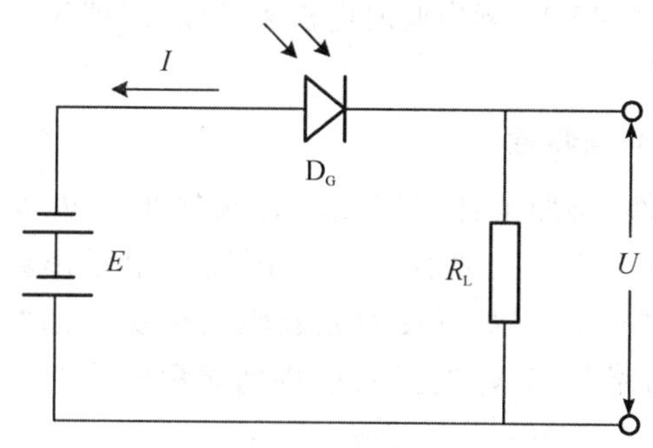

图 1.5.3　PIN 光电二极管的暗电流测量电路

流稳压电源的两路“+5 V”“⊥”对应接到显示模块的“+5 V”“GND”，为显示表供电。

(2)将三掷开关 BM_2 拨到“静态”，将拨位开关 S_1 拨上，S_2，S_3，S_4，S_5，S_6，S_7 均拨下。

(3)将“光照度调节”调到最小，连接好光照度计，打开照度计，此时照度计的读数应为 0。

(4)选用 0～15 V 直流电源，将电压表直接与直流电源两输入端相连，接通电源，调节直流电源 2，使得电压输出为 15 V，关闭电源。(注意：在下面的实验操作中请不要动电源调节电位器，以保证直流电源输出电压不变。)

(5)按图 1.5.3 连接电路，负载 R_L 选择 $R_L=20\ \text{M}\Omega$。

(6)接通电源，等电压表读数稳定后测得负载电阻 R_L 上的压降 U，则暗电流 $I=U/R_L$，所得的电流即为偏置电压在 15 V 时的暗电流。(注意：在测试暗电流时，应先将光电器件置于黑暗环境中 30 min 以上，否则测试过程中电压表需一段时间后才能稳定。)

2. PIN 光电二极管的光电流测试

PIN 光电二极管的光电流测试装置原理图如图 1.5.4 所示。

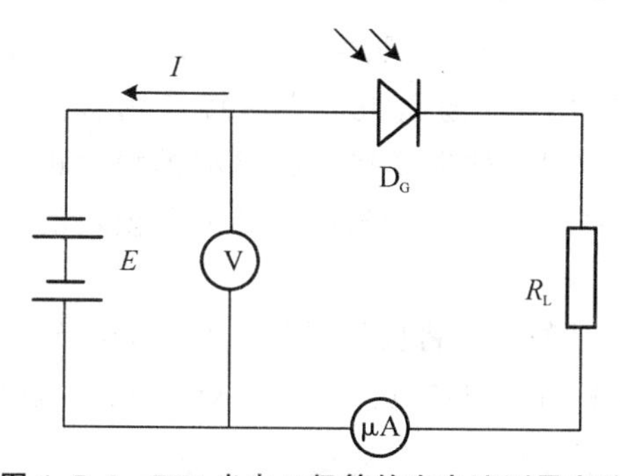

图 1.5.4　PIN 光电二极管的光电流测量电路

(1)组装好光通路组件，将照度计与照度计探头输出正负极对应相连(红为正极，黑为负极)，将光源驱动模块上 J_1 与光通路组件光源接口用彩排数据线相连。将精密直流稳压电源的“+5 V”“⊥”“−5 V”对应接到光源驱动模块上的“+5 V”“GND”“−5 V”。将精密直流稳压电源的两路“+5 V”“⊥”对应接到显示模块的“+5 V”“GND”，为显示表供电。

(2)将三掷开关 BM_2 拨到“静态”，将拨位开关 S_1 拨上，S_2，S_3，S_4，S_5，S_6，S_7 均拨下。

(3)按图 1.5.4 连接电路，直流电源选择 0～15 V 输出，负载 R_L 选择 $R_L=1\ \text{k}\Omega$。

(4)接通电源，缓慢调节光照度调节电位器，直到光照为 300 lx(约为环境光照)，缓慢调节直流电源到电压表显示为 15 V,读出此时电流表的读数,即为 PIN 光电二极管在偏压 15 V,光照 300 lx 时的光电流。

3. PIN 光电二极管的光照特性

(1)组装好光通路组件,将照度计与照度计探头输出正负极对应相连(红为正极,黑为负极),将光源驱动模块上 J_1 与光通路组件光源接口用彩排数据线相连。将精密直流稳压电源的“+5 V”“⊥”“−5 V”对应接到光源驱动模块上的“+5 V”“GND”“−5 V”。将精密直流稳压电源的两路“+5 V”“⊥”对应接到显示模块的“+5 V”“GND”,为显示表供电。

(2)将三掷开关 BM_2 拨到“静态”,将拨位开关 S_1 拨上,S_2,S_3,S_4,S_5,S_6,S_7 均拨下。

(3)按图 1.5.4 连接电路,直流电源选择电源 2,负载 R_L 选择 $R_L=1\ k\Omega$。

(4)将“光照度调节”旋钮逆时针调节至最小值位置。接通电源,调节直流电源电位器,直到显示值为 15 V 左右,顺时针调节光照度电位器,增大光照度,分别记下不同照度下对应的光生电流值,填入表 1.5.1。若电流表或照度计显示为“1_”,说明超出量程,应改为合适的量程再测试。

表 1.5.1 PIN 光电二极管的光照度与光电流

光照度/lx	0	100	300	500	700	900
光电流/μA						

(5)根据上表中实验数据,作出 PIN 光电二极管在 15 V 偏压下的光照特性曲线,并进行分析。

4. PIN 光电二极管的伏安特性

(1)组装好光通路组件,将照度计与照度计探头输出正负极对应相连(红为正极,黑为负极),将光源驱动模块上 J_1 与光通路组件光源接口用彩排数据线相连。将精密直流稳压电源的“+5 V”“⊥”“−5 V”对应接到光源驱动模块上的“+5 V”“GND”“−5 V”。将精密直流稳压电源的两路“+5 V”“⊥”对应接到显示模块的“+5 V”“GND”,为显示表供电。

(2)将三掷开关 BM_2 拨到“静态”,将拨位开关 S_1 拨上,S_2,S_3,S_4,S_5,S_6,S_7 均拨下。

(3)按图 1.5.5 连接电路,直流电源选择 0~15 V,负载 R_L 选择 $R_L=1\ k\Omega$。

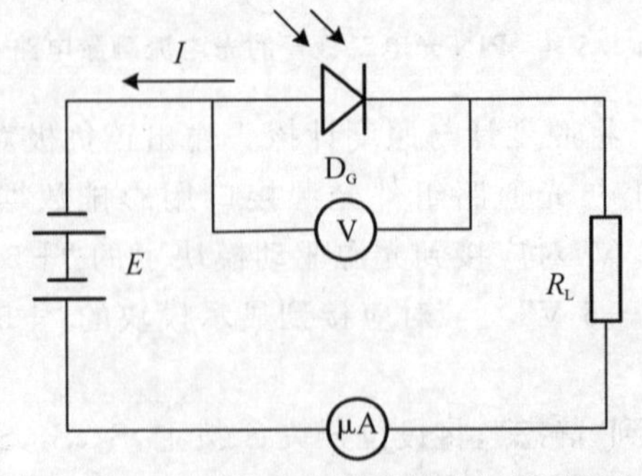

图 1.5.5 PIN 光电二极管的伏安特性测量电路

(4)接通电源，顺时针调节照度调节旋钮，使照度值为 500 lx，保持光照度不变，调节电源电压，将反向偏压为 0 V、2 V、4 V、6 V、8 V、10 V、15 V、20 V 时的电流表读数填入表 1.5.2，关闭电源。(注意：偏置电压不能长时间高于 30 V，以免使 PIN 光电二极管劣化。)

表 1.5.2　光照 500 lx 时 PIN 光电二极管的伏安特性

偏压/V	0	−2	−4	−6	−8	−10	−15	−20
光电流/μA								

(5)重复上述步骤，测量 PIN 光电二极管在 800 lx 照度下不同偏压的光电流值，填入表 1.5.3。

表 1.5.3　光照 800 lx 时 PIN 光电二极管的伏安特性

偏压/V	0	−2	−4	−6	−8	−10	−15	−20
光电流/μA								

(6)根据上面所测试的实验数据，在同一坐标轴作出光照在 500 lx 和 800 lx 时的伏安特性曲线，并进行分析比较。

5. PIN 光电二极管的时间响应特性测试

(1)组装好光通路组件，将照度计与照度计探头输出正负极对应相连(红为正极，黑为负极)，将光源驱动模块上 J_1 与光通路组件光源接口用彩排数据线相连。将精密直流稳压电源的“+5 V”“⊥”“−5 V”对应接到光源驱动模块上的“+5 V”“GND”“−5 V”。将精密直流稳压电源的两路“+5 V”“⊥”对应接到显示模块的“+5 V”“GND”，为显示表供电。

(2)将三掷开关 BM_2 拨到“脉冲”，将拨位开关 S_1 拨上，S_2，S_3，S_4，S_5，S_6，S_7 均拨下。

(3)按图 1.5.6 连接电路，直流电源选择电源 2，负载 R_L 选择 $R_L=1\ k\Omega$。

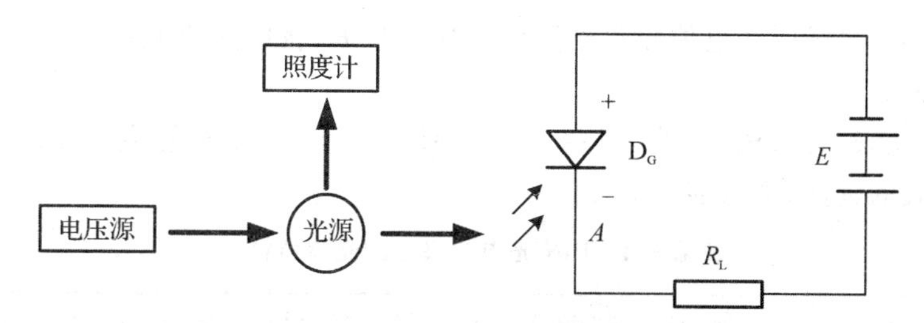

图 1.5.6　PIN 光电二极管时间响应特性

(4)示波器的测试点应为 A 点，为了测试方便，可把示波器的测试点用迭插头对引至信号测试区的 TP_1 和 TP_2。

(5)接通电源，白光对应的发光二极管亮，其余的发光二极管不亮。用示波器的第一通道接 TP 和 GND(即为输入的脉冲光信号)，用示波器的第二通道接 TP_1 和 TP_2。

(6)观察示波器两个通道的信号，缓慢调节直流电源和光照度调节，直到示波器上观察到信号清晰为止，并作出实验记录(描绘出两个通道的波形)。

(7)缓慢调节脉冲宽度，增大输入信号的脉冲宽度，观察示波器两个通道信号的变化，作出实验记录(描绘出两个通道的波形)并进行分析。

6. PIN 光电二极管的光谱特性测试

光谱响应度是光电探测器对单色光辐射的响应能力，有关光响应度的描述请参见本书1.2.4实验内容。

(1)组装好光通路组件，将照度计与照度计探头输出正负极对应相连(红为正极，黑为负极)，将光源驱动模块上 J_1 与光通路组件光源接口用彩排数据线相连。将精密直流稳压电源的“+5 V”“⊥”“−5 V”对应接到光源驱动模块上的“+5 V”“GND”“−5 V”。将精密直流稳压电源的两路“+5 V”“⊥”对应接到显示模块的“+5 V”“GND”，为显示表供电。

(2)将三掷开关 BM_2 拨到“静态”，将拨位开关 S_1 拨上，S_2，S_3，S_4，S_5，S_6，S_7 均拨下。

(3)将0～15 V 直流电源输出直接与电压表相连，接通电源，调节至电压表显示为10 V，关闭电源。

(4)按图1.5.7连接电路，负载 R_L 选择 $R_L=100\ \text{k}\Omega$。

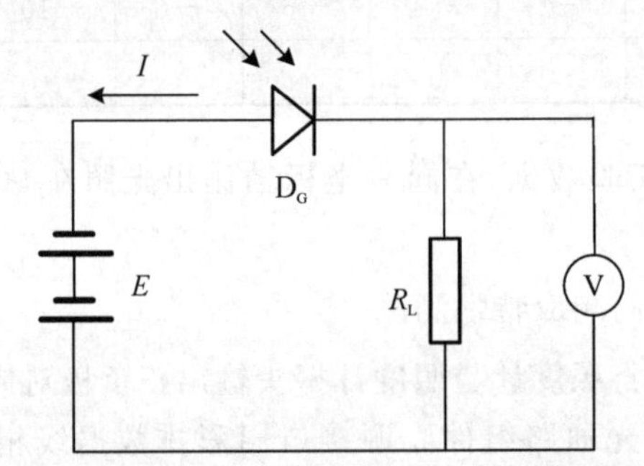

图 1.5.7 PIN 光电二极管光谱特性测量电路

(5)接通电源，缓慢调节光照度调节电位器到最大，将 S_2，S_3，S_4，S_5，S_6，S_7 依次拨上后拨下，分别记录照度计所测数据，并将其中最小值 E 作为参考。(注意：请不要同时将两个拨位开关拨上。)

(6)将 S_2 拨上，缓慢调节电位器直到照度计显示为 E，将电压表测试所得的数据填入表1.5.4，再将 S_2 拨下。

(7)依次将 S_3，S_4，S_5，S_6，S_7 拨上后拨下，分别测试出橙光、黄光、绿光、蓝光、紫光在光照度 E 时电压表的读数，填入表1.5.4。

表 1.5.4 PIN 光电二极管的光谱特性

波长 λ/nm	红(630)	橙(605)	黄(585)	绿(520)	蓝(460)	紫(400)
基准响应度 $f(\lambda)$	0.65	0.61	0.56	0.42	0.25	0.06
R_L电压/mV						
光电流 I/μA						
响应度 $R(\lambda)$						

(8)根据测试得到的数据，作出 PIN 光电二极管的光谱特性曲线。

1.5.5 注意事项

1. 实验之前，请仔细阅读光电探测综合实验仪说明，弄清实验箱各部分的功能及拨位

开关的意义。

2. 当电压表和电流表显示为“1_”时，说明超过量程，应更换为合适量程。

3. 连线之前保证电源关闭。

4. 实验过程中，请勿同时拨开两种或两种以上的光源开关，这样会造成实验所测试的数据不准确。

1.6　APD 光电二极管的特性测试

1.6.1　实验目的与要求

1. 掌握 APD 光电二极管的工作原理；
2. 掌握 APD 光电二极管的基本特性；
3. 掌握 APD 光电二极管特性测试方法；
4. 了解 APD 光电二极管的基本应用。

1.6.2　实验仪器与材料

光源驱动模块 1 个，负载模块 1 个，显示模块 1 个，直流稳压电源 1 台，光通路组件 1 套，光照度计 1 台，APD 光电二极管及封装组件 1 套，2＃迭插头对(红色，50 cm)10 根，2＃迭插头对(黑色，50 cm)10 根，示波器 1 台。

1.6.3　实验原理与方法

雪崩光电二极管 APD(avalanche photodiode)是具有内部增益的光检测器，它可以用来检测微弱光信号并获得较大的输出光电流。

APD 能够获得内部增益是基于碰撞电离效应。当 PN 结上加高的反向偏压时，耗尽层的电场很强，光生载流子经过时就会被电场加速，当电场强度足够高(约 3×10^5 V/cm)时，光生载流子获得很大的动能，它们在高速运动中与半导体晶格碰撞，使晶体中的原子电离，从而激发出新的电子-空穴对，这种现象称为碰撞电离。碰撞电离产生的电子-空穴对在强电场作用下同样又被加速，重复前一过程，这样多次碰撞电离的结果使载流子迅速增加，电流也迅速增大，这个物理过程称为雪崩倍增效应。

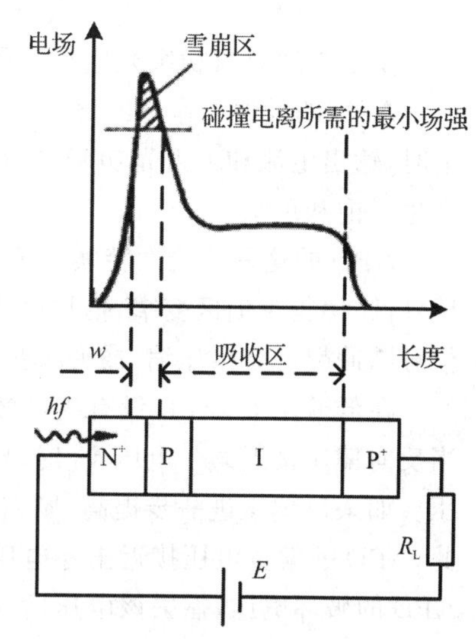

图 1.6.1　APD 的结构及电场分布

图 1.6.1 为 APD 的一种结构。外侧与电极接触的 P 区和 N 区都进行了重掺杂，分别以 P^+ 和 N^+ 表示；在 I 区和 N^+ 区中间是宽度较窄的另一层 P 区。APD 工作在大的反偏压下，当反偏压加大到某一值后，耗尽层从 N^+-P 结区一直扩展(或称拉通)到 P^+ 区，包括中间的 P 层区和 I 区。图 1.6.1 的结构为拉通型 APD 的结构。从图

中可以看到，电场在I区分布较弱，而在N^+-P区分布较强，碰撞电离区即雪崩区就在N^+-P区。尽管I区的电场比N^+-P区低得多，但也足够高（可达2×10^4 V/cm），可以保证载流子达到饱和漂移速度。当入射光照射时，由于雪崩区较窄，不能充分吸收光子，相当多的光子进入I区。I区很宽，可以充分吸收光子，提高光电转换效率。我们把I区吸收光子产生的电子-空穴对称为初级电子-空穴对。在电场的作用下，初级光生电子从I区向雪崩区漂移，并在雪崩区产生雪崩倍增；而所有的初级空穴则直接被P^+层吸收。在雪崩区通过碰撞电离产生的电子-空穴对称为二次电子-空穴对。可见，I区仍然作为吸收光信号的区域并产生初级光生电子-空穴对。此外，它还具有分离初级电子和空穴的作用，初级电子在N^+-P区通过碰撞电离形成更多的电子-空穴对，从而实现对初级光电流的放大作用。

碰撞电离产生的雪崩倍增过程本质上是统计性的，即为一个复杂的随机过程。每一个初级光生电子-空穴对在什么位置产生，在什么位置发生碰撞电离，总共碰撞出多少二次电子-空穴对，这些都是随机的。因此，与PIN光电二极管相比，APD的特性较为复杂。

APD的雪崩倍增因子M定义为：

$$M=I_P/I_{P0}$$

式中，I_P是APD的输出平均电流；I_{P0}是平均初级光生电流。从定义可见，倍增因子是APD的电流增益系数。由于雪崩倍增过程是一个随机过程，因而倍增因子是在一个平均之上随机起伏的量，雪崩倍增因子M的定义应理解为统计平均倍增因子。M随反偏压的增大而增大，随w的增加按指数增长。

APD的噪声包括量子噪声、暗电流噪声、漏电流噪声、热噪声和附加的倍增噪声。倍增噪声是APD中的主要噪声。

倍增噪声的产生主要与两个过程有关，即光子被吸收产生初级电子-空穴对的随机性以及在增益区产生二次电子-空穴对的随机性。这两个过程都是不能准确测定的，因此APD倍增因子只能是一个统计平均的概念，表示为$\langle M\rangle$，它是一个复杂的随机函数。

由于APD具有电流增益，所以APD的响度较PIN的响应度大大提高，有：

$$R_0=\langle M\rangle(I_P/P)=\langle M\rangle(\eta q/h\upsilon)$$

量子效率只与初级光生载流子数目有关，不涉及倍增问题，故量子效率值总是小于1。

APD的线性工作范围没有PIN宽，它适宜于检测微弱光信号。当光功率达到几μW以上时，输出电流和入射光功率之间的线性关系变坏，能够达到的最大倍增增益也降低了，即产生了饱和现象。

APD的这种非线性转换的原因与PIN类似，主要是器件上的偏压不能保持恒定。偏压降低，使得雪崩区变窄，倍增因子随之下降，这种影响比PIN的情况更明显。它使得数字信号脉冲幅度产生压缩，或使模拟信号产生波形畸变，应设法避免。

在低偏压下，APD没有倍增效应。当偏压升高时，产生倍增效应，输出信号电流增大。当反向偏压接近某一电压V_B时，电流倍增最大，此时称APD被击穿，电压V_B称作击穿电压。如果反偏压进一步提高，则雪崩击穿电流使器件对光生载流子变得越来越不敏感。因此，APD的偏置电压接近击穿电压，一般在数十伏到数百伏。需注意的是，击穿电压并非是APD的破坏电压，撤去该电压后APD仍能正常工作。

APD的暗电流有初级暗电流和倍增后的暗电流之分，它随倍增因子的增加而增加。此外还有漏电流，漏电流没有经过倍增。

APD 的响应速度主要取决于载流子完成倍增过程所需要的时间，载流子越过耗尽层所需的渡越时间以及二极管结电容和负载电阻的 RC 时间常数等因素，而渡越时间的影响相对比较大，其余因素可通过改进结构设计使影响减至很小。

1.6.4　实验内容与步骤

1. APD 光电二极管的暗电流测试

APD 光电二极管的暗电流测试原理如图 1.6.2 所示。

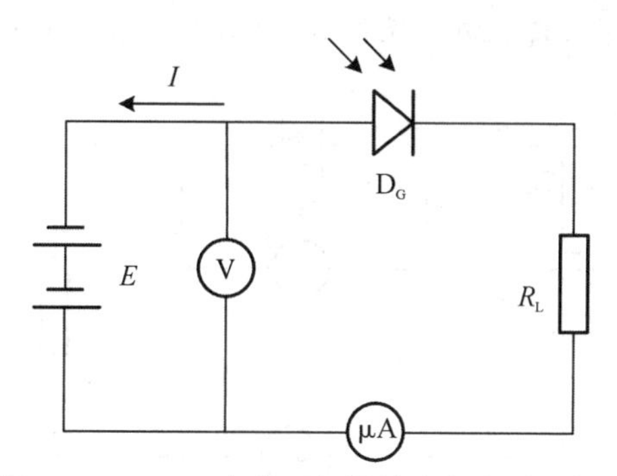

图 1.6.2　APD 光电二极管的暗电流测量电路

(1)组装好光通路组件，将照度计与照度计探头输出正负极对应相连(红为正极，黑为负极)，将光源驱动模块上 J_1 与光通路组件光源接口用彩排数据线相连。将精密直流稳压电源的“+5 V”“⊥”“−5 V”对应接到光源驱动模块上的“+5 V”“GND”“−5 V”。将精密直流稳压电源的两路“+5 V”“⊥”对应接到显示模块的“+5 V”“GND”，为显示表供电。

(2)将三掷开关 BM_2 拨到“静态”，将拨位开关 S_1 拨上，S_2，S_3，S_4，S_5，S_6，S_7 均拨下。

(3)将“光照度调节”调到最小，打开照度计，此时照度计的读数应为 0。

(4)按图 1.6.2 连接电路，直流电源选择 0～200 V 输出，负载 R_L 选择 $R_L=1\ \mathrm{k\Omega}$，电流表选择 200 μA 挡。

(5)打开电源开关，缓慢调节直流电源，直到微安表显示有读数为止，记录此时电压表读数 U 和电流表读数 I。I 即为 APD 光电二极管在 U 偏压下的暗电流。(注意：在测试暗电流时，应先将光电器件置于黑暗环境中 30 min 以上，否则测试过程中电压表需一段时间后才能稳定。)

2. APD 光电二极管的光电流测试

(1)组装好光通路组件，将照度计与照度计探头输出正负极对应相连(红为正极，黑为负极)，将光源驱动模块上 J_1 与光通路组件光源接口用彩排数据线相连。将精密直流稳压电源的“+5 V”“⊥”“−5 V”对应接到光源驱动模块上的“+5 V”“GND”“−5 V”。将精密直流稳压电源的两路“+5 V”“⊥”对应接到显示模块的“+5 V”“GND”，为显示表供电。

(2)将三掷开关 BM_2 拨到“静态”，将拨位开关 S_1 拨上，S_2，S_3，S_4，S_5，S_6，S_7 均拨下。

(3)按图 1.6.2 连接电路，直流电源选择 0～200 V 输出，负载 R_L 选择 $R_L=1\ \mathrm{k\Omega}$，电流表选择 200 μA 挡。

(4)接通电源，缓慢调节光照度调节电位器，直到光照为 300 lx(约为环境光照)，缓慢调节直流电源电位器，直到微安表显示读数有较大变化为止，记录此时电压表读数 U 和电流

表读数 I。I 即为 APD 光电二极管在 U 偏压下的光电流。

3. APD 光电二极管的伏安特性

(1)组装好光通路组件，将照度计与照度计探头输出正负极对应相连(红为正极，黑为负极)，将光源驱动模块上 J_1 与光通路组件光源接口用彩排数据线相连。将精密直流稳压电源的“+5 V”“⊥”“−5 V”对应接到光源驱动模块上的“+5 V”“GND”“−5 V”。将精密直流稳压电源的两路“+5 V”“⊥”对应接到显示模块的“+5 V”“GND”，为显示表供电。

(2)将三掷开关 BM_2 拨到“静态”，将拨位开关 S_1 拨上，S_2，S_3，S_4，S_5，S_6，S_7 均拨下。

(3)按图 1.6.3 连接电路，直流电源选择 0～200 V 输出，负载 R_L 选择 $R_L=2\ k\Omega$。

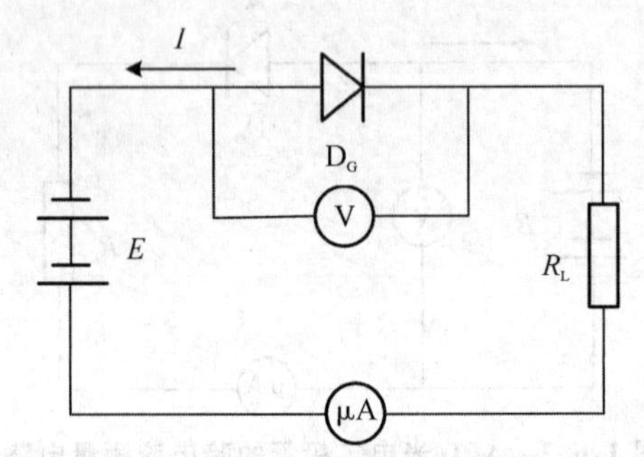

图 1.6.3　APD 光电二极管伏安特性测量电路

(4)打开电源顺时针调节照度调节旋钮，使照度值为 200 lx，保持光照度不变，调节电源电压电位器，使反向偏压为 0 V、50 V、100 V、120 V、130 V、140 V、150 V、160 V、170 V、180 V，读出电流表读数，填入表 1.6.1。(注意：在测试过程中应缓慢调节电位器，当反向偏置电压高于雪崩电压时，光生电流会迅速增加，电流表的读数会增加 N 个数量级。由于 APD 在高于雪崩电压的条件下工作时，PN 结上的偏压很容易产生波动，影响增益的稳定性，因此产生的光电流不稳定，属于正常现象，在记录结果时，取数量级数值即可。特殊说明：在实验过程中，请勿使 APD 光电二极管长期工作在雪崩电压以上，以免烧坏 APD 光电二极管，在工业上，APD 光电二极管的工作电压略低于雪崩电压。)

(5)根据上述实验结果，作出 200 lx 光照度下的 APD 光电二极管伏安特性曲线。(注意：由于 APD 雪崩光电二极管的个性差异，不同的 APD 光电二极管的雪崩电压有 0～50 V 差异，测试的数据也有很大差异，属正常现象。)

表 1.6.1　不同光照度 APD 光电二极管的伏安特性

偏压/V	0	50	100	120	130	140	150	160	170	180
光电流 $I/\mu A$(100 lx)										
光电流 $I/\mu A$(200 lx)										
光电流 $I/\mu A$(300 lx)										
光电流 $I/\mu A$(400 lx)										
光电流 $I/\mu A$(500 lx)										

4. APD 光电二极管的雪崩电压测试

(1)根据实验 3 伏安特性的测试方法，重复实验 3 的实验步骤，分别测出光照度在 100

lx、300 lx、400 lx 和 500 lx 时，将反向偏压分别为 0 V、50 V，100 V、120 V、130 V、140 V、150 V、160 V、170 V、180 V 时的电流表读数填入表 1. 6. 1。

(2)根据上述实验数据，在同一坐标轴下作出 100 lx、300 lx、400 lx 和 500 lx 光照度下的 APD 光电二极管伏安特性曲线，并进行比较分析，找出光电二极管的雪崩电压。

5. APD 光电二极管的光照特性

(1)组装好光通路组件，将照度计与照度计探头输出正负极对应相连(红为正极，黑为负极)，将光源驱动模块上 J_1 与光通路组件光源接口用彩排数据线相连。将精密直流稳压电源的“＋5 V”“⊥”“－5 V”对应接到光源驱动模块上的“＋5 V”“GND”“－5 V”。将精密直流稳压电源的两路“＋5 V”“⊥”对应接到显示模块的“＋5 V”“GND”，为显示表供电。

(2)将三掷开关 BM_2 拨到“静态”，将拨位开关 S_1 拨上，S_2，S_3，S_4，S_5，S_6，S_7 均拨下。

(3)按图 1. 6. 2 连接电路，直流电源选择 0～200 V 输出，负载 R_L 选择 $R_L=1\ \text{k}\Omega$。

(4)将“光照度调节”旋钮逆时针调节至最小值位置。接通电源，调节直流电源电位器，直到电压表的显示值略高于实验 4 所测试的雪崩电压即可，保持电压不变，顺时针调节光照度，增大光照度值，分别记下不同照度下对应的光生电流值，填入表 1. 6. 2。若电流表或照度计显示为“1__”，说明超出量程，应改为合适的量程再测试。

表 1. 6. 2　APD 光电二极管光照特性

光照度/lx	0	100	300	500	700	900
光电流/μA						

(5)根据表 1. 6. 2 中的实验数据，在坐标轴中作出 APD 光电二极管的光照特性曲线，并进行分析。

6. APD 光电二极管时间响应特性测试

(1)组装好光通路组件，将照度计与照度计探头输出正负极对应相连(红为正极，黑为负极)，将光源驱动模块上 J_1 与光通路组件光源接口用彩排数据线相连。将精密直流稳压电源的“＋5 V”“⊥”“－5 V”对应接到光源驱动模块上的“＋5 V”“GND”“－5 V”。将精密直流稳压电源的两路“＋5 V”“⊥”对应接到显示模块的“＋5 V”“GND”，为显示表供电。

(2)将三掷开关 BM_2 拨到“脉冲”，将拨位开关 S_1 拨上，S_2，S_3，S_4，S_5，S_6，S_7 均拨下。

(3)按图 1. 6. 4 连接电路，直流电压源选用 0～200 V 输出，负载 R_L 选择 $R_L=1\ \text{k}\Omega$。

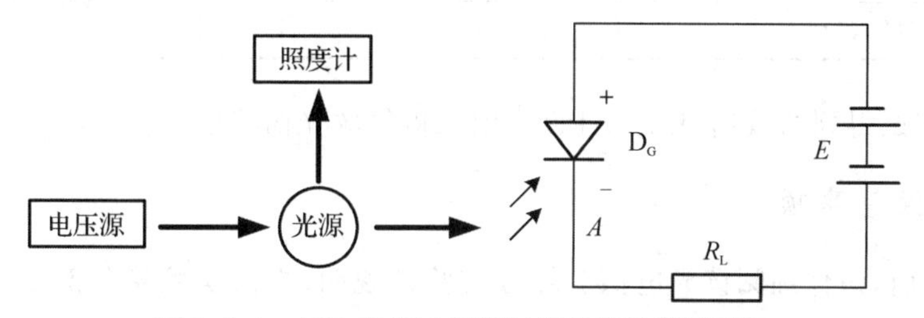

图 1. 6. 4　APD 光电二极管时间响应特性测量图

(4)示波器的测试点应为 A 点,为了测试方便,可把示波器的测试点用迭插头对引至信号测试区的 TP_1 和 TP_2。

(5)接通电源,白光对应的发光二极管亮,其余的发光二极管不亮。用示波器的第一通道接 TP 和 GND(即为输入的脉冲光信号),用示波器的第二通道接 TP_1 和 TP_1。

(6)观察示波器两个通道信号,缓慢调节直流电源和光照度调节旋钮直到示波器上观察到信号清晰为止,并作出实验记录(描绘出两个通道波形)。

(7)缓慢调节脉冲宽度调节,增大输入脉冲的脉冲信号的宽度,观察示波器两个通道信号的变化,作出实验记录(描绘出两个通道的波形)并进行分析。

7. APD 光电二极管光谱特性测试

有关光谱响应度的描述请参见本书 1.2.4 实验内容。

(1)组装好光通路组件,将照度计与照度计探头输出正负极对应相连(红为正极,黑为负极),将光源驱动模块上 J_1 与光通路组件光源接口用彩排数据线相连。将精密直流稳压电源的"+5 V""⊥""−5 V"对应接到光源驱动模块上的"+5 V""GND""−5 V"。将精密直流稳压电源的两路"+5 V""⊥"对应接到显示模块的"+5 V""GND",为显示表供电。

(2)将三掷开关 BM_2 拨到"脉冲",将拨位开关 S_1 拨上,S_2,S_3,S_4,S_5,S_6,S_7 均拨下。

(3)按图 1.6.2 连接电路,直流电源选择 0~200 V 输出,负载 R_L 选择 $R_L=1\ k\Omega$。

(4)接通电源,缓慢调节直流电源,直到电压表的读数略高 APD 光电二极管的雪崩电压为止。

(5)接通电源,缓慢调节光照度调节电位器到最大,将 S_2,S_3,S_4,S_5,S_6,S_7 依次拨上后拨下,分别记录照度计所测数据,并将其中最小值 E 值作为参考。(注意:请不要同时将两个拨位开关拨上。)

(6)将 S_2 拨上,缓慢调节电位器直到照度计显示为 E,将电压表测试所得的数据填入表 1.6.3,再将 S_2 拨下。

(7)依次将 S_3,S_4,S_5,S_6,S_7 拨上后拨下,分别测试出橙光、黄光、绿光、蓝光、紫光在光照度 E 时电流表的读数,填入表 1.6.3。

表 1.6.3　APD 光电二极管的光谱特性

波长 λ/nm	红(630)	橙(605)	黄(585)	绿(520)	蓝(460)	紫(400)
基准响应度 $f(\lambda)$	0.65	0.61	0.56	0.42	0.25	0.06
光电流/mA						
响应度 $R(\lambda)$						

(7)根据测试得到的数据,作出 APD 光电二极管的光谱特性曲线。

1.6.5　注意事项

1. 实验之前,请仔细阅读光电探测综合实验仪说明,弄清实验箱各部分的功能及拨位开关的意义。

2. 当电压表和电流表显示为"1＿"时,说明超过量程,应更换为合适量程。

3. 连线之前保证电源关闭。

4. 实验过程中，请勿同时拨开两种或两种以上的光源开关，这样会造成实验所测试的数据不准确。

1.7 色敏传感器的特性测试

1.7.1 实验目的与要求

1. 了解色敏器件的工作原理；
2. 了解色敏器件的基本特性；
3. 掌握色敏器件基本特性的测试方法；
4. 掌握色敏器件的基本应用。

1.7.2 实验仪器与材料

光源驱动模块 1 个，负载模块 1 个，显示模块 1 个，直流稳压电源 1 台，光通路组件 1 套，光照度计 1 台，色敏传感器及封装组件 1 套，2＃迭插头对(红色，50 cm)10 根，2＃迭插头对(黑色，50 cm)10 根，示波器 1 台。

1.7.3 实验原理与方法

色敏传感器是半导体光敏器件的一种。它也是基于半导体的内光效应，将光信号变成为电信号的光辐射探测器件。但是不管是光电导器件还是光生伏特效应器件，它们检测的都是在一定波长范围内光的强度，或者说光子的数目。而半导体色敏器件则可用来直接测量从可见光到近红外波段内单色辐射的波长。半导体色敏传感器相当于两个结构不同的光电二极管的组合，故又称双结光电二极管。半导体色敏器件光照特性，是指在不同的光照作用下光电流的不同。半导体色敏器件的光谱特性，是指它所能检测的波长范围。

1.7.4 实验内容与步骤

1. 色敏二极管的光照特性测试

(1)组装好光通路组件，将照度计与照度计探头输出正负极对应相连(红为正极，黑为负极)，将光源驱动模块上 J_1 与光通路组件光源接口用彩排数据线相连。将精密直流稳压电源的“+5 V”“⊥”“−5 V”对应接到光源驱动模块上的“+5 V”“GND”“−5 V”。将精密直流稳压电源的两路“+5 V”“⊥”对应接到显示模块的“+5 V”“GND”，为显示表供电。

(2)将三掷开关 BM_2 拨到“静态”，将拨位开关 S_1 拨上，S_2，S_3，S_4，S_5，S_6，S_7 均拨下。

(3)将色敏传感器的红色和黑色输出端分别与电压表正极和负极相连。

(4)接通电源，顺时针调节该旋钮，增大光照度值，将不同照度下对应的光生电压值填入表 1.7.1。若电流表或照度计显示为“1_”，说明超出量程，应改为合适的量程再测试。

表 1.7.1　色敏二极管的光照特性

光照度/lx	0	100	200	300	400	500	600	700	800
电压/mV									

(5)将“光照度调节”旋钮逆时针调节到最小值位置后关闭电源。

(6)根据上面表中实验数据作出色敏二极管光照特性曲线。

2. 色敏二极管光谱特性测试

(1)组装好光通路组件,将照度计与照度计探头输出正负极对应相连(红为正极,黑为负极),将光源驱动模块上 J_1 与光通路组件光源接口用彩排数据线相连。将精密直流稳压电源的“+5 V”“⊥”“−5 V”对应接到光源驱动模块上的“+5 V”“GND”“−5 V”。将精密直流稳压电源的两路“+5 V”“⊥”对应接到显示模块的“+5 V”“GND”,为显示表供电。

(2)将三掷开关 BM_2 拨到“静态”,将拨位开关 S_1 拨上,S_2,S_3,S_4,S_5,S_6,S_7 均拨下。

(3)将“光照度调节”调到最小,打开照度计,此时照度计的读数应为 0。

(4)将色敏传感器的红色和黑色输出端分别与电压表正极和负极相连。

(5)接通电源,缓慢调节光照度调节电位器到最大,将 S_2,S_3,S_4,S_5,S_6,S_7 依次拨上后拨下,分别记录照度计所测数据,并将其中最小值 E 作为参考。(注意:请不要同时将两个拨位开关拨上。)

(6)将 S_2 拨上,缓慢调节电位器直到照度计显示为 E,将电压表测试所得的数据填入表 1.7.2,再将 S_2 拨下。

(7)依次将 S_3,S_4,S_5,S_6,S_7 拨上后拨下,分别测试出橙光,黄光、绿光、蓝光、紫光在光照度 E 下时电压表的读数,填入表 1.7.2。

表 1.7.2　色敏二极管的光谱特性

波长 λ/nm	红(630)	橙(605)	黄(585)	绿(520)	蓝(460)	紫(400)
电压/mV						

(8)根据测试所得到的数据,作出色敏二极管的光谱特性曲线。

1.7.5　注意事项

1. 实验之前,请仔细阅读光电探测综合实验仪说明,弄清实验箱各部分的功能及拨位开关的意义。

2. 当电压表和电流表显示为“1__”时,说明超过量程,应更换为合适量程。

3. 连线之前保证电源关闭。

4. 实验过程中,请勿同时拨开两种或两种以上的光源开关,这样会造成实验所测试的数据不准确。

1.8 光电倍增管的特性测试

1.8.1 实验目的与要求

1. 了解光电倍增管的结构及工作原理；
2. 掌握光电倍增管的基本特性。

1.8.2 实验仪器与材料

光源驱动模块 1 个，负载模块 1 个，显示模块 1 个，直流稳压电源 1 台，光通路组件 1 套，光电倍增管及封装组件 1 套，光照度计 1 台，BNC 连接线 2 根，示波器 1 台。

1.8.3 实验原理与方法

1. 光电倍增管的工作原理

光电倍增管(photomultiplier tube，PMT)是一种具有极高灵敏度和超快时间响应的光探测器件。典型的光电倍增管如图 1.8.1 和图 1.8.2 所示，它是在真空管中包括光电发射阴极(光阴极)和聚焦电极、电子倍增极和电子收集极(阳极)的器件。

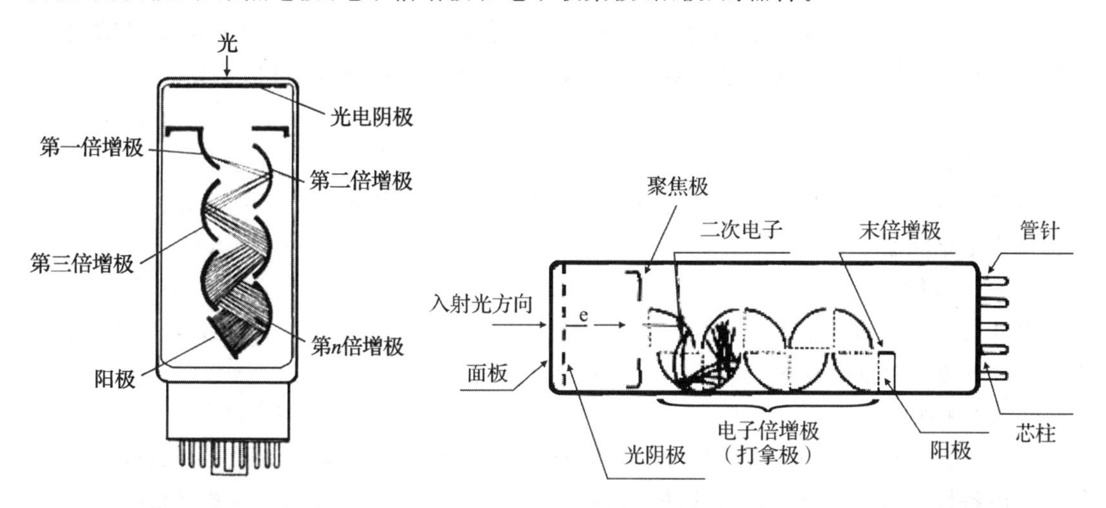

图 1.8.1 端窗型光电倍增管剖面图 A **图 1.8.2 端窗型光电倍增管剖面图 B**

当光照射光电倍增管的阴极时，阴极向真空中激发出光电子(一次激发)，这些光电子从聚焦极电场进入倍增系统，由倍增电极激发的电子(二次激发)被下一倍增极的电场加速，飞向该极并撞击在该极上再次激发出更多的电子，这样通过逐级的二次电子发射得到倍增放大，放大后的电子被阳极收集作为信号输出。因为采用了二次发射倍增系统，光电倍增管在可以探测到紫外、可见和近红外区的辐射能量的光电探测器件中具有极高的灵敏度和极低的噪声。光电倍增管还有快速响应、低本底、大面积阴极等特点。

本实验仪采用端窗型光电倍增管。下面将讲解光电倍增管结构的主要特点和基本使用特性。

2. 光电倍增管的结构

一般端窗型(head-on)和侧窗型(side-on)结构的光电倍增管都有一个光阴极。侧窗型的光电倍增管从玻璃壳的侧面接收入射光,而端窗型光电倍增管则从玻璃壳的顶部接收入射光。通常情况下,侧窗型光电倍增管价格较便宜,在分光光度计和通常的光度测定方面应用广泛。大部分的侧窗型光电倍增管使用了不透明光阴极(反射式光阴极)和环形聚焦型电子倍增极结构,这使其在较低的工作电压下具有较高的灵敏度。

端窗型(也称作顶窗型)光电倍增管在其入射窗的内表面上沉积了半透明光阴极(透过式光阴极),使其具有优于侧窗型的均匀性。端窗型光电倍增管的特点还包括它拥有从几十平方毫米到几百平方厘米的光阴极。端窗型光电倍增管中还有针对高能物理实验用的,可以广角度捕集入射光的大尺寸半球形光窗的光电倍增管。

光电倍增管优异的灵敏度(高电流放大和高信噪比)得益于基于多个排列的二次电子发射系统的使用,它使电子在低噪声的条件下得到倍增。电子倍增系统包括从8至19极的被叫作打拿极或倍增极的电极。现在使用的电子倍增系统主要有以下几类:

(1)环形聚焦型

环形聚焦型结构主要应用于侧窗型光电倍增管。其主要特点为紧凑的结构和快速时间响应。

(2)盒栅型

这种结构包括一系列的四分之一圆柱形的倍增极,并因其相对简单的倍增极结构和一致性的改良,广泛地应用于端窗型光电倍增管,但在一些应用中,其时间响应可能略显缓慢。

(3)直线聚焦型

直线聚焦型因其极快的时间响应而被广泛地应用于要求时间分辨和线性脉冲研究用的端窗型光电倍增管中。

(4)百叶窗型

百叶窗型结构因倍增极可以较大而被用于大阴极的光电倍增管中,其一致性较好,可以有大的脉冲输出电流。这种结构多用于不太要求时间响应的场合。

(5)细网型

细网型结构拥有封闭的精密组合的网状倍增极,使其具有极强的抗磁性、一致性和脉冲线性输出特性。另外,在使用交叠阳极或多阳极结构输出情况下,还具有位置灵敏特性。

(6)微通道板(MCP)型

MCP(microchannel plate)由上百万的微小玻璃管(通道)彼此平行地集成为薄形盘片状而形成。每个通道都是一个独立的电子倍增器。MCP具有超快的时间响应,并且当采用多阳极输出结构时,在磁场中仍具有良好的一致性和二维探测能力。

(7)金属通道型

金属通道型拥有独有的由机械加工技术创造的紧凑阳极结构,各个倍增极之间狭窄的通道空间,使其比任何常规结构的光电倍增管具有更快的时间响应速度,并可适用于位置灵敏探测。

此外,上述结构中两种结构相混合也是可能的。混合的倍增极可以发挥各自的优势。

3. 光电倍增管的供电电路

(1)电源的连接方式

光电倍增管的供电方式有两种,即负高压接法(阴极接电源负高压,电源正端接地)和正高压接法(阳极接电源正高压,而电源负端接地)。

正高压接法的特点是可使屏蔽光、磁、电的屏蔽罩直接与管子外壳相连,甚至可制成一体,因而屏蔽效果好,暗电流小,噪声水平低。但这时阳极处于正高压,会导致寄生电容增大。如果是直流输出,则不仅要求传输电路能耐高压,而且后级的直流放大器也处于高电压,会产生一系列的不便。如果是交流输出,则需通过耐高压、噪声小的隔直电容。

负高压接法的优点是便于与后面的放大器连接,且既可以直流输出,又可以交流输出,操作安全方便。缺点在于因玻壳的电位与阴极电位相近,屏蔽罩应至少离开管子玻壳 1～2 cm,这样系统的外形尺寸就增大了。否则由于静电屏蔽的寄生影响,暗电流与噪声都会增大。

(2)分压器

从光电阴极到阳极的所有电极用串联的电阻分压供电,使管内各极间能形成所需的电场。光电倍增管的极间电压的分配一般是由图 1.8.3 所示的串联电阻分压器执行的,最佳的极间电压分配取决于三个因素:阳极峰值电流、允许的电压波动以及允许的非线性偏离。

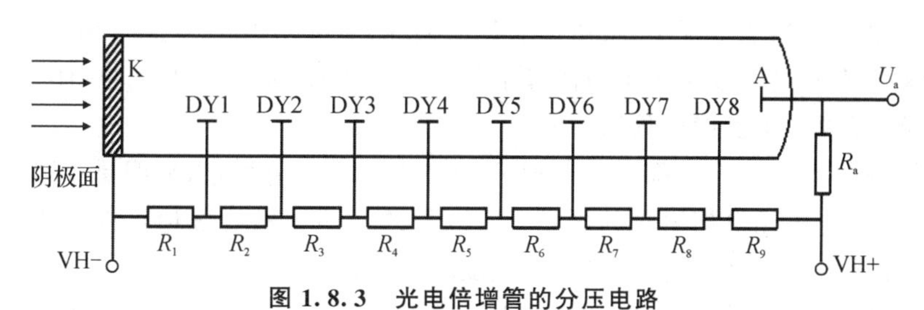

图 1.8.3　光电倍增管的分压电路

①极间电压的分配

光电倍增管的极间电压可按前极区、中间区和末极区加以考虑。前极区的收集电压必须足够高,以使第一倍增极有高的收集率和大的次极发射系数。中间极区的各极间通常具有均匀分布的极间电压,以使管子获得最佳的增益。由于末极区各极,特别是末极区取较大的电流,所以末极区各极间电压不能过低,以免形成空间电荷效应而使管子失去应有的直线性。

②分压电流

当阳极电流增大到能与分压器电流相比拟时,将会导致末极区间电压的大幅度下降,从而使光电倍增管出现严重的非线性。为防止极间电压的再分配以保证增益稳定,分压器电流至少为最大阳极电流的 10 倍。对于线性要求很高的应用场合,分压器电流至少为最大阳极平均电流的 100 倍。

③分压电阻

确定了分压器的电流,就可以根据光电倍增管的最大阳极电压算出分压器的总电阻,再按适当的极电压分配,由总电阻计算出分压电阻的阻值。

(3)输出电路

光电倍增管的输出是电荷，且其阳极几乎可作为一个理想的电流发生器考虑，因此输出电流与负载阻抗无关。但实际上，负载的输入阻抗存在着一个上限，因为负载电阻上电压明显地降低末级倍增极与阳极之间的电压，因而会降低放大倍数，致使光电特性偏离线性。

①直流输出电路

对于直流信号，光电倍增管的阳极能产生达数十伏的输出电压，因此可使用大的负载电阻。检流计或电子微电流计可直接接至阳极，此时就不再需要串接负载电阻。

②脉冲输出电路

光电倍增管输出电压的等效电路是电流源与负载电阻 R_a 和输出电容 C 并联的电路。阳极电路对地的电容 C 起着 R_a 的旁路作用从而使输出波形畸变，对于宽度很窄的脉冲，时间常数 $\tau=RC$ 应远小于光脉冲的宽度。

4. 光电倍增管的特性和参数

光电倍增管的特性参数包括灵敏度、电流增益、光电特性、阳极特性、暗电流、时间响应特性、光谱特性等等。下面介绍本实验涉及的特性和参数。

(1)灵敏度

由于测量光电倍增管的光谱响应特性需要精密测试系统和很长的时间，所以对每一支光电倍增管为用户提供光谱响应特性不现实，所以我们提供阴极和阳极的光照灵敏度。阴极光照灵敏度是一定光照情况下，每单位通量入射光(实际用 $10^{-5}\sim10^{-2}$ lm)产生的阴极光电子电流。阳极光照灵敏度是每单位阴极上的入射光通量(实际用 $10^{-10}\sim10^{-5}$ lm)产生的阳极输出电流(经过二次发射极倍增后)。

阴极和阳极的光照灵敏度都以 A/lm(安/流)为单位。请注意，流明是在可见光区的光通量的单位，所以对于光电倍增管的可见光区以外的光照灵敏度数值可能是没有实际意义的(对于这些光电倍增管，常常使用蓝光灵敏度和红白比来表示)。

灵敏度是衡量光电倍增管探测光信号能力的一个重要参数，一般是指积分灵敏度，即白光灵敏度，其单位为 μA/lm。光电倍增管的灵敏度一般包括阴极灵敏度和阳极灵敏度。

①阴极光照灵敏度 S_K

阴极光照灵敏度 S_K 是指光电阴极本身的积分灵敏度。定义为光电阴极的光电流 I_K 除以入射光通量 Φ 所得的商：

$$S_K=\frac{I_K}{\Phi} \tag{1}$$

光电倍增管阴极灵敏度的测量原理：入射到阴极 K 的光照度为 E，光电阴极的面积为 A，则光电倍增管接受的光通量为：

$$\Phi=E\times A \tag{2}$$

由式(1)(2)可以计算出阴极灵敏度。

入射到光电阴极的光通量不能太大，否则光电阴极层的电阻损耗会引起测量误差。光通量也不能太小，否则欧姆漏电流会影响光电流的测量精度，通常采用的光通量的范围为 $10^{-5}\sim10^{-2}$ lm。

②阳极光照灵敏度 S_p

阳极光照灵敏度 S_p 是指光电倍增管在一定工作电压下阳极输出电流与照射阴极上光

通量的比值：

$$S_p=\frac{I_p}{\Phi} \tag{3}$$

它是一个经过倍增后的整管参数，在测量时为保证光电倍增管处于正常的线性工作状态，光通量要取得比测阴极灵敏度小，一般在 $10^{-10}\sim10^{-5}$ lm 的数量级。

(2)放大倍数(电流增益)G

光阴极发射出来的光电子被电场加速撞击到第一倍增极，以便发生二次电子发射，产生多于光电子数目的电子流。这些二次电子发射的电子流又被加速撞击到下一个倍增极产生又一次的二次电子发射，连续地重复这一过程，直到最末倍增极的二次电子发射被阳极收集，从而达到电流放大的作用。这时可以观测到，光电倍增管的阴极产生很小的光电子电流已经被放大成较大的阳极输出电流。

放大倍数(电流增益)G 定义为在一定的入射光通量和阳极电压下，阳极电流 I_p 与阴极电流 I_K 间的比值。

$$G=\frac{I_p}{I_K} \tag{4}$$

放大倍数 G 主要取决于系统的倍增能力，因此它也是工作电压的函数。由于阳极灵敏度包含放大倍数的贡献，于是放大倍数也可以由在一定工作电压下阳极灵敏度和阴极灵敏度的比值来确定，即：

$$G=\frac{S_p}{S_K} \tag{5}$$

(3)阳极伏安特性

当光通量 Φ 一定时，光电倍增管阳极电流 I_A 和阳极与阴极间的总电压 V_H 之间的关系为阳极伏安特性。如图 1.8.4 所示，光电倍增管的增益 G 与二次倍增极电压 E 之间的关系为

$$G=(bE)^n \tag{6}$$

其中，n 为倍增极数，b 为与倍增极材料有关的常数。所以阳极电流 I_A 随总级电压增加而急剧上升。使用管子时应注意阳极电压的选择。另外由阳极伏安特性可求增益 G 的数值。

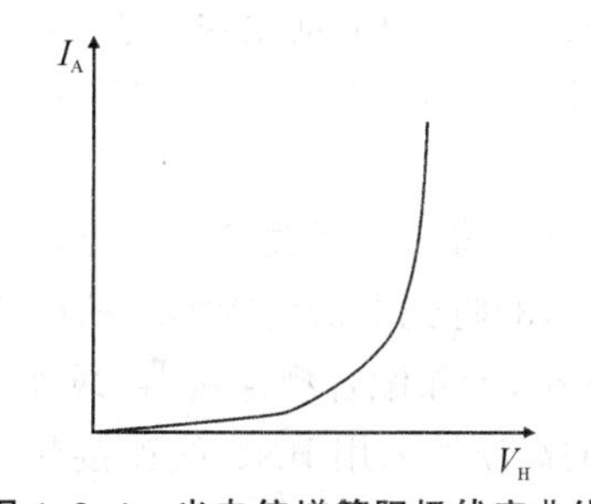

图 1.8.4　光电倍增管阳极伏安曲线

(4)暗电流 I_d

当光电倍增管完全与光照隔绝(即完全黑暗的环境)时，加上工作电压后在阳极电路里仍然会出现输出电流，我们称之为暗电流。暗电流与阳极电压有关，通常是在与指定阳极光照灵敏度相应的阳极电压下测定的。引起暗电流的因素有热电子发射、场致发射、放射性同位素的核辐射、光反馈、离子反馈、极间漏电等。

(5)光电特性

光电倍增管的光电特性定义为在一定的工作电压下，阳极输出电流 I_p 与光通量 Φ 之间的曲线关系。

(6)时间特性

光电倍增管的渡越时间定义为光电子从光电阴极发射经过倍增极达到阳极的时间。由

于光电子在倍增过程中的统计性质以及电子的初速效应和轨道效应，从阴极同时发出的电子到达阳极的时间是不同的，即存在渡越时间分散。因此，输出信号相对于输入信号会出现展宽和延迟现象，这就是光电倍增管的时间特性。

在测试脉冲光信号时，阳极输出信号必须真实地再现一个输入信号的波形。这种再现能力受电子渡越时间、阳极脉冲上升时间和电子渡越时间分散(transit time scattering，TTS)的影响很大。电子渡越时间就是脉冲入射光信号入射到光阴极的时刻与阳极输出脉冲幅度达到峰值之间的时间差。阳极脉冲上升时间定义为全部光阴极被脉冲光信号照射时，阳极输出幅度从峰值的10％到90％所需的时间。对于不同的脉冲入射光信号，电子渡越时间会有一些起伏。这种起伏就叫作电子渡越时间分散，并定义为单光子入射时的电子渡越时间频谱的半高宽(full width at half maximum，FWHM)。渡越时间分散在时间分辨测试中是较主要的参数。时间响应特性取决于倍增极结构和工作电压。通常，直线聚焦型和环形聚焦型倍增极结构的光电倍增管比盒栅型和百叶窗型倍增极结构的光电倍增管有较好的时间特性。而将常规的倍增极替换为微通道板型光电倍增管，比其他类型倍增极的光电倍增管有更好的时间特性。例如，因为在阴极、微通道板和阳极间加入较短的平行电场，相对于普通的光电倍增管，微通道板型光电倍增管的渡越时间分散得到了极大的改善。

(7)光谱响应特性

光电倍增管的阴极将入射光的能量转换为光电子，其转换效率(阴极灵敏度)随入射光的波长而变。这种光阴极灵敏度与入射光波长之间的关系叫作光谱响应特性。光谱响应特性的长波端取决于光阴极材料，短波端则取决于入射窗材料。

1.8.4　实验内容与步骤

1. 光电倍增管阳极灵敏度测试

(1)组装好光通路组件，将照度计与照度计探头输出正、负极对应相连(红为正极，黑为负极)，将光源驱动模块上J_1与光通路组件光源接口用彩排数据线相连。将精密直流稳压电源的“＋5 V”“⊥”“－5 V”对应接到光源驱动模块和光电倍增管模块上的“＋5 V”“GND”“－5 V”。

(2)将三掷开关BM_2拨到“静态”，将拨位开关S_1拨上，S_2，S_3，S_4，S_5，S_6，S_7均拨下。

(3)将光电倍增管模块的电流输入与光电倍增管的信号输出用BNC(bayonet nut connector，卡扣配合型连接器)线连接起来，直流稳压电源的PMT高压输出与光电倍增管结构上的高压输入用BNC线连接起来。

(4)将光电倍增管模块上双刀三掷开关BM_1拨到“电流测试”。

(5)将“光照度调节”电位器和精密稳压电源上的“粗调”“细调”电位器调到最小值，直流稳压电源“PMT”“APD”切换到“PMT”，结构件上阴阳极切换开关拨至“阳极”，如图1.8.5所示。

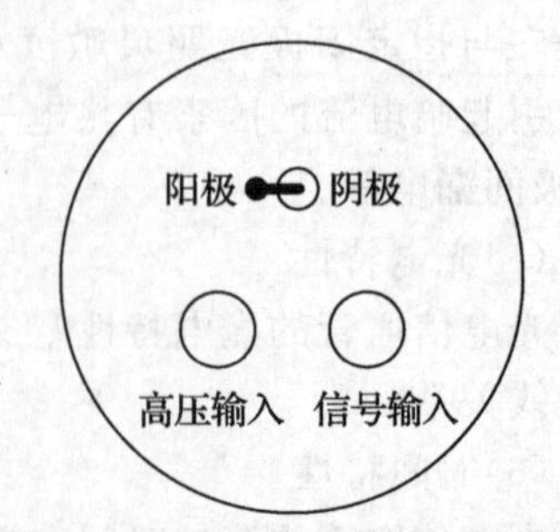

图1.8.5　光电倍增管接口示意图

(6)接通电源，打开电源开关，将照度计拨到200 lx挡。此时，发光二极管D_1(白光)发光，D_2(红光)、D_3(橙光)、D_4(黄光)、D_5(绿光)、D_6(蓝光)、D_7(紫光)均不亮。电流表显示“000”，高压电压表显示“000”，照度计显示

“0.00”。(由于光照度计精度较高,受各种条件影响,短时间内末位出现不回 0 现象属于正常现象。)

(7)缓慢调节“光照度调节”电位器,使照度计显示值为 0.1 lx,保持光照度不变,缓慢调节电压调节旋钮至电压表显示－400 V,记下此时电流表的显示值。

(8)根据所测试的数据,按照公式 $S_{\mathrm{p}}=\dfrac{I_{\mathrm{p}}}{\Phi}$(A/lm)计算阳极灵敏度。其中 $\Phi=E\times A$(本实验仪上光电倍增管的光阴极直径为 10 mm,光通量约为 10^{-5} lm)。

(9)将高压调节旋钮逆时针调到零,将光照度调节旋钮逆时针调到零,关闭电源开关,拆除连接电缆,放回原处。(如需继续做下面的实验内容,可不拆除。)

2. 光电倍增管放大倍数(电流增益)测试

(1)组装好光通路组件,将照度计与照度计探头输出正负极对应相连(红为正极,黑为负极),将光源驱动模块上 J_1 与光通路组件光源接口用彩排数据线相连。将精密直流稳压电源的“+5 V”“⊥”“－5 V”对应接到光源驱动模块和光电倍增管模块上的“+5 V”“GND”“－5 V”。

(2)将三掷开关 BM_2 拨到“静态”,将拨位开关 S_1 拨上,S_2,S_3,S_4,S_5,S_6,S_7 均拨下。

(3)将光电倍增管模块的电流输入与光电倍增管的信号输出用 BNC 线连接起来,直流稳压电源的 PMT 高压输出与光电倍增管结构上的高压输入用 BNC 线连接起来。(注意:请不要将两根 BNC 线接错,以免烧坏实验仪器。)

(4)将光电倍增管模块上双刀三掷开关 BM_1 拨到“电流测试”。

(5)将“光照度调节”电位器和精密稳压电源上的“粗调”“细调”电位器调到最小值,直流稳压电源“PMT”“APD”切换到“APD”,结构件上阴阳极切换开关拨至“阴极”。

(6)接通电源,打开电源开关,将照度计拨到 200 lx 挡。此时,发光二极管 D_1(白光)发光,D_2(红光)、D_3(橙光)、D_4(黄光)、D_5(绿光)、D_6(蓝光)、D_7(紫光)均不亮。电流表显示“000”,高压电压表显示“000”,照度计显示“0.00”。(注意:在测试阴极电流时,阴极电压调节请勿超过 200 V,以免烧坏光电倍增管。)

(7)缓慢调节“光照度调节”电位器,使照度计显示值为 0.5 lx,保持光照度不变,缓慢调节高压调节旋钮至电压表显示为－80 V,记下此时电流表的显示值,该值即为光电倍增管在相应电压下时的阴极电流。

(8)将“光照度调节”电位器和精密稳压电源上的“粗调”“细调”电位器调到最小值,直流稳压电源“PMT”“APD”切换到“PMT”,结构件上阴阳极切换开关拨至“阳极”。

(9)缓慢调节“光照度调节”电位器,使照度计显示值为 0.5 lx,保持光照度不变,缓慢调节电压调节旋钮至电压表显示－400 V,记下此时电流表的显示值。

(10)利用公式 $G=\dfrac{I_{\mathrm{p}}}{I_{\mathrm{K}}}$ 或 $G=\dfrac{S_{\mathrm{p}}}{S_{\mathrm{K}}}$,计算出光照度为 0.5 lx,阳极电压为 400 V 时的放大倍数。

(11)将高压调节旋钮逆时针调到零,将光照度调节旋钮逆时针调到零,关闭电源开关,拆除连接电缆,放回原处。

3. 光电倍增管阳极光电特性测试

(1)组装好光通路组件,将照度计与照度计探头输出正负极对应相连(红为正极,黑为负极），将光源驱动模块上 J_1 与光通路组件光源接口用彩排数据线相连。将精密直流稳压电源的“＋5 V”“⊥”“－5 V”对应接到光源驱动模块和光电倍增管模块上的“＋5 V”“GND”“－5 V”。

(2)将三掷开关 BM_2 拨到“静态”，将拨位开关 S_1 拨上，S_2，S_3，S_4，S_5，S_6，S_7 均拨下。

(3)将光电倍增管模块的电流输入与光电倍增管的信号输出用 BNC 线连接起来，直流稳压电源的 PMT 高压输出与光电倍增管结构上的高压输入用 BNC 线连接起来。

(4)将光电倍增管模块上双刀三掷开关 BM_1 拨到“电流测试”。

(5)将“光照度调节”电位器和精密稳压电源上的“粗调”“细调”电位器调到最小值，直流稳压电源“PMT”“APD”切换到“PMT”，结构件上阴阳极切换开关拨至“阳极”。

(6)接通电源，打开电源开关，将照度计拨到 200 lx 挡。此时，发光二极管 D_1（白光）发光，D_2（红光）、D_3（橙光）、D_4（黄光）、D_5（绿光）、D_6（蓝光）、D_7（紫光）均不亮。电流表显示“000”，高压电压表显示“000”，照度计显示“0.00”。（由于光照度计精度较高，受各种条件影响，短时间内末位出现不回 0 现象属于正常现象。）

(7)缓慢调节“高压调节”电位器，使电压表显示值为－250 V，保持阳极电压不变，缓慢调节“光照度调节”旋钮至照度计显示为 0.0 lx，0.5 lx，1.0 lx，1.5 lx，2.0 lx，2.5 lx，3.0 lx，3.5 lx，4.0 lx，依次记下此时电流表的显示值，该值即为光电倍增管在相应光照度条件下时的阴极电流，填入表 1.8.1。

(8)根据上述的操作步骤测试阳极电压在－200 V 时所对应电压的阴极电流值，填入表 1.8.1。

表 1.8.1　不同阳极电压时，光照度与阳极光电流

光照度/lx	0	0.5	1.0	1.5	2.0	2.5	3.0	3.5	4.0
电流/nA(－250 V)									
电流/nA(－200 V)									

(9)将高压调节旋钮逆时针调到零，将光照度调节旋钮逆时针调到零，关闭电源开关，拆除连接电缆，放回原处。

(10)根据表 1.8.1 所测的数据，在同一坐标轴中描绘光电倍增管在两种电压下的阳极电流-光照特性曲线，即为阳极光电特性曲线。

4. 光电倍增管阳极伏安特性测试

(1)组装好光通路组件，将照度计与照度计探头输出正负极对应相连（红为正极，黑为负极），将光源驱动模块上 J_1 与光通路组件光源接口用彩排数据线相连。将精密直流稳压电源的“＋5 V”“⊥”“－5 V”对应接到光源驱动模块和光电倍增管模块上的“＋5 V”“GND”“－5 V”。

(2)将三掷开关 BM_2 拨到“静态”，将拨位开关 S_1 拨上，S_2，S_3，S_4，S_5，S_6，S_7 均拨下。

(3)将光电倍增管模块的电流输入与光电倍增管的信号输出用 BNC 线连接起来，直流稳压电源的 PMT 高压输出与光电倍增管结构上的高压输入用 BNC 线连接起来。

(4)将光电倍增管模块上双刀三掷开关 BM_1 拨到“电流测试”。

(5)将“光照度调节”电位器和精密稳压电源上的“粗调”“细调”电位器调到最小值，直流

稳压电源“PMT”“APD”切换到“PMT”，结构件上阴阳极切换开关拨至“阳极”。

(6)接通电源，打开电源开关，将照度计拨到 200 lx 挡。此时，发光二极管 D_1(白光)发光，D_2(红光)、D_3(橙光)、D_4(黄光)、D_5(绿光)、D_6(蓝光)、D_7(紫光)均不亮。电流表显示“000”，高压电压表显示“000”，照度计显示“0.00”。

(7)缓慢调节“光照度调节”电位器，使照度计显示值为 0.1 lx，保持光照度不变，缓慢调节电压调节旋钮至电压表显示为 0 V，−50 V，−100 V，−150 V，−200 V，−250 V，−300 V，−350 V，−400 V，依次记下此时电流表的显示值，该值即为光电倍增管在相应电压下时的阴极电流，填入表 1.8.2。

(8)根据上述的操作步骤，分别测试光照度在 0.2 lx，0.5 lx 时所对应电压的阴极电流值，填入表 1.8.2。

表 1.8.2　不同光照度时，光电倍增管的阳极伏安特性

阳极电压/V	0	50	100	150	200	250	300	350	400
电流/nA(0.1 lx)									
电流/nA(0.2 lx)									
电流/nA(0.5 lx)									

(9)将高压调节旋钮逆时针调到零，将光照度调节旋钮逆时针调到零，关闭电源开关，拆除连接电缆，放回原处。

(10)根据表 1.8.2 所测的数据，在同一坐标轴中描绘光电倍增管在三种光照下的阳极电流-电压特性曲线，即为阳极伏安特性曲线。

5. 光电倍增管光谱特性测试

(1)组装好光通路组件，将照度计与照度计探头输出正负极对应相连(红为正极，黑为负极)，将光源驱动模块上 J_1 与光通路组件光源接口用彩排数据线相连。将精密直流稳压电源的“+5 V”“⊥”“−5 V”对应接到光源驱动模块和光电倍增管模块上的“+5 V”“GND”“−5 V”。

(2)将三掷开关 BM_2 拨到“静态”，将拨位开关 S_1 拨上，S_2，S_3，S_4，S_5，S_6，S_7 均拨下。

(3)将光电倍增管模块的电流输入与光电倍增管的信号输出用 BNC 线连接起来，直流稳压电源的 PMT 高压输出与光电倍增管结构上的高压输入用 BNC 线连接起来。

(4)将光电倍增管模块上双刀三掷开关 BM_1 拨到“电流测试”。

(5)将“光照度调节”电位器和精密稳压电源上的“粗调”“细调”电位器调到最小值，直流稳压电源“PMT”“APD”切换到“PMT”，结构件上阴阳极切换开关拨至“阳极”。

(6)接通电源，打开电源开关，将照度计拨到 200 lx 挡。此时，发光二极管 D_1(白光)发光，D_2(红光)、D_3(橙光)、D_4(黄光)、D_5(绿光)、D_6(蓝光)、D_7(紫光)均不亮。电流表显示“000”，高压电压表显示“000”，照度计显示“0.00”。

(7)缓慢调节“光照度调节”电位器使光照度为 0.1 lx，缓慢调节“高压调节”电位器，使电压表的读数为−300 V。测出此时的电流值，填入表 1.8.3，再将 S_2 拨下。(注意：实验过程中，请不要同时将两个或两个以上的拨位开关拨向上，否则会造成实验数据不准。)

(8)将 S_3 拨向上，所对应的发光二极管 D_3(橙光)亮，缓慢调节“光照度调节”电位器使光照度为 0.1 lx，测出此时的电流值，填入表 1.8.3，再将 S_3 拨向下。使用同样的方法，依次测试黄光、绿光、蓝光、紫光时的电流值，填入表 1.8.3。

表 1.8.3 光电倍增管的光谱特性

波长 λ/nm	红光(630)	橙光(605)	黄光(585)	绿色(520)	蓝光(460)	紫光(400)
电流/nA						

(10)根据测试得到的数据，描绘出光电倍增管的电流-光谱特性曲线。

6. 光电倍增管时间特性测试实验

(1)组装好光通路组件，将照度计与照度计探头输出正负极对应相连(红为正极，黑为负极)，将光源驱动模块上 J_1 与光通路组件光源接口用彩排数据线相连。将精密直流稳压电源的“+5 V”“⊥”“−5 V”对应接到光源驱动模块和光电倍增管模块上的“+5 V”“GND”“−5 V”。

(2)将三掷开关 BM_2 拨到“脉冲”，将拨位开关 S_1 拨上，S_2，S_3，S_4，S_5，S_6，S_7 均拨下。

(3)将光电倍增管模块的电流输入与光电倍增管的信号输出用 BNC 线连接起来，直流稳压电源的 PMT 高压输出与光电倍增管结构上的高压输入用 BNC 线连接起来。

(4)将光电倍增管模块上双刀三掷开关 BM_1 拨到“电流测试”。

(5)将“光照度调节”电位器和精密稳压电源上的“粗调”“细调”电位器调到最小值，直流稳压电源“PMT”“APD”切换到“PMT”，结构件上阴阳极切换开关拨至“阳极”。

(6)接通电源，打开电源开关。此时，发光二极管 D_1(白光)发光，D_2(红光)、D_3(橙光)、D_4(黄光)、D_5(绿光)、D_6(蓝光)、D_7(紫光)均不亮。电流表显示“000”，高压电压表显示“000”。

(7)用双踪示波器探头分别连接到信号测试单元中的 TP_1 和 TP_2 测试钩上，缓慢增加电压，观察两路信号在示波器中的显示。

(8)缓慢增加电压至 −400 V，观察两路信号在示波器中的显示，并作出实验记录。(注：光电倍增管的输出电流方向与光电子方向相反，示波器测试的 TP_2 的信号应该与 TP_1 信号倒相，为了便于观察，数字示波器可将 TP_2 倒相。)

(9)使电压稳定在 −400 V 左右，调节“脉冲宽度调节”旋钮，观察实验现象，并作实验记录。

(10)将高压调节旋钮逆时针调到零，将光照度调节旋钮逆时针调到零，关闭电源开关，拆除连接电缆，放回原处。

7. 光电倍增管暗电流测试(选做)

(1)组装好光通路组件，将照度计与照度计探头输出正负极对应相连(红为正极，黑为负极)，将光源驱动模块上 J_1 与光通路组件光源接口用彩排数据线相连。将精密直流稳压电源的“+5 V”“⊥”“−5 V”对应接到光源驱动模块和光电倍增管模块上的“+5 V”“GND”“−5 V”。

(2)将三掷开关 BM_2 拨到“脉冲”，将拨位开关 S_1 拨上，S_2，S_3，S_4，S_5，S_6，S_7 均拨下。

(3)将光电倍增管模块的电流输入与光电倍增管的信号输出用 BNC 线连接起来，直流稳压电源的 PMT 高压输出与光电倍增管结构上的高压输入用 BNC 线连接起来。

(4)将光电倍增管模块上双刀三掷开关 BM_1 拨到“电流测试”。[注意:由于光电倍增管本身特性,实验中所采用光电倍增管阳极暗电流在 10^{-9} A 以下,则需配备更精密的电流表(精度在 0.01 nA 以上)进行测试。]

(5)将“光照度调节”电位器和精密稳压电源上的“粗调”“细调”电位器调到最小值,直流稳压电源“PMT”“APD”切换到“PMT”,结构件上阴阳极切换开关拨至“阳极”。

(6)接通电源,打开电源开关,将照度计拨到 200 lx 挡。此时,发光二极管 D_1(白光)发光,D_2(红光)、D_3(橙光)、D_4(黄光)、D_5(绿光)、D_6(蓝光)、D_7(紫光)均不亮。电流表显示“000”,高压电压表显示“000”,照度计显示“0.00”。

(7)缓慢调节电压调节旋钮至电压表显示为－650 V 左右,记下此时电流表的显示值,该值即为光电倍增管在相应阳极电压时的暗电流。

(8)将高压调节旋钮逆时针调到零,关闭电源开关,拆除连接电缆,放回原处。

1.8.5 注意事项

1. 在开启电源之前,首先要检查各输出旋钮是否已调到最小。接通电源后,一定要预热 1 min 后再输出高压。关机与开机程序相反。

2. 光电倍增管对光的响应极为灵敏,因此,在没有完全隔绝外界干扰光的情况下,切勿对管施加工作电压,否则会导致管内倍增极的损坏。

3. 测量阴极电流时,加在阴极与第一倍增极之间的电压不可超过 200 V;测量阳极电流时,阳极电压不可超过 1000 V,否则容易损坏光电倍增管。

4. 不要用手触摸光电倍增管的阴极面,以免造成光电倍增管透光率下降。

5. 阴极和阳极之间在切换时,首先必须把电压调节到零。

6. 请勿随意将光通路组件中的光电倍增管卸下暴露于强光中,以免使光电倍增管老化。

7. 光电倍增管内部装有光电倍增管的高压包,未经指导老师许可,不得擅自打开光电倍增管的主机箱,以免发生触电事故。

1.8.6 思考与分析题

1. 光电倍增管的暗电流对信号检测有何影响?在使用时如何减少暗电流?

2. 光电倍增管中倍增极有哪几种结构?每一种的主要特点是什么?

3. 如何选择倍增极之间的极间电压?

第 2 章　光电子技术基础应用实验

2.1　光控开关测试及应用

2.1.1　实验目的与要求

1. 了解和掌握光敏电阻的光控灯应用原理；
2. 了解和掌握光敏电阻的光控开关应用原理。

2.1.2　实验仪器与材料

光电创新实验仪主机箱 1 台，直流稳压电源 1 个，光电照明实验模块 1 个，光控开关实验模块 1 个，显示模块 1 个，万用表 1 个，连接线若干。

2.1.3　实验原理与方法

参见第 1 章 1.1.3 节内容。

本实验通过改变照射到光敏电阻上光强大小来控制继电器的开关状态，从而控制发光二极管指示灯的亮和灭，通过改变照射到光敏电阻上光强大小来控制 LED 发光强弱。

2.1.4　实验内容与步骤

1. 光敏电阻的光控灯应用

(1)将精密直流稳压电源的“+5 V”“⊥”“−5 V”对应接到 CCD 实验模块上的“+5 V”“GND”“−5 V”。

(2)将光敏电阻输出端金色插座对应接到“IN”端金色插座。

(3)打开电源开关，用手遮挡光敏电阻，观察指示 LED 明暗变化。

(4)调节可调电阻 W_1，观察指示 LED 明暗变化。

2. 光敏电阻的光控开关应用

(1)精密直流稳压电源的“+5 V”“⊥”“−5 V”对应接到 CCD 实验模块上的“+5 V”“GND”“−5 V”。

(2)光敏电阻输出端金色插座对应接到“IN”端金色插座，“OUT”端对应接到继电器正负端。

(3)打开电源开关，用万用表测量 V_{lm} 端电压，用手遮挡光敏电阻，分别记下明、暗时 V_{lm} 值。

(4)调节阈值电压使 V_{yz} 值在明暗电压值之间。

(5)用手遮挡光敏电阻,观察指示灯指示状况。

3. LED 发光二极管的恒流驱动电路设计

LED 发光二极管的恒流驱动电路如图 2.1.1 所示。该电路为恒流控制电流,在某一固定状态,LED 驱动电流恒定不变,从而使 LED 输出光功率恒定。

恒流控制原理如下:假设某一瞬间 LED 电流增加,则 R_{44} 上压降增大,U_4 通向输入端电压增大,U_4 输出增大,U_5 反向输入端增大,U_5 输出则减小,Q_1 基极电流减小,从而 LED 驱动电流也减小,保证了 LED 电流的恒定。反之分析原理亦同。

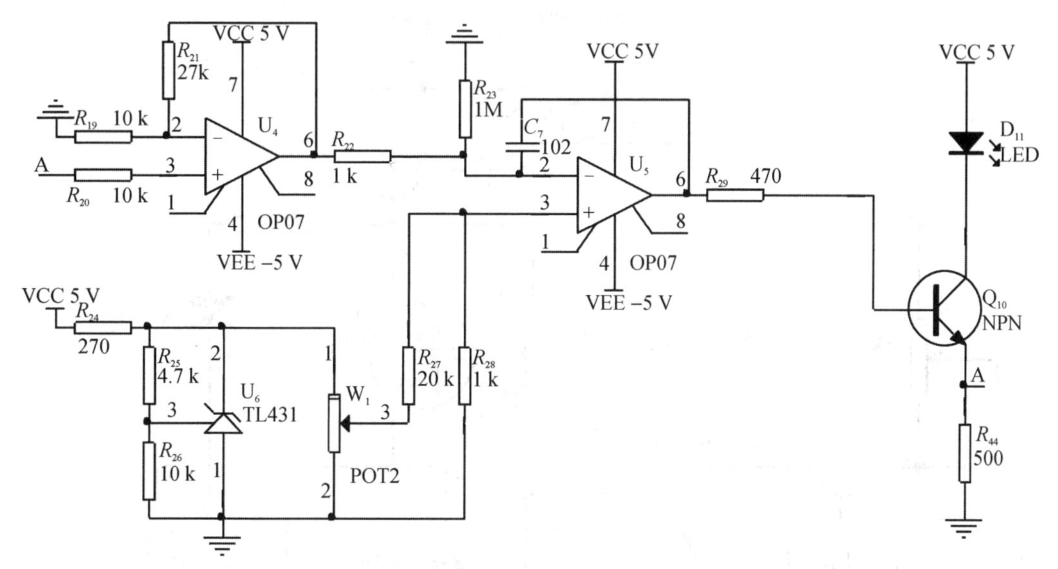

图 2.1.1　LED 发光二极管的恒流驱动电路

4. 光敏电阻的光控开关电路设计

光敏电阻的光控开关原理如图 2.1.2 所示,IN_1 和 CON_1 为光敏电阻输入端。U_8 为运算放大器,型号为 OP07,此运算放大器构成比较器电路。当 3 脚电压高于 2 脚电压时,输出高电平,三极管 Q_4 截止继电器不吸合,发光二极管不发光;反之,2 脚输出低电平,三极管 Q_4 导通,继电器得电导通,发光二极管发光。

2.1.5　注意事项

1. 不得扳动面板上面元器件,以免造成电路损坏,导致实验仪不能正常工作。
2. 金色测试钩说明:V_{lm} 为比较器输入电压测试点,V_{yz} 为阈值电压测试点。

2.1.6　思考与分析题

举例说明光敏电阻的光控开关在生活中的应用。

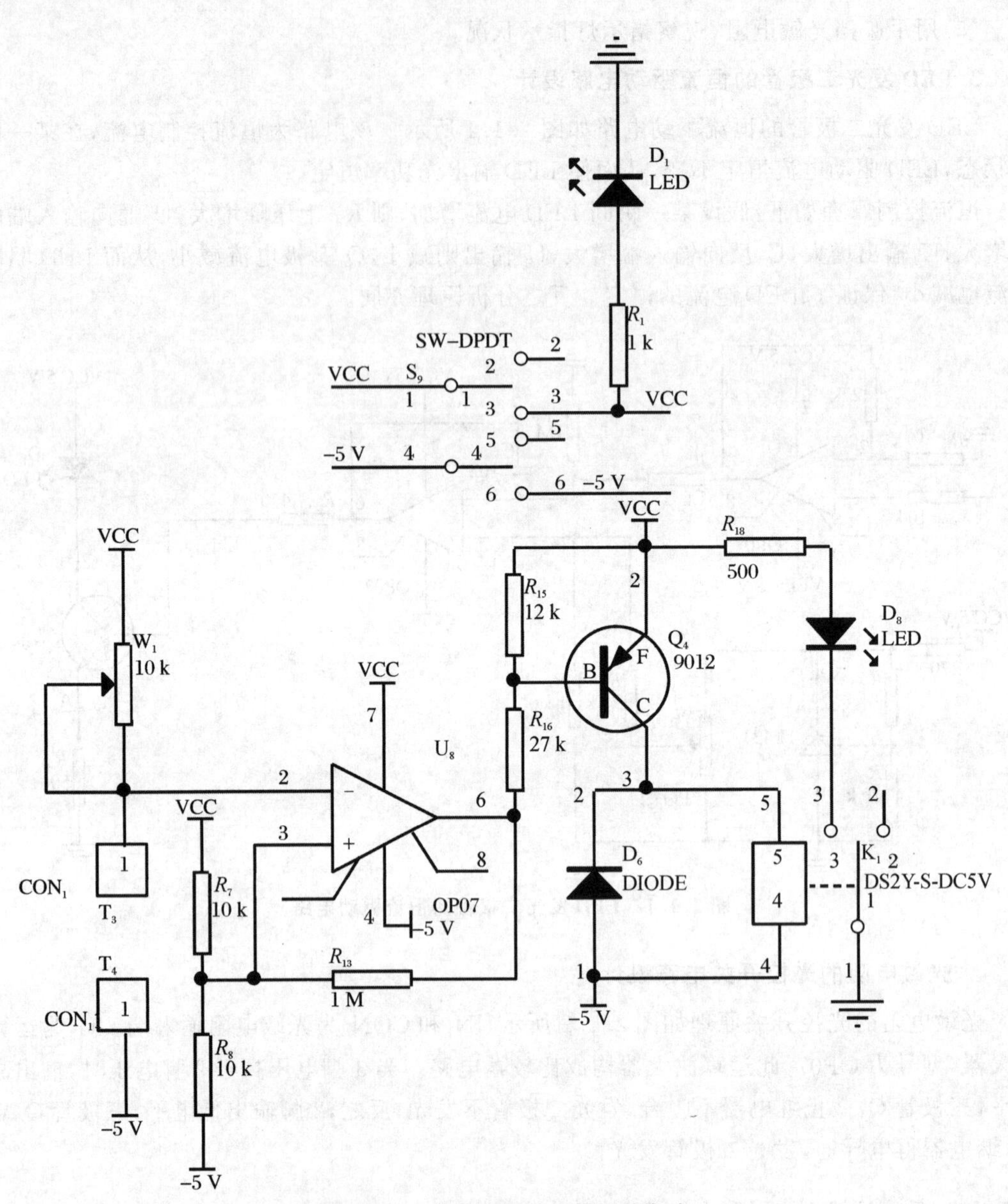

图 2.1.2　光敏电阻的光控开关电路

2.2　热敏器件测试及应用

2.2.1　实验目的与要求

1. 学习用直流电桥测量热敏电阻的温度特性；
2. 学习测量热敏电阻的 B 值、温度系数、热耗散系数等基本特性；
3. 了解热敏电阻的基本应用。

2.2.2　实验仪器与材料

温控仪 1 台，热敏电阻组件 1 个，负载模块 1 个，2＃选插头对(红色，50 cm)10 根，2＃选插头对(黑色，50 cm)10 根。

2.2.3　实验原理与方法

1. PTC 热敏电阻

PTC 是 positive temperature coefficient 的缩写，意思是正的温度系数，泛指正温度系数很大的半导体材料或元器件，通常我们提到的 PTC 是指正温度系数热敏电阻，简称 PTC 热敏电阻。PTC 热敏电阻是一种典型的具有温度敏感性的半导体电阻，超过一定的温度(居里温度)时，它的电阻值随着温度的升高呈阶跃性增大。

PTC 热敏电阻是一种半导体发热陶瓷，当外界温度降低，PTC 热敏电阻的电阻值随之减小，发热量反而会相应增加。

陶瓷材料通常用作高电阻的优良绝缘体，而陶瓷 PTC 热敏电阻是以钛酸钡为基，掺杂其他多晶陶瓷材料制造的，具有较低的电阻及半导特性。有目的地掺杂一种化学价较高的材料作为晶体的点阵元，晶格中钡离子或钛酸盐离子的一部分被较高价的离子所替代，因而得到一定数量具有导电性的自由电子。对于 PTC 热敏电阻效应，也就是电阻值阶跃增大的原因，在于材料组织是由许多小的微晶构成的，在晶粒的界面上，即所谓的晶粒边界(晶界)上形成势垒，阻碍电子越界进入相邻区域中去，因此而产生高的电阻。这种效应在温度低时被抵消。在晶界上高的介电常数和自发的极化强度在低温时阻碍了势垒的形成并使电子可以自由地流动。而在高温时，介电常数和极化强度大幅度地降低，导致势垒及电阻大幅度地增大，呈现出强烈的 PTC 效应。

2. NTC 热敏电阻

NTC 是 negative temperature coefficient 的缩写，意思是负的温度系数，泛指负温度系数很大的半导体材料或元器件，所谓 NTC 热敏电阻器就是负温度系数热敏电阻器。它是以锰、钴、镍和铜等金属氧化物为主要材料，采用陶瓷工艺制造而成的。这些金属氧化物材料都具有半导体性质，因为在导电方式上完全类似锗、硅等半导体材料。温度低时，这些氧化物材料的载流子(电子和空穴)数目少，所以其电阻值较高；随着温度的升高，载流子数目增加，所以电阻值降低。NTC 热敏电阻器在室温下的变化范围为 10^2～10^6 Ω，温度系数为 −2%～−6.5%。NTC 热敏电阻器可广泛应用于温度测量、温度补偿、抑制浪涌电流等场合。

3. 热敏电阻的主要特性

(1)额定零功率电阻值 R_{25}(Ω)

根据国标规定，额定零功率电阻值是热敏电阻在基准温度 25 ℃时测得的电阻值 R_{25}，这个电阻值就是热敏电阻的标称电阻值。通常说 NTC 热敏电阻的阻值为多少，亦指该值。

(2)热敏电阻的温度特性

热敏电阻温度特性即为热敏电阻零功率电阻值随温度变化的特性。

(3)B 值

B 值是电阻在两个温度之间变化的函数,材料常数(热敏指数)B 值被定义为:

$$B=\frac{T_1T_2}{T_2-T_1}\ln\frac{R_{T_1}}{R_{T_2}}$$

R_{T_1} 为温度 T_1 时的零功率电阻值,R_{T_2} 为温度 T_2 时的零功率电阻值,T_1、T_2 为两个被指定的温度。对于常用的 NTC 热敏电阻,B 值范围一般在 2000～6000 K 之间。

(4)耗散系数 δ(mW/℃)

耗散系数是物体消耗的电功与相应的温升值之比

$$\delta=\frac{W}{T-T_a}=\frac{I^2R}{T-T_a}$$

其中,δ 为耗散系数(mW/℃),W 为热敏电阻消耗的电功(mW),T 为达到热平衡后的温度值(℃),T_a 为室温(℃),I 为温度 T 时热敏电阻上的电流值(mA),R 为温度 T 时热敏电阻上的电阻值(kΩ)。在测量温度时,应注意防止热敏电阻由于加热造成的升温。

(5)温度系数 α(%/℃)

电阻的温度系数 α 表示热敏电阻器温度每变化 1 ℃,其电阻值变化程度的系数(即变化率),用 $\alpha=\frac{1}{R}\times\frac{dR}{dT}$ 表示,计算式为:

$$\alpha=\frac{1}{R}\times\frac{dR}{dT}\times100=\frac{-B}{T^2}\times100$$

其中,α 为电阻温度系数(%/℃),R 为绝对温度 T 时的电阻值(Ω),B 为材料常数(K)。

2.2.4 实验内容与步骤

1. 温控仪的原理及操作

将温度源的温度设置到指定温度:

(1)按"SET"键 0.5 s,绿色数码管闪烁,将 SV 的四位显示设置为 30,SV 的显示即为所设置温度,单位为℃。(注意:SV 四位显示即为所要设置的温度,通过"<"调节所设置温度的位数,上下键为位数的增加和减少。)

(2)按"SET"键 0.5 s,绿色数码管停止闪烁,设置温度 30 ℃成功。此时,SV 即为所设置的温度,PV 即为当前温度源的温度。

(3)将温度设置为 25 ℃,实验完成,关闭电源。

2. 半导体制冷器的原理及操作

半导体制冷片的工作运转是用直流电流,它既可制冷又可加热,通过改变直流电流的极性来决定在同一制冷片上实现制冷或加热,这个效果的产生是通过热电的原理实现的。图 2.2.1 就是一个单片的制冷片,它由两片陶瓷片组成,其中间有 N 型和 P 型的半导体材料(碲化铋),这个半导体元件在电路上用串联形式连接组成。

半导体制冷片的工作原理是:当一块 N 型半导体材料和一块 P 型半导体材料连接成电偶对时,在这个电路中接通直流电流后,就能产生能量的转移,电流由 N 型元件流向 P 型元件的接头吸收热量,成为冷端;由 P 型元件流向 N 型元件的接头释放热量,成为热端。吸热和放热的多少由电流的大小以及半导体材料 N、P 的元件对数来决定。

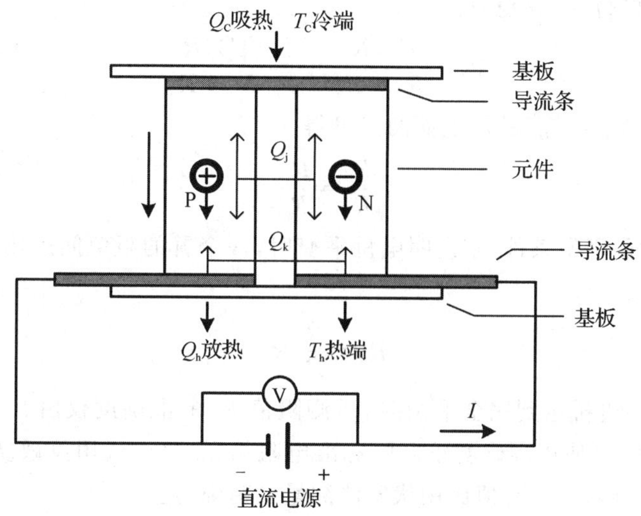

图 2.2.1　半导体制冷片原理结构图

半导体制冷器操作说明：

(1)将温控仪的温度设置为 T_1(T_1应高于室温 5～10 ℃),此时加到制冷片两端的为正电压,面板上温度源的铝块开始加热,用手可以感觉到发热。

(2)改变温控仪的温度,设置为 T_2(T_2应低于室温 5～10 ℃),此时加到制冷片两端的电压为负电压,面板上温度源的铝块开始冷却,用手可以感觉到温度降低。

(3)实验完成,将温度设置为 25 ℃,关闭电源。(注意:实验过程中请不要将温度设置太高,以免烫手。)

3. 惠斯通电桥的原理及应用

惠斯通电桥就是一种直流单臂电桥,适用于测中值电阻,其原理如图 2.2.2 所示。将 R_1、R_2、R_x、R_s四个电阻连成四边形,再将它的相对顶点分别接上电源 E 和检流计 G,便构成一个惠斯通电桥。通常把四边形的四个边叫作电桥的四个"臂",把接有检流计 G 的对角线叫作"桥"。桥的作用是将它两个端点 B、D 处的电位直接进行比较。

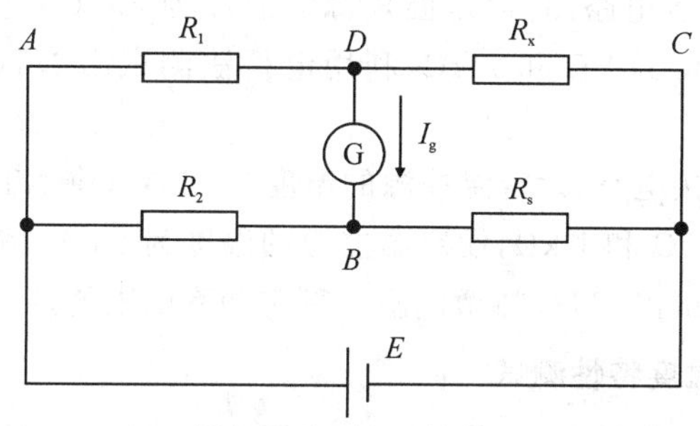

图 2.2.2　惠斯通电桥

通常因各电阻值是任意的,故 B、D 两个点的电位一般不等,检流计 G 中有电流通过。调节电阻到合适阻值,可使检流计中无电流流过,即 B、D 两点的电位相等,这时称为电桥平衡。

电桥平衡时,检流计中无电流通过,相当于无 BD 这一支路,故电源 E 与电阻 R_1、R_x 可看成一分压电路;电源 E 与电阻 R_2、R_s 可看成另一分压电路。若以 C 点为参考,则 D 点的

电位 V_D 与 B 点的电位 V_B 分别为：

$$V_B=\frac{E\times R_s}{R_2+R_s}, V_D=\frac{E\times R_x}{R_1+R_x}$$

因电桥平衡时 $V_B=V_D$，故解上面两式可得：

$$\frac{R_1}{R_2}=\frac{R_x}{R_s}$$

上式叫作电桥的平衡条件，它说明电桥平衡时，四个臂的阻值间成比例关系。如果 R_x 为待测电阻，则有

$$R_x=\frac{R_1}{R_2}R_s$$

由上式可知，当电桥达到完全平衡时，所测阻值 R_x 的准确度仅由 R_1、R_2、R_s 的准确度决定。因 R_1、R_2、R_s 可使用准确度较高的标准电阻箱，故只要选用灵敏度较高的检流计来判定电桥的平衡，所测得的 R_x 值比用伏安法测量要精确得多。

测量电阻时，通常是选取 R_1、R_2 的电阻使成简单的整数比（如 1 : 1,1 : 10,10 : 1 等）并固定不变，然后调节 R_s 使电桥达到平衡。故常将 R_1、R_2 所在桥臂叫作比例臂，与 R_x、R_s 相应的桥臂分别叫作测量臂、比较臂。

惠斯通电桥操作说明：

(1)连接直流电源的输出与万用表的输入端对应相连，接通电源，缓慢调节直流电压到 10 V 左右，关闭电源，拆除导线。

(2)按照图 2.2.2 连接电路，R_1 和 R_2 分别取 510 Ω 和 1 kΩ，R_x 为待测电阻，取 2.4 kΩ，R_s 取 RP_1。

(3)接通电源，将电流表设置到 200 μA 挡，缓慢调节电位器 RP_1，直到电流表的显示为 0(或接近 0)，关闭电源，拆除导线，用万用表测试出此时 RP_1 的电阻 R_s。(注意：拆除导线时，请勿动到 RP_1 旋钮。)

(4)利用公式计算出待测电阻 R_x 的值。

4. 热敏电阻的额定功率电阻值测量

(1)按照图 2.2.2 连接电路图，设定温控源的温度为 25 ℃，将 NTC 热敏电阻接入惠斯通电桥，R_1 和 R_2 分别取 510 Ω 和 1 kΩ，利用电桥法测试出 NTC 热敏电阻的额定功率电阻值。

(2)按照图 2.2.2 连接电路，设定温控源的温度为 25 ℃，将 NTC 热敏电阻接入惠斯通电桥，R_1 和 R_2 分别取 510 Ω 和 1 kΩ，设定温控源的温度为 25 ℃，将 PTC 热敏电阻接入惠斯通电桥，利用电桥法测试出 NTC 热敏电阻的额定功率电阻值。

5. PTC 热敏电阻的温度特性测试

(1)按照实验 4 测量电阻的方法，热敏电阻选用 PTC 热敏电阻，改变温控仪读数，实验测量数据填入表 2.2.1。

表 2.2.1 PTC 热敏电阻的电阻值与温度的关系

T/℃	20.0	25.0	30.0	35.0	40.0	45.0	50.0	55.0	60.0
R_T/Ω									

(2)作 R_T-T 曲线。

6. 热敏电阻 B 值、温度系数 α、热耗散系数 δ 的测量

(1)根据以上所测得的实验数据，利用公式

$$B=\frac{T_1T_2}{T_2-T_1}\ln\frac{R_{T1}}{R_{T2}}$$

分别计算出 NTC 热敏电阻和 PTC 热敏电阻的 B 值。

(2)根据以上所测得的实验数据，利用公式

$$\alpha=\frac{1}{R}\times\frac{\mathrm{d}R}{\mathrm{d}T}\times100=\frac{-B}{T^2}\times100$$

计算出 PTC 热敏电阻的温度系数 α。

(3)根据以上所测得的实验数据，利用公式

$$\delta=\frac{W}{T-T_a}=\frac{I^2R}{T-T_a}$$

计算出 PTC 热敏电阻的热耗散系数 δ。

2.2.5　注意事项

1. 在开启电源之前，首先要检查各输出旋钮是否已调到最小。接通电源后，一定要预热 1 min 后再调节温控仪。

2. 将温度源的实际温度转换为所设置的温度时，需要一定时间，加热速度会大于降温速度，为正常现象。

3. 温度源的实际温度变换为所设置温度时，可能会停在设置温度附近某一值，属正常现象，记录实验数据时，以温度源实验温度记录结果。

4. 当设置温度超出温度源的温度范围时，实际温度会停在临界处温度。

5. 实验箱长期工作时，会造成实验箱内部散热不良，温度源温度范围会减小，属于正常现象，实验完成后注意关闭电源。

6. 未经指导老师许可，不得擅自打开热敏电阻的主机箱，以免损坏实验仪器。

2.2.6　思考与分析题

热敏电阻可分为 PTC 热敏电阻和 NTC 热敏电阻，试分析它们的温度特性及产生原因。

2.3　热释电器件测试及应用

2.3.1　实验目的与要求

1. 了解热释电传感器的工作原理及其特性；

2. 了解并掌握热释电传感器的信号处理方法及其应用；

3. 了解并掌握超低频前置放大器的设计。

2.3.2　实验仪器与材料

光电创新实验仪主机箱 1 台，直流稳压电源 1 台，热释电传感器实验模块 1 个，显示模块 1 个，万用表 1 个，2#迭插头对若干。

2.3.3　实验原理与方法

1. 热释电探测器

热释电探测器是根据某些晶体材料自发极化强度随温度变化，能够产生的热释电效应而制成的新型热探测器。当晶体受辐射时，温度的改变使自发极化强度发生变化，结果在垂直于自发极化方向的晶体两个外表面之间出现感应电荷，利用感应电荷的变化可测量辐射的能量。因为热释电探测器输出的电信号正比于探测器温度随时间的变化率，不像其他热探测器需要一个热平衡过程，所以其响应速度比其他热探测器快得多。一般热探测器典型时间常数值在 0.01～1 s 范围，而热释电探测器的有效时间常数低达 10^{-4}～3×10^{-5} s。虽然目前热释电探测器在探测率和响应速度方面还不及光子探测器，但由于它还具有光谱响应范围宽，较大的频响带宽，在室温下工作无需致冷，可以有大面积均匀的光敏面，不需要偏压，使用方便等优点而得到日益广泛的应用。

2. 热释电效应

某些物质（例如硫酸三甘肽、铌酸锂、铌酸锶钡等晶体）吸收光辐射后将其转换成热能，这个热能使晶体的温度升高，温度的变化又改变了晶体内晶格的间距，这就引起在居里温度以下存在的自发极化强度的变化，从而在晶体的特定方向上引起表面电荷的变化，这就是热释电效应。

在 32 种晶类中，有 20 种是压电晶类，它们都是非中心对称的，其中有 10 种具有自发极化特性，这些晶类称为极性晶类。对于极性晶体，即使外加电场和应力为零，晶体内正、负电荷中心也并不重合，因而具有一定的电矩，也就是说晶体本身具有自发极化特性，所以单位体积的总电矩可能不等于零。这是因为参与晶格热运动的某些离子可同时偏离平衡态，这时晶体中的电场将不等于零，晶体就成了极性晶体。于是在与自发极化强度垂直的两个晶面上就会出现大小相等、符号相反的面束缚电荷。极性晶体的自发极化通常是观察不出来的，因为在平衡条件下它被通过晶体内部和外部传至晶体表面的自由电荷所补偿。极化的大小及由此而引起的补偿电荷的多少与温度有关。如果强度变化的光辐射入射到晶体上，晶体温度便随之发生变化，晶体中离子间的距离和链角跟着发生相应的变化，于是自发极化强度也随之发生变化，最后导致面束缚电荷跟着变化，于是晶体表面上就出现能测量出的电荷。

3. 热释电探测器工作原理

当已极化的热电晶体薄片受到辐射热时，薄片温度升高，极化强度下降，表面电荷减少，相当于“释放”一部分电荷，故名热释电。释放的电荷通过一系列的放大，转化成输出电压。如果继续照射，晶体薄片的温度升高到 T_c（居里温度）值时，自发极化突然消失，不再释放电荷，输出信号为零，如图 2.3.1 所示。

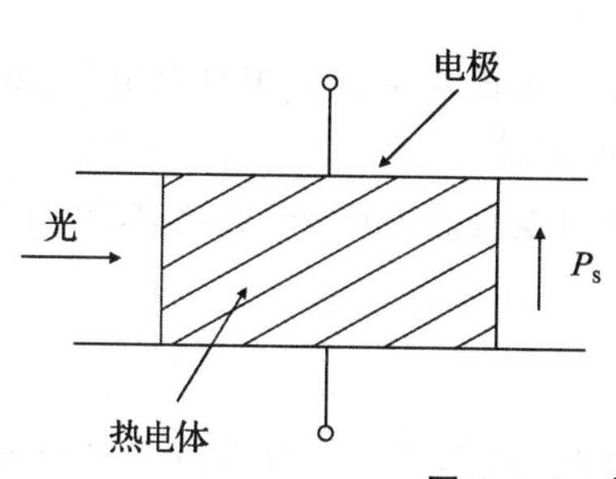

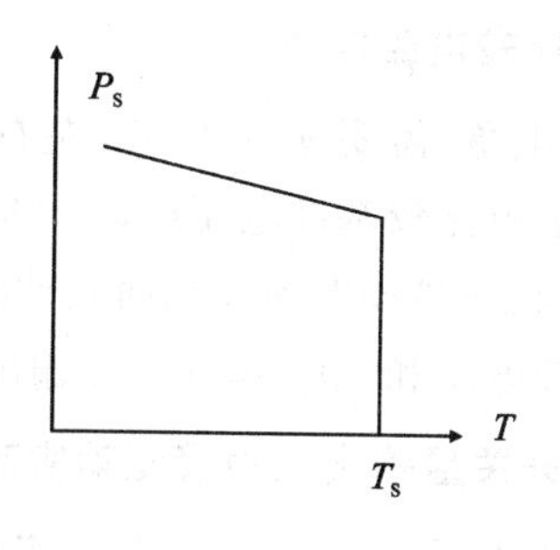

图 2.3.1　热释电效应

因此，热释电探测器只能探测交流的斩波式的辐射（红外光辐射要有变化量）。当面积为 A 的热释电晶体受到调制加热而使其温度 T 发生微小变化时，就有热释电电流 i。

$$i = AP\frac{\mathrm{d}T}{\mathrm{d}t}$$

A 为面积，P 为热电体材料热释电系数，$\mathrm{d}T/\mathrm{d}t$ 是温度的变化率。

2.3.4　实验内容与步骤

1. 热释电传感器系统安装调试

（1）将热释电探头“D”“S”“G”对应连接。

（2）将精密直流稳压电源的一路“＋5 V”“⊥”接到显示模块电压表对应的“＋5 V”“GND”，为电压表供电，另一路“＋5 V”“⊥”对应接到热释电探测器模块的“＋5 V”“GND”。

（3）表头黑色端接地（GND），红色端接热释电红外探头“S”端，选择直流电压 2 V 挡。接通电源，观察万用表数值变化，约 2 min，直至数值趋于稳定，实验仪开始正常工作。

（4）用手在红外热释电探头端面晃动时，探头有微弱的电压变化信号输出（可用万用表测量）。经超低频放大电路放大后，万用表选择直流电压 20 V 挡，通过万用表可检测到“O_2”输出端输出的电压变化较大，再经电压比较器构成的开关电路和延时电路（延时时间可以通过电位器调节），使指示灯点亮，观察这个过程。通过调节“灵敏度调节”电位器，可以调整热释电红外探头的感应距离。

（5）对观察到的信号及现象进行分析。

2. 超低频放大电路实验

（1）将热释电探头“D”“S”“G”对应连接。

（2）将精密直流稳压电源的一路“＋5 V”“⊥”接到显示模块电压表对应的“＋5 V”“GND”，为电压表供电，另一路“＋5 V”“⊥”对应接到热释电探测器模块的“＋5 V”“GND”。

（3）表头黑色端接地（GND），红色端接热释电红外探头“S”端，选择直流电压 2 V 挡。接通电源，观察万用表数值变化，约 2 min，直至数值趋于稳定，实验仪开始正常工作。

（4）手在红外热释电探头端面晃动时，探头有微弱的电压变化信号输出，用万用表直流电压 2 V 挡测量其值的变化范围并记录分析。

（5）用直流电压 20 V 挡测量“O_2”处电压值，测量其值的变化范围并记录，即为超低频放大电路输出信号值。分析比较探头输出电压值大小和放大后信号大小。

3. 窗口比较电路实验

(1)接通电源,需要延时 2 min 左右实验仪才能正常工作。用直流电压 20 V 挡测量窗口比较器上下限比较基准电压(“V_H”“V_L”)并做记录。

(2)手在红外热释电探头端面晃动时,用万用表直流电压 20 V 挡测量“O_2”端输出的热释电信号比较电压和“O_3”端开关量输出信号。

4. 延时开关量输出及报警驱动实验

接通电源,需要延时 2 min 左右实验仪才能正常工作。手在红外热释电探头端面晃动时,用万用表直流电压 20 V 挡观察测量“O_4”端开关输出信号大小和延时后发光二极管指示状态并分析。

5. 延时时间控制实验

(1)接通电源,需要延时 2 min 左右实验仪才能正常工作。手在红外热释电探头端面晃动时,观察发光二极管指示状态。

(2)调节延时时间旋钮,用万用表直流电压 20 V 挡测量“O_4”端输出信号变化,观察发光二极管指示状态。

6. 热释电放大电路设计

热释电效应放大电路原理如图 2.3.2 所示。电源(+5 V)通过电阻 R_5和电容 E_4后给热释电传感器供电。热释电传感器输出信号 O_1经过 U1A、U1B 组成的超低频放大电路后由 U1B 的 7 脚输出 O_2(超低频放大后信号),RP_2用来调节灵敏度。O_2输出到 U1C、U1D 组成的窗口比较电路,与上、下限电压 V_H、V_L进行比较,输出高、低电平。当 O_2信号电压值在窗口比较电路上、下限电压之间时,输出电平无变化,O_3输出低电平;当 O_2信号电压值在窗口比较电路上下限电压之外时,O_3输出高电平,这个电平跳变输入到由 U_2组成的延时电路,延时电路输出 O_4由低电平跳变为高电平并持续一段时间,持续时间长短可以通过调节 RP_2来改变。持续时间过后,O_4输出低电平。O_4输出驱动后面的 LED 驱动电路使 LED 发光。O_4为高电平时,LED 发光,反之 LED 不发光。

2.3.5 注意事项

1. 不得随意摇动和插拔面板上元器件和芯片,以免损坏,造成实验仪不能正常工作;
2. 实验完成后相关器件放回指定存放位置;
3. 在使用过程中,出现任何异常情况,必须立即关机断电以确保安全。

2.3.6 思考与分析题

1. 在通常情况下,热释电红外传感器都会配合菲涅尔透镜使用,请想一下菲涅尔透镜的作用是什么。
2. 简述热释电红外探测器的使用场合。

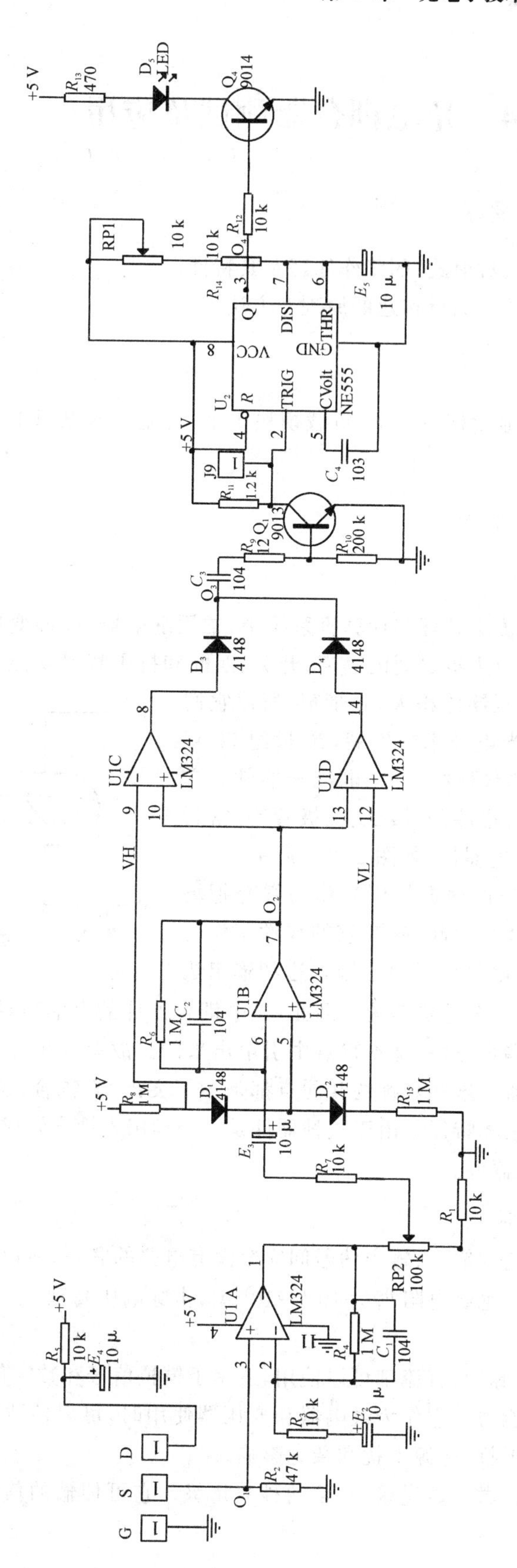

图2.3.2　热释电效应放大电路

2.4 光电耦合器测试及应用

2.4.1 实验目的与要求

1. 了解光开关(反射式、对射式)的工作原理及其特性;
2. 了解并掌握使用光开关测量转速的原理及方法。

2.4.2 实验仪器与材料

光电耦合器模块1个,显示模块1个,负载模块1个,直流稳压电源1个,示波器1台,连接导线若干。

2.4.3 实验原理与方法

1. 光电耦合器件

在工业检测、电信号的传送处理和计算机系统中,常用继电器、脉冲变压器和复杂的电路来实现输入、输出端装置与主机之间的隔离、开关、匹配和抗干扰等功能。而继电器动作慢,有触点,工作不可靠;变压器体积大,频带窄,所以它们都不是理想的部件。随着光电技术的发展,20世纪70年代以后出现了一种新的功能器件——光电耦合器件。它是将发光器件(LED)和光敏器件(光敏二、三极管等)密封装在一起形成的一个电-光-电器件,如图2.4.1所示。

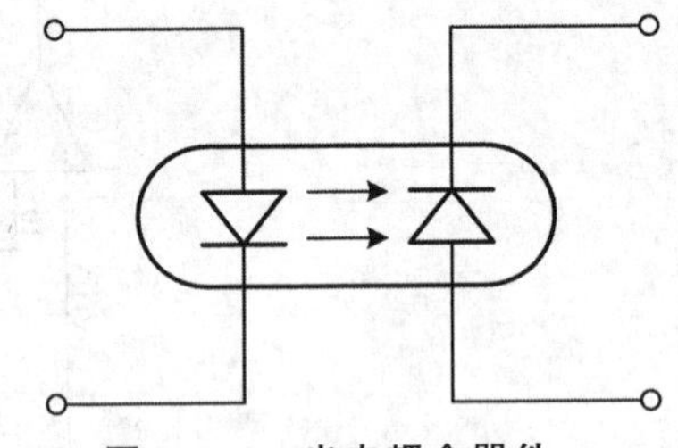

图2.4.1 光电耦合器件

这种器件在信息的传输过程中是用光作为媒介把输入边和输出边的电信号耦合在一起的,在它的线性工作范围内,这种耦合具有线性变化关系。由于输入边和输出边仅用光来耦合,在电性能上完全是隔离的。因此,光电耦合器件的电隔离性能、线性传输性能等许多特性,都是从"光耦合"这一基本特点中引申出来的。故有人把光电耦合器件也称为光电隔离器或光电耦合器。这些名称的共同点都是为了突出"光耦合"这一基本特征,这也是它区别于其他器件的根本特征。由于这种器件是一个利用光耦合做成的电信号传输器件,所以一般称为光电耦合器件。

2. 光电耦合器件的特点

具有电隔离的功能。它的输入、输出信号间完全没有电路的联系,所以输入和输出回路的电平零位可以任意选择。绝缘电阻高达$10^{10}\sim10^{12}$ Ω,击穿电压高到25~100 kV,耦合电容小到零点几皮法。

信号传输是单向性的,脉冲、直流都可以使用,适用于模拟信号和数字信号。

具有抗干扰和噪声的能力。它作为继电器和变压器使用时,可以使线路板上看不到磁性元件。它不受外界电磁干扰、电源干扰和杂光影响。

响应速度快。一般可达微秒数量级,甚至纳秒数量级。它可传输的信号频率在直流和10 MHz之间。

使用方便，具有一般固体器件的可靠性，体积小，重量轻，抗震，密封防水，性能稳定，耗电省，成本低。工作温度范围在－55～＋100 ℃之间。

光电耦合器件性能上的优点，使它的发展非常迅速。目前，光电耦合器件在品种上有 8 类 500 多种。已在自动控制、遥控遥测、航空技术、电子计算机和其他光电、电子技术中得到广泛的应用。

3. 光电耦合器件优点

光电耦合器件能强有力地抑制尖脉冲及各种噪音的干扰，大大提高了信噪比。

光电耦合器件之所以具有很高的抗干扰能力，主要有下面几个原因：

①光电耦合器件的输入阻抗很低，一般为 10 Ω～1 kΩ；而干扰源的内阻一般都很大，为 1 kΩ～1 MΩ。按一般分压比的原理来计算，能够馈送到光电耦合器件输入端的干扰噪声就变得很小了。

②由于一般干扰噪声源的内阻都很大，虽然也能供给较大的干扰电压，但可供出的能量很小，只能形成很微弱的电流。而光电耦合器件输入端的发光二极管只有在通过一定的电流时才能发光。因此，即使是电压幅值很高的干扰，由于没有足够的能量，不能使发光二极管发光，从而被它抑制掉了。

③光电耦合器件的输入-输出边是用光耦合的，且这种耦合又是在一个密封管壳内进行的，因而不会受到外界光的干扰。

④光电耦合器件的输入-输出间的寄生电容很小（一般为 0.6～2 pF），绝缘电阻又非常大（一般为 10^{11}～10^{13} Ω），因而输出系统内的各种干扰噪音很难通过光电耦合器件反馈到输入系统中去。

4. 电流传输比

电流传输比指的是副边电流与原边电流之比，即原边流过一定电流，副边流过电流的最大值，这个最大值与原边电流之比就是 CTR(current transfer ratio)。当输出电压保持恒定时，它等于副边直流输出最大电流 I_C 与原边直流输入电流 I_F 的百分比，通常用百分数来表示：

$$\mathrm{CTR}=I_C/I_F\times 100\%$$

采用一只光敏三极管的光耦合器，CTR 的范围大多为 20%～30%（如 4N35），而 PC817 则为 80%～160%，达林顿型光耦合器（如 4N30）可达 100%～500%。这表明欲获得同样的输出电流，后者只需较小的输入电流。因此，CTR 参数与晶体管的 h_{FE} 有某种相似之处。普通光耦合器的 CTR-I_F 特性曲线呈非线性，在 I_F 较小时的非线性失真尤为严重，因此它不适合传输模拟信号。线性光耦合器的 CTR-I_F 特性曲线具有良好的线性度，特别是在传输小信号时，其交流电流传输比（$\Delta\mathrm{CTR}=\Delta I_C/\Delta I_F$）很接近直流电流传输比 CTR 值。因此，它适合传输模拟电压或电流信号，能使输出与输入之间呈线性关系。

2.4.4　实验内容与步骤

1. 对射式和反射式光开关（非调制）

(1)将精密直流稳压电源的一路“＋5 V”“⊥”接到光电耦合开关模块的“＋5 V”“GND”。

(2)分别将面板右上对射式光电开关和反射式光电开关的4个引脚插座根据标识用导线对应接入面板右下方的光电开关输入插座。

(3)接通电源,手动转动转盘,使光电开关光路挡住或畅通,观察输出开关指示灯状态。

(4)若没有光开关指示输出,调节电位器 RP_1、RP_2,直至光开关指示输出。

(5)观察光对射式、反射式开关现象并分析原理。

2. 对射式和反射式光开关转速测量

(1)将精密直流稳压电源的一路"+5 V""⊥"接到光电耦合开关模块的"+5 V""GND"。

(2)分别将面板右上方对射式光电开关和反射式光电开关的4个引脚插座根据标识用导线对应接入面板右下方的光电开关输入插座。

(3)接通电源,手动转动转盘,使光电开关光路挡住或畅通,观察输出开关指示灯状态。

(4)若没有光开关指示输出,调节电位器 RP_1、RP_2,直至光开关指示输出。

(5)接通电源,调节转速,用示波器测量模块右下方"F"插座的输出信号,试着根据示波器测试值计算转速。注意,转速单位为 r/min。

3. 对射式和反射式光电开关伏安特性

(1)按照图2.4.2分别将对射式和反射式光电开关内红外发光二极管连接到正向伏安特性测量电路中,L+为P,L−为N。(电压表取自显示模块,R_L取自负载模块,电压取自精密线性稳压电源。)

(2)R_L取1 kΩ,电压从最小开始调节,观察正向电流,当开始有正向电流时(一般在0.6 V左右),调节电压,数据测出后将R_L分别换为2 kΩ、510 Ω电阻,重复以上实验。本实验所用电流值均为欧姆定律计算所得,此表电压为电阻R_L上电压。如表2.4.1和表2.4.2。

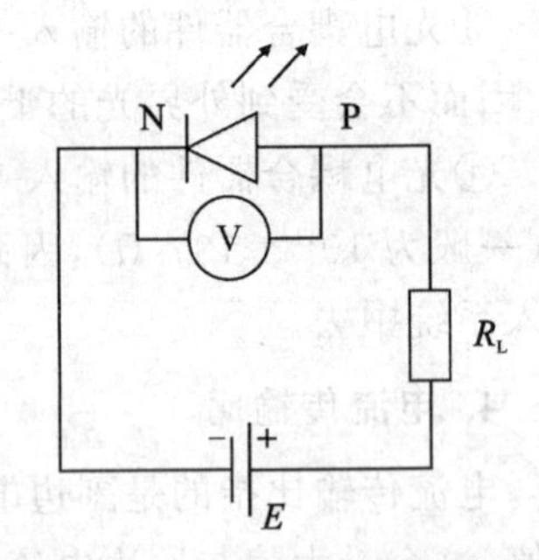

图 2.4.2 红外发光二极管的伏安特性测量电路

表 2.4.1 对射式红外发光二极管的伏安特性

R_L=1 kΩ	电压/V												
	电流/mA												
R_L=2 kΩ	电压/V												
	电流/mA												
R_L=510 Ω	电压/V												
	电流/mA												

表 2.4.2　反射式红外发光二极管的伏安特性

$R_L=1$ kΩ	电压/V											
	电流/mA											
$R_L=2$ kΩ	电压/V											
	电流/mA											
$R_L=510$ Ω	电压/V											
	电流/mA											

(3)由表 2.4.1 和表 2.4.2 得出电流值及红外发光二极管上的电压值，分别描出对射式和反射式光电开关内红外发光二极管伏安特性曲线。

(4)按照图 2.4.3 分别将对射式和反射式光电开关内的光电三极管连接到伏安特性测量电路中，P＋为 e，P－为 c。(电压表取自显示模块，R_L 取自负载模块，电压取自精密线性稳压电源。)

(5)R_L 取 1 kΩ。电压从最小开始调节，数据测出后将 R_L 分别换为 2 kΩ、510 Ω，重复以上实验，测量数据分别记入表 2.4.3 和表 2.4.4。

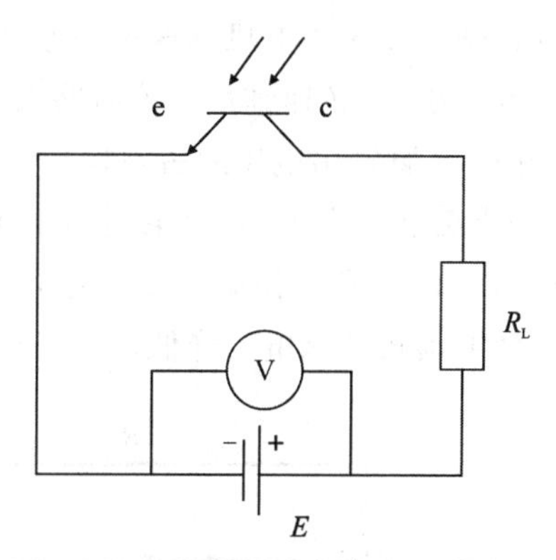

图 2.4.3　光电三极管的伏安特性测量电路

表 2.4.3　对射式光电三极管的伏安特性

$R_L=1$ kΩ	电压/V											
	电流/mA											
$R_L=2$ kΩ	电压/V											
	电流/mA											
$R_L=510$ Ω	电压/V											
	电流/mA											

表 2.4.4　反射式光电三极管的伏安特性

$R_L=1$ kΩ	电压/V											
	电流/mA											
$R_L=2$ kΩ	电压/V											
	电流/mA											
$R_L=510$ Ω	电压/V											
	电流/mA											

(6)由表 2.4.3 和表 2.4.4 得出电流值及光电三极管上的电压值，分别描出对射式和反射式光电开关内的光电三极管伏安特性曲线。

4. 对射式和反射式光开关电流传输比

(1)将精密直流稳压电源的一路“+5 V”“⊥”接到光电耦合开关模块的“+5 V”“GND”。

(2)分别将面板右上对射式和反射式光电开关的 4 个引脚插座根据标识用导线对应接入面板右下的光电开关输入插座。

(3)接通电源,手动转动转盘,使光电开关光路挡住或畅通,观察输出开关指示灯状态。

(4)用电流表测光电耦合开关内红外发光二极管的输入电流 I_F,光敏三极管 C 极电流 I_C。

(5)按照公式 $CTR=I_C/I_F\times 100\%$,分别求出对射式和反射式光电开关电流传输比。

5. 光电耦合测电机转速的设计组装与测试

电路设计及工作原理:

(1)图 2.4.4 为电机调速电路原理图。直流电动机的转速与加在电动机两端的电压成正比,电压越高,转速越快。该电路采用电压反馈方式控制电动机的转速,NE555 为比较器工作方式,3 脚输出电压的占空比受 2 脚电压的控制,调节 W_1 可以设定电动机的转速。当电动机两端电压增大时,其转速超过设定的转速,此时 R_1 上电压降增大,该压降馈送到 NE555 的 2 脚,则 3 脚输出脉冲电压的占空比减小,即脉冲高电平时间变短,Q_1 导通时间缩短,加到电动机两端电压降低,电动机转速下降,从而保持电动机转速为恒定值。

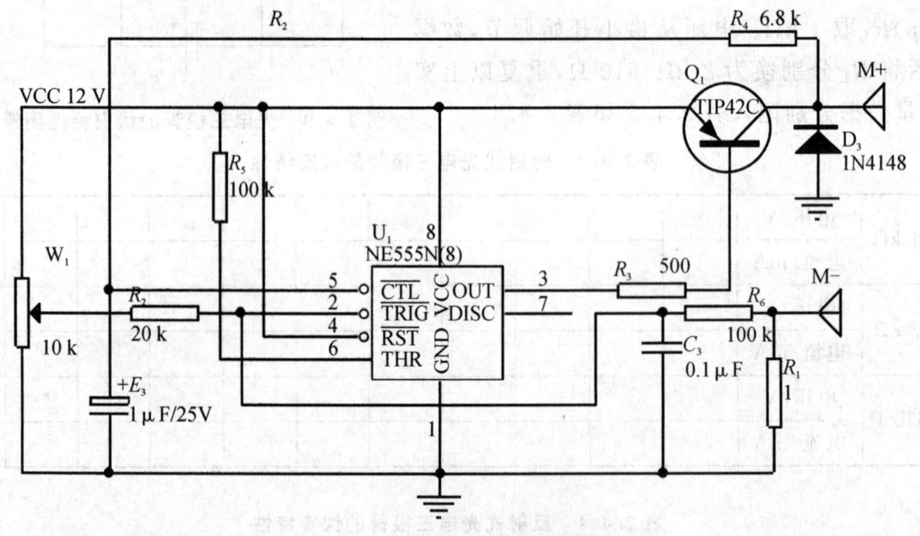

图 2.4.4 电机调速电路原理

(2)光电开关电路如图 2.4.5 所示,R_7 为红外发射管的限流电阻,调节 W_2 可以调节发光强弱。R_9 和 W_3 为光敏器件的负载电阻,调节 W_2 可以调节探测灵敏度。LED 用来指示开关状态。

测试步骤:

(1)电机驱动电路输出“M+”“M−”用连线对应接到电动机的“M+”“M−”,对射式光电开关的“L+”“L−”“P+”“P−”用连线对应接到电路上“L+”“L−”“P+”“P−”。

(2)示波器探头测量电路输出“F”“GND”。转速调节旋钮“W_1”左旋到底,此时电动机不转动。

(3)打开电源开关,调节红外发射管限流电阻 W_2 和光敏器件负载电阻 W_3,用手转动转

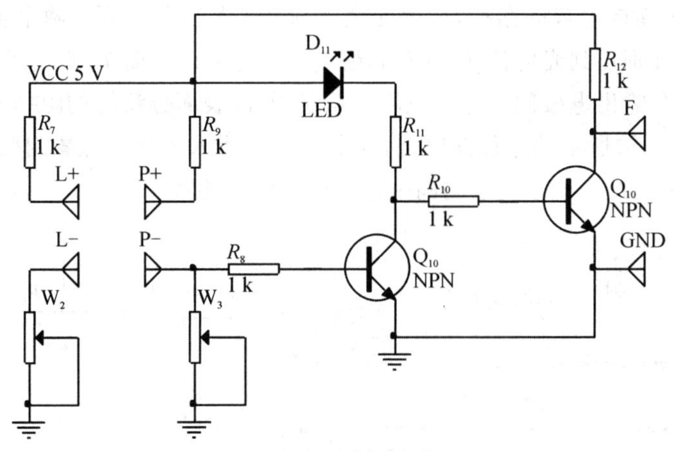

图 2.4.5　光电开关电路

盘，直至光电开关发射和接收透过转盘圆孔时和被遮住时示波器上显示高低电平跳变，调节转速调节旋钮 W_1 直至电机转动，观察示波器输出波形，记录频率。

(4)计算电机转速。注意转盘上有 6 个圆孔，转盘每转动一周产生 6 个输出脉冲。

2.4.5　注意事项

1. 不得随意摇动和插拔面板上的元器件和芯片，以免损坏，造成实验仪不能正常工作；
2. 在使用过程中，出现任何异常情况，必须立即关机断电以确保安全。

2.4.6　思考与分析题

分别列举一例说明反射式和对射式光开关在日常生活中的应用。

2.5　PSD 位置传感器测试及应用

2.5.1　实验目的与要求

1. 了解 PSD 位置传感器工作原理及特性；
2. 了解并掌握 PSD 位置传感器测量位移的方法；
3. 了解并掌握 PSD 位置传感器输出信号处理电路原理。

2.5.2　实验仪器与材料

光电创新实验仪主机箱 1 个，PSD 传感器实验模块 1 个，PSD 位移测试模块 1 个，显示模块 1 个，直流稳压电源 1 个，万用表 1 个，连接线若干。

2.5.3　实验原理与方法

PSD 是具有 PIN 三层结构的平板半导体硅片。其断面结构如图 2.5.1(a)所示，表面层 P 为感光面，在其两边各有一信号输入电极，底层的公共电极加反偏电压。当光点入射到

PSD表面时，由于横向电势的存在，产生光生电流 I_0，光生电流流向两个输出电极，从而在两个输出电极上分别得到光电流 I_1 和 I_2，显然 $I_0=I_1+I_2$。而 I_1 和 I_2 的分流关系则取决于入射光点到两个输出电极间的等效电阻。假设PSD表面分流层的阻挡是均匀的，则PSD可简化为图2.5.1(b)所示的电位器模型，其中 R_1、R_2 为入射光点位置到两个输出电极间的等效电阻，显然 R_1、R_2 正比于光点到两个输出电极间的距离。

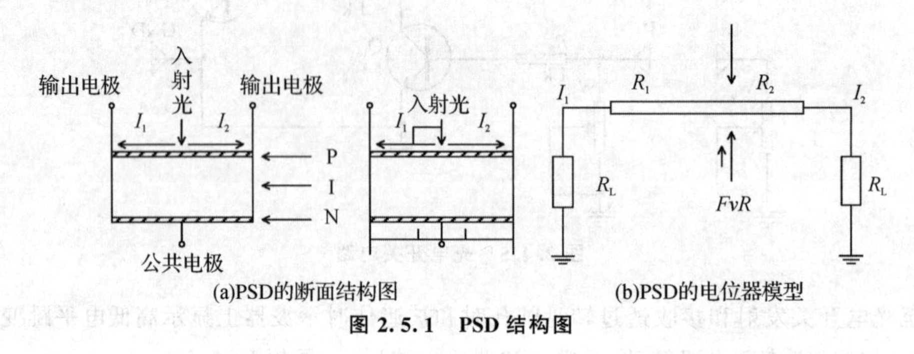

图2.5.1 PSD结构图

因为 $I_1/I_2=R_2/R_1=(L-X)/(L+X)$

$I_0=I_1+I_2$

所以 $I_1=I_0(L-X)/2L$

$I_2=I_0(L-X)/2L$

$X=(I_2-I_1)L/I_0$

当入射光恒定时，I_0 恒定，则 X 与 I_2-I_1 成线性关系，与入射光点强度无关。通过适当的处理电路，就可以获得光点位置的输出信号。（注意：L 为PSD长度的一半，X 为入射光点与PSD正中间零位点距离。）

2.5.4 实验内容与步骤

1. PSD特性测试实验

(1)将精密直流稳压电源的“+12 V”“⊥”“−12 V”对应接到光源驱动模块上的“+12 V”“GND”“−12 V”。将精密直流稳压电源的一路“+5 V”“⊥”对应接到显示模块电压表的“+5 V”“GND”，为电压表供电。将精密直流稳压电源的另一路“+5 V”“⊥”接激光器的红、黑插头，为激光器供电。

(2)将面板上的PSD输入端“PSDI1”“Vref”“PSDI2”按颜色用导线连接至PSD端。将PSD传感器实验单元电路连接起来，即 T_7 与 T_{10} 接，T_9 与 T_{12} 接，T_{13} 与 T_{14} 接，T_{15} 与 T_{16} 接，将电压表输入端用导线接到实验模板的 T_{17} 和 T_{18} 上。

(3)接通电源，实验模板开始工作。调整升降杆和测微头固定螺母，转动测微头使激光光点能够在PSD受光面上的位置从一端移向另一端。

(4)转动测微头使激光光点能够在PSD受光面上的位置从一端移向另一端，观察电压表显示结果。

2. PSD输出信号处理及误差补偿实验

(1)将精密直流稳压电源的“+12 V”“⊥”“−12 V”对应接到光源驱动模块上的

“+12 V”“GND”“−12 V”。将精密直流稳压电源的一路“+5 V”“⊥”对应接到显示模块电压表的“+5 V”“GND”，为电压表供电。将精密直流稳压电源的另一路“+5 V”“⊥”接激光器的红、黑插头，为激光器供电。

(2)将面板上的 PSD 输入端“PSDI1”“Vref”“PSDI2”按颜色用导线连接至 PSD 端。将 PSD 传感器实验单元电路连接起来，即 T_7 与 T_{10} 接，T_9 与 T_{12} 接，T_{13} 与 T_{14} 接，T_{15} 与 T_{16} 接，将电压表输入端用导线接到实验模板的 T_{17} 和 T_{18} 上。

(3)接通电源，实验模板开始工作。调整升降杆和测微头固定螺母，转动测微头使激光光点能够在 PSD 受光面上的位置从一端移向另一端，最后将光点定位在 PSD 受光面上的正中间位置(目测)，调节零点调整旋钮，使电压表显示值为 0。转动测微头使光点移动到 PSD 某一固定位置，调节输出幅度调整旋钮，使电压表显示值为一固定值。

(4)断开 T_7 与 T_{10}、T_9 与 T_{12}，用电压表测量 T_7 和 T_9 的电压值，即为 PSD 两路输出电流经过 I/V 变化处理结果。

(5)连接 T_7 与 T_{10}、T_9 与 T_{12}，断开 T_{13} 与 T_{14} 的连接，用电压表测量 T_{13} 的值，分析 T_{13} 和 T_7、T_9 的关系。

(6)连接 T_{13} 与 T_{14}，断开 T_{15} 与 T_{16}，调节增益调整旋钮，用电压表观察 T_{15} 电压变化。

(7)连接 T_{15} 与 T_{16}，调节补偿调零旋钮，用电压表观察 V_{07} 电压变化。分析误差补偿原理。

3. PSD 测位移原理实验及实验误差测量

(1)将精密直流稳压电源的“+12 V”“⊥”“−12 V”对应接到光源驱动模块上的“+12 V”“GND”“−12 V”。将精密直流稳压电源的一路“+5 V”“⊥”对应接到显示模块电压表的“+5 V”“GND”，为电压表供电。将精密直流稳压电源的另一路“+5 V”“⊥”接激光器的红、黑插头，为激光器供电。

(2)将面板上的 PSD 输入端“PSDI1”“Vref”“PSDI2”按颜色用导线连接至 PSD 端。将 PSD 传感器实验单元电路连接起来，即 T_7 与 T_{10} 接，T_9 与 T_{12} 接，T_{13} 与 T_{14} 接，T_{15} 与 T_{16} 接，将电压表输入端用导线接到实验模板的 T_{17} 和 T_{18} 上。

(3)接通电源，实验模板开始工作。调整升降杆和测微头固定螺母，转动测微头使激光光点能够在 PSD 受光面上的位置从一端移向另一端，最后将光点定位在 PSD 受光面上的正中间位置(目测)，调节零点调整旋钮，使电压表显示值为 0。转动测微头使光点移动到 PSD 受光面一端，调节输出幅度调整旋钮，使电压表显示值为 3 V 或 −3 V 左右。

(4)从 PSD 一端开始旋转测微头，使光点移动，取 $\Delta X = 0.5$ mm，即转动测微头一圈。读取电压表显示值，填入表 2.5.1，画出位移-电压特性曲线。

表 2.5.1　PSD 传感器位移值与输出电压值

位移量/mm	0	0.5	1	1.5	2	2.5	3	3.5
输出电压/V								
位移量/mm	4	4.5	5	5.5	6	6.5	7	7.5
输出电压/V								

4. PSD 测位移的电路设计组装与测试

PSD 输出处理电路原理如图 2.5.2 所示，运算放大器 U4A、U4B 完成 PSD 两路电流输出 I/V 变换；U5A 为加法电路，对两路输出进行加法运算，用来验证 PSD 两路输出之和不随光电位置变化而改变；U5B 为减法电路，实现 PSD 位移测量；U3A 为放大电路，W_1 用来调节放大增益。U3B 为调零电路，通过调节 W_2 阻值大小进行电路调零。

位移测量实验及误差测量：

(1)将激光器引线红色接模块上“+5 V”金色插孔，黑色接“GND5V”金色插孔。PSD 后金色插孔 I_1、I_2 为 PSD 电流输出，对应接到金色插孔 T_6、T_8，PSD 后金色插孔 C 为 PSD 供电端，对应接到金色插孔 T_4。

(2)将 PSD 传感器实验单元电路连接起来：T_7 接 T_{10}，T_9 接 T_{12}，T_{13} 接 T_{14}，T_{15} 接 T_{16}，T_{17} 与 T_{18} 对应接到万用表电压挡正负极，用来测量输出电压。

(3)打开主机箱电源开关，打开模块上电源开关，实验模块开始工作。调整测微头，使激光光点能够在 PSD 受光面上的位置从一端移向另一端，最后将光点定位在 PSD 受光面上的正中间位置(目测)，调节零点调整旋钮，使电压表显示值为 0。转动测微头使光点移动到 PSD 受光面一端，调节输出幅度调整旋钮，使电压表显示值为 3 V 或 −3 V 左右。

(4)从 PSD 一端开始旋转测微头，使光点移动，取 $\Delta X=0.5$ mm，即转动测微头一圈。读取电压表显示值，填入表 2.5.2，画出位移-电压特性曲线。

表 2.5.2 PSD 传感器位移与输出电压

位移量/mm	0	0.5	1	1.5	2	2.5	3	3.5
输出电压/V								
位移量/mm	4	4.5	5	5.5	6	6.5	7	7.5
输出电压/V								

(5)根据表 2.5.2 所列的数据，计算中心量程 2 mm、3 mm、4 mm 时的非线性误差。

2.5.5 注意事项

1. 激光器输出光不得对准人眼，以免造成伤害。

2. 激光器为静电敏感元件，因此操作者不要用手直接接触激光器引脚以及与引脚连接的任何测试点和线路，以免损坏激光器。

3. 不得扳动面板上面元器件，以免造成电路损坏，导致实验仪不能正常工作。

2.5.6 思考与分析题

试分析一维 PSD 的工作原理。

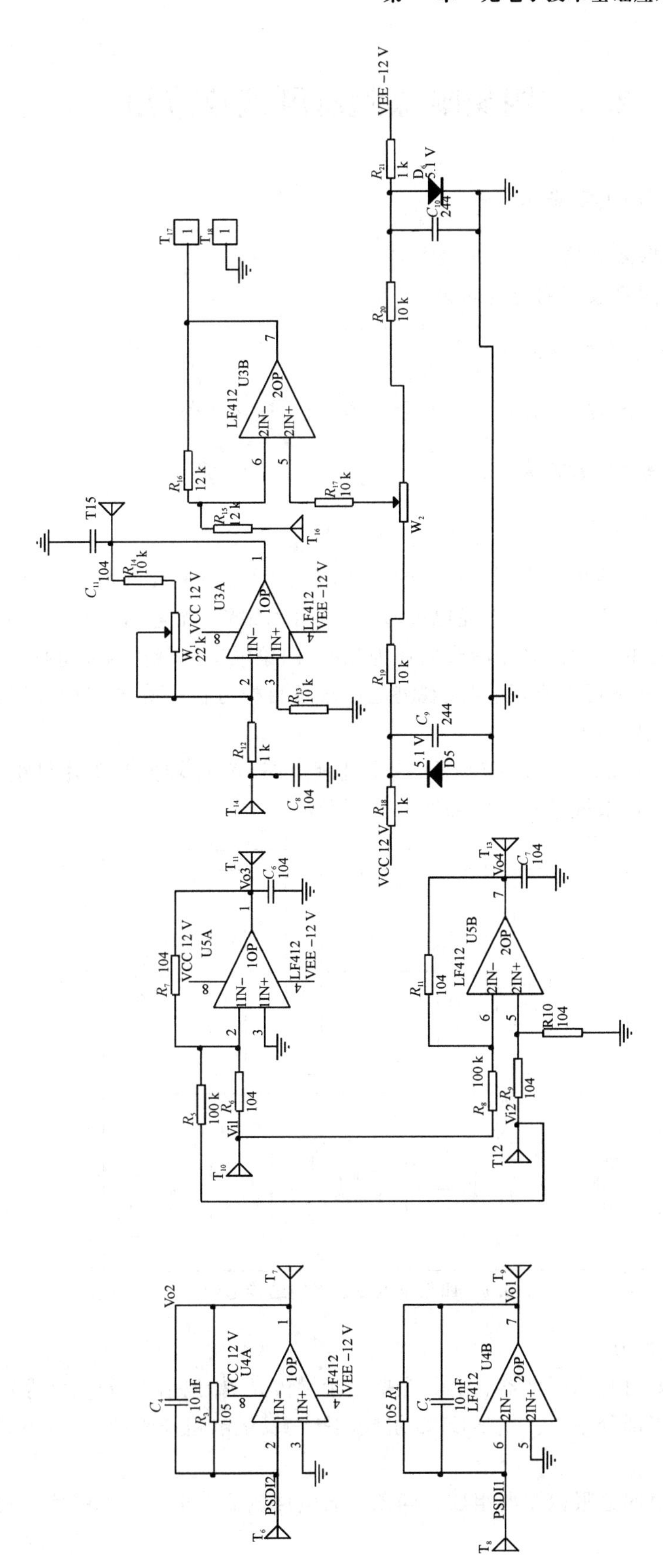

图2.5.2　PSD输出处理电路原理

2.6 四象限探测器测试及应用

2.6.1 实验目的与要求

1. 了解四象限探测器的工作原理及其特性；
2. 了解并掌握四象限探测器定向原理。

2.6.2 实验仪器与材料

直流稳压电源1个，激光器组件1套，示波器1台，连接线若干。

2.6.3 实验原理与方法

1. 系统介绍

光电定向是指用光学系统来测定目标的方位，在实际应用中具有精度高、价格低、便于自动控制和操作方便的特点，因此在光电准直、光电自动跟踪、光电制导和光电测距等各个技术领域得到了广泛的应用。采用激光器作为光源，四象限探测器作为光电探测接收器，根据电子和差式原理，实现可以直观、快速观测定位跟踪目标方位的光电定向装置，是目前应用最广泛的一种光电定向方式。

该系统主要由发射部分、光电探测器、信号处理电路、A/D转换和单片机组成，最后通过计算机显示输出。该系统结构框图如图2.6.1所示。

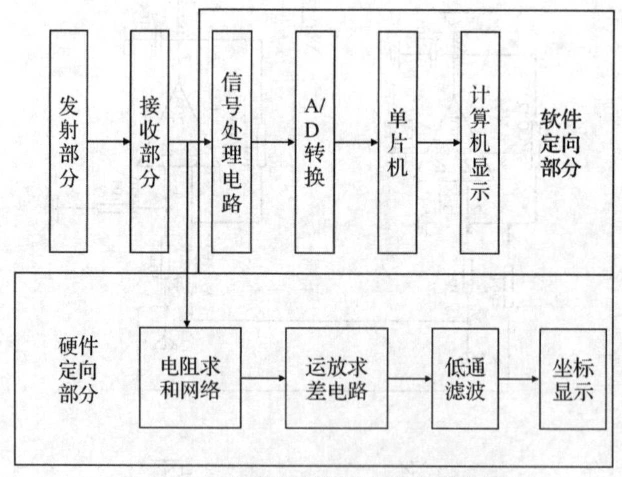

图2.6.1 四象限探测器系统结构框图

(1)激光器发射部分

光发射电路主要由光源驱动器、光源(主要是半导体光源，包括LED、LD等)、光功率自动控制电路(APC)等部分组成。用NE555组成的脉冲发生电路来驱动650 nm的激光器。

(2)接收部分

接收部分主要由四象限探测器组成。四象限光电探测器是把四个性能完全相同的光电二极管按照直角坐标要求排列而成的光电探测器件，目标光信号经光学系统后在四象限光电探测器上成像，如图 2.6.2 所示。一般将四象限光电探测器置于光学系统焦平面上或稍离开焦平面。当目标成像不在光轴上时，四个象限上探测器输出的光电流信号幅度不相同，比较四个光电信号的幅度大小就可以知道目标成像在哪个象限上（也就知道了目标的方位）。

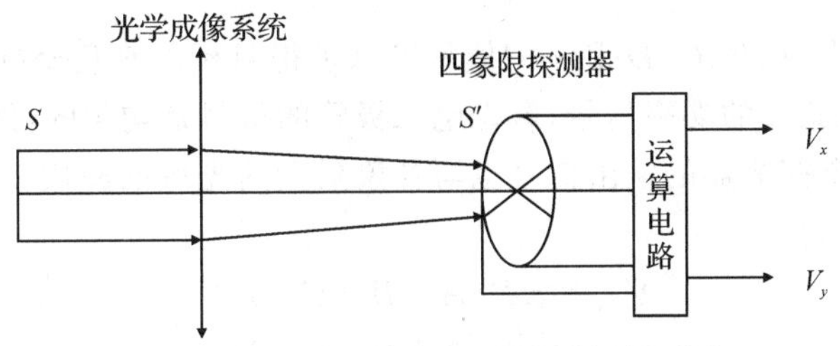

图 2.6.2　目标在四象限光电探测器上成像

2. 单脉冲定向原理

利用单脉冲光信号确定目标方向的原理有以下四种：和差式、对差式、和差比幅式和对数相减式。

(1)和差式：这种定向方式是参考单脉冲雷达原理提出来的。

在图 2.6.2 中，光学系统与四象限探测器组成测量目标方位的直角坐标系。四象限探测器与直角坐标系坐标轴 X、Y 重合，目标（近似圆形的光斑）成像在四象限探测器上。当目标圆形光斑中心与探测器中心重合时，四个光电二极管接收到相同的光功率，输出相同大小的电流信号，表示目标方位坐标为：$X=0,Y=0$。当目标圆形光斑中心偏离探测器中心，如图 2.6.3 所示，四个光电二极管输出不同大小电流信号，通过对输出电流信号进行处理可以得到光斑中心偏差量 X_1 和 Y_1。若光斑半径为 r，光斑中心坐标为 X_1 和 Y_1，为分析方便，认为光斑得到均匀辐射功率，总功率为 P。在各象限探测器上得到扇形光斑面积是光斑总面积的一部分。若设各象限上的光斑总面积占总光斑面积的百分比为 A、B、C、D，则由求扇形面积公式可推得如下关系：

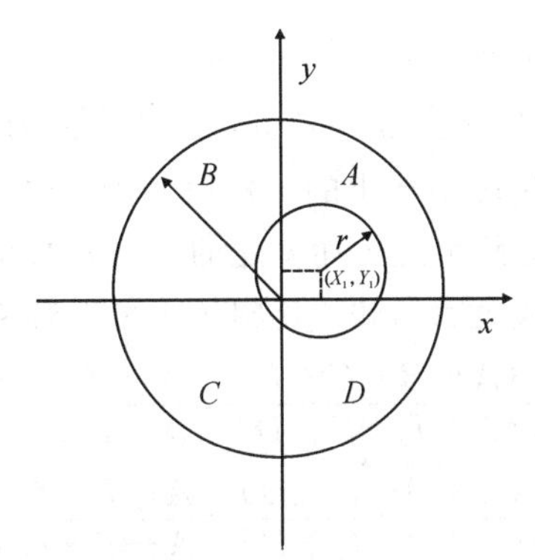

图 2.6.3　目标成像关系

$$(A-B)-(C-D)=\frac{2X_1}{\pi r}\sqrt{1-\frac{X_1^2}{r^2}}+\frac{2}{\pi}\arcsin\frac{X_1}{r}$$

当$\left(\frac{X_1}{r}\right) \ll 1$时 $$A-B-C+D \approx \frac{4X_1}{\pi r}$$

即 $$X_1 = \frac{\pi r}{4}(A-B-C+D)$$

同理可得 $$Y_1 = \frac{\pi r}{4}(A+B-C+D)$$

可见，只要能测出 A、B、C、D 和 r 的值就可以求得目标的直角坐标。但是在实际系统中可以测得的量是各象限的功率信号，若光电二极管的材料是均匀的，则各象限的光功率和光斑面积成正比，四个探测器的输出信号也与各象限上的光斑面积成正比。如图 2.6.4，可得输出偏差信号大小为：

$$V_{X_1} = KP(A-B-C+D)$$
$$V_{Y_1} = KP(A+B-C-D)$$
$$X_1 = k(A-B-C+D)$$
$$Y_1 = k(A+B-C-D)$$

式中，$k=\frac{\pi r}{4}KP$，K 为常数，与系统参数有关。

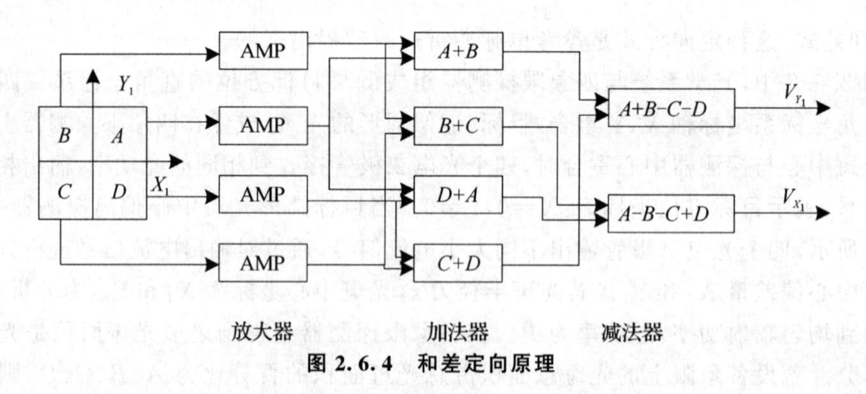

图 2.6.4 和差定向原理

(2)对差式：将图 2.6.4 的坐标系顺时针旋转 45°，于是得：

$$X_2 = X_1\cos 45° + Y_1\sin 45° = \sqrt{2}k(A-C)$$
$$Y_2 = -X_1\cos 45° + Y_1\sin 45° = \sqrt{2}k(B-C)$$

(3)和差比幅式：上述两种情况中输出的坐标信号均与系数 k 有关，而 k 又与接收到的目标辐射功率有关。它是随目标距离远近而变化的。这时系统输出电压 V_{X_1}、V_{Y_1} 并不能够代表目标的真正坐标。采用下式表示的和差比幅运算可以解决这一问题。

$$X_3 = \frac{k(A-B-C+D)}{k(A+B+C+D)} = \frac{A-B-C+D}{A+B+C+D}$$
$$Y_3 = \frac{k(A+B-C-D)}{k(A+B+C+D)} = \frac{A+B-C-D}{A+B+C+D}$$

式中不存在 k 系数，与系统接收到的目标辐射功率的大小无关，所以定向精度很高。

(4)对数相减式：在目标变化很大的情况下，可以采用对数相减式定向方法。坐标信号为：

$$X_4 = \lg k(A-B) - \lg k(C-D) = \lg(A-B) - \lg(C-D)$$

$$Y_4=\lg k(A-D)-\lg k(C-B)=\lg(A-D)-\lg(C-B)$$

可见，坐标信号中也不存在系数 k，同样消除了接收到的功率变化影响。

当定向误差很小时，可以得到如下近似关系

$$X_4\approx A-B-C+D$$

$$Y_4\approx A+B-C-D$$

上式就是和差式关系。因此当定向误差很小时，对数相减式实际上就是和差式。采用对数放大器和相减电路可实现对数相减式。

2.6.4　实验内容与步骤

1. 系统组装调试

(1)将精密直流稳压电源的“+5 V”“⊥”“−5 V”对应接到光源驱动模块上的“+5 V”“GND”“−5 V”。将精密直流稳压电源的一路“+5 V”“⊥”接激光器的红、黑插头，为激光器供电。

(2)接通电源，使激光器光点分别落在四个象限，可以观察到面板上对应四个象限光强(Ⅰ、Ⅱ、Ⅲ、Ⅳ)的指示灯分别发光，即对应象限探测到的光强最强的，对应象限指示发光二极管发光。

2. 激光器(650 nm)脉冲驱动

(1)将精密直流稳压电源的“+5 V”“⊥”“−5 V”对应接到光源驱动模块上的“+5 V”“GND”“−5 V”。将精密直流稳压电源的一路“+5 V”“⊥”接激光器的红、黑插头，为激光器供电。

(2)打开实验仪和示波器电源，用示波器测量脉冲发生电路的 MC 输出端输出的脉冲信号。此脉冲信号通过激光器驱动电路对激光器发出的光进行调制，从而使激光器发出脉冲光。

(3)W_1为频率调节电位器，调节 W_1，观察频率变化及频率上下限并记录结果。

(4)W_4为脉冲宽度调节电位器，调节 W_4，可以调节调制脉宽，观察脉宽变化及脉冲宽度上下限并记录结果。

3. 四象限探测器输出脉冲信号放大

(1)将精密直流稳压电源的“+5 V”“⊥”“−5 V”对应接到光源驱动模块上的“+5 V”“GND”“−5 V”。将精密直流稳压电源的一路“+5 V”“⊥”接激光器的红、黑插头，为激光器供电。

(2)打开实验仪和示波器电源，调整激光器使激光光点位置落在四象限探测器上。

(3)用示波器测量 MC 输出端信号和信号测试区的探测器放大输出信号(FDⅠ、FDⅡ、FDⅢ、FDⅣ)。

(4)调节脉冲驱动电路频率调节电位器 W_1，观察探测器放大信号变化，使其放大输出效果最好。

4. 四象限探测器输出脉冲信号展宽(采样保持)

(1)将精密直流稳压电源的“+5 V”“⊥”“−5 V”对应接到光源驱动模块上的“+5 V”“GND”“−5 V”。将精密直流稳压电源的一路“+5 V”“⊥”接激光器的红、黑插头，为激光器供电。

(2)打开实验仪和示波器电源,调整激光器使激光光点位置落在四象限探测器上,用示波器对应测量信号测试区的探测器放大输出信号(FDⅠ、FDⅡ、FDⅢ、FDⅣ)和经过峰值保持电路处理之后的展宽信号(ZKⅠ、ZKⅡ、ZKⅢ、ZKⅣ)。

(3)调节脉冲驱动电路频率调节电位器 W_1,观察探测器放大信号变化,使其放大输出效果最好。

2.6.5 注意事项

1. 激光器前自带有准直透镜,可以调节光斑的大小。当需要调节准值透镜时,调节准直透镜螺纹,使光斑达到满意大小即可。
2. 除测试环外,勿随意触摸,改动 PCB 上的器件。
3. 不要用眼睛直接看激光,以免损伤眼睛。
4. 四象限 Si PIN 光电探测器在使用中防止剧烈震动、冲击,以免光窗损坏。
5. 在贮运、使用过程中必须采取静电防护措施,以免器件失效。

2.6.6 思考与分析题

试说明四象限探测器的定向原理。

2.7 LED 物性综合测试

2.7.1 实验目的与要求

1. 学习掌握 LED 电学特性:*I-V* 特性、*C-V* 特性等;
2. 学习掌握 LED 光学特性:光通量、发光强度等;
3. 学习掌握 LED 热学特性:PN 节的节温对 LED 光学参数的影响。

2.7.2 实验仪器与材料

光源驱动模块 1 块,智能数显温控仪 1 台,光照度计 1 个,光功率指示仪 1 台,直流稳压电源 1 个,连接导线若干。

2.7.3 实验原理与方法

LED(light emitting diode)即发光二极管,是一种固态的半导体器件,它可以直接把电转化为光。LED 的心脏是一个半导体的晶片,晶片的一端附在一个支架上,一端是负极,另一端连接电源的正极,使整个晶片被环氧树脂封装起来。半导体晶片由两部分组成:一部分是 P 型半导体,在它里面空穴占主导地位;另一端是 N 型半导体,在这边主要是电子。当这两种半导体连接起来时,它们之间就形成一个 PN 结。当电流通过导线作用于这个晶片的时候,电子就会被推向 P 区,在 P 区里电子与空穴复合,就会以光子的形式发出能量,这就是 LED 发光的原理。而光的波长也就是光的颜色,是由形成 PN 结的材料决定的。

最初 LED 用作仪器仪表的指示光源，后来各种光色的 LED 在交通信号灯和大面积显示屏中得到了广泛应用，产生了很好的经济效益和社会效益。以 12 英寸的红色交通信号灯为例，在美国本来是采用长寿命、低光效的 140 W 白炽灯作为光源，它产生 2000 lm 的白光。经红色滤光片后，光损失 90%，只剩下 200 lm 的红光。而在新设计的灯中，Lumileds 公司采用了 18 个红色 LED 光源，包括电路损失在内，共耗电 14 W，即可产生同样的光效。汽车信号灯也是 LED 光源应用的重要领域。

对一般照明而言，人们更需要白色的光源。1998 年，发白光的 LED 开发成功。这种 LED 是将 GaN 芯片和钇铝石榴石（YAG）封装在一起做成。GaN 芯片发蓝光（$\lambda_p=465$ nm，$w_d=30$ nm），高温烧结制成的含 Ce^{3+} 的 YAG 荧光粉受此蓝光激发后发出黄色光，峰值 550 nm。蓝光 LED 基片安装在碗形反射腔中，覆盖以混有 YAG 的树脂薄层，200～500 nm。LED 基片发出的蓝光部分被荧光粉吸收，另一部分蓝光与荧光粉发出的黄光混合，可以得到白光。现在，对于 InGaN/YAG 白色 LED，通过改变 YAG 荧光粉的化学组成和调节荧光粉层的厚度，可以获得色温 3500～10000 K 的各色白光。这种通过蓝光 LED 得到白光的方法，构造简单，成本低廉，技术成熟度高，因此运用最多。

20 世纪 60 年代，科技工作者利用半导体 PN 结发光的原理，研制成了 LED 发光二极管。当时研制的 LED 所用的材料是 GaAsP，其发光颜色为红色。经过近 30 年的发展，现在 LED 已能发出红、橙、黄、绿、蓝等多种色光，然而照明用的白色光 LED 仅在近年才发展起来。

2.7.4 实验内容与步骤

1. LED 的正向伏安特性测量

（1）确保粗调、细调电位器都逆时针拧到头。

（2）用 BNC 连接线分别将小功率和大功率的 LED 连接到 LED 驱动模块上的光源驱动接口。

（3）打开电源开关，恒流/脉冲切换开关打到恒流位置。

（4）顺时针调节粗调和细调，分别记录不同电压条件下小功率和大功率的 LED 两端的电流值，并分别填入表 2.7.1 和表 2.7.2。

表 2.7.1 小功率白发红 LED 的伏安特性

电流/mA	0	2	4	6	8	10	12	14	16	18	20
电压/V											

表 2.7.2 大功率白发红 LED 的伏安特性

电流/mA	0	20	40	60	80	100	120	140	160	180	200
电压/V											

2. LED 的 *I-V-T* 特性测量

（1）确保粗调、细调电位器都逆时针拧到头。

(2)用BNC连接线分别将小功率和大功率的LED连接到LED驱动模块上的光源驱动接口。

(3)打开电源开关,恒流/脉冲切换开关打到恒流位置。

(4)顺时针缓慢调节粗调和细调,分别记录30～90 ℃不同电流条件下小功率和大功率的LED两端的电压值,并分别填入表2.7.3和表2.7.4。

表2.7.3　小功率白发红LED不同温度的伏安特性

电流/mA	0	2	4	6	8	10	12	14	16	18	20
30 ℃电压/V											
40 ℃电压/V											
50 ℃电压/V											
60 ℃电压/V											
70 ℃电压/V											
80 ℃电压/V											
90 ℃电压/V											

表2.7.4　大功率白发红LED不同温度的伏安特性

电流/mA	0	5	10	15	20	30	40	50	60	70	80
30 ℃电压/V											
40 ℃电压/V											
50 ℃电压/V											
60 ℃电压/V											
70 ℃电压/V											
80 ℃电压/V											
90 ℃电压/V											
电流/mA											
30 ℃电压/V	90	100	110	120	130	140	150	160	170	180	190
40 ℃电压/V											
50 ℃电压/V											
60 ℃电压/V											
70 ℃电压/V											
80 ℃电压/V											
90 ℃电压/V											

3. LED 的 *I-P* 特性测量

(1)用 BNC 线分别将小功率和大功率的 LED 与驱动单元及探测器和光功率指示仪相连接。

(2)打开 LED 驱动单元以及光功率指示仪电源开关。

(3)调节粗调和细调旋钮,记录不同电流条件下 LED 的光功率,并分别填入表 2.7.5 和表 2.7.6。

表 2.7.5　小功率白发红 LED 的光功率特性

电流/mA	0	2	4	6	8	10	12	14	16	18	20
光功率/mW											

表 2.7.6　大功率白发红 LED 的光功率特性

电流/mA	0	5	10	15	20	30	40	50	60	70	80
光功率/mW											
电流/mA	90	100	110	120	130	140	150	160	170	180	190
光功率/mW											

4. LED 的 *I-P-T* 特性测量

在电流不变条件下,随着温度的变化,光功率也会发生变化,由此可以了解 LED 随温度变化的发光特性。

(1)用 BNC 线分别将小功率和大功率的 LED 与驱动单元及探测器和光功率指示仪相连接。

(2)打开 LED 驱动单元以及光功率指示仪电源开关。

(3)顺时针缓慢调节粗调和细调旋钮,调节数显智能温控仪,分别记录 30～90 ℃不同电流条件下小功率和大功率的 LED 的光功率,并分别填入表 2.7.7 和表 2.7.8。

表 2.7.7　小功率白发红 LED 不同温度的光功率特性

电流/mA	0	2	4	6	8	10	12	14	16	18	20
30 ℃光功率/mW											
40 ℃光功率/mW											
50 ℃光功率/mW											
60 ℃光功率/mW											
70 ℃光功率/mW											
80 ℃光功率/mW											
90 ℃光功率/mW											

表 2.7.8 大功率白发红 LED 不同温度的光功率特性

电流/mA	0	5	10	15	20	30	40	50	60	70	80
30 ℃光功率/mW											
40 ℃光功率/mW											
50 ℃光功率/mW											
60 ℃光功率/mW											
70 ℃光功率/mW											
80 ℃光功率/mW											
90 ℃光功率/mW											
电流/mA	90	100	110	120	130	140	150	160	170	180	190
30 ℃光功率/mW											
40 ℃光功率/mW											
50 ℃光功率/mW											
60 ℃光功率/mW											
70 ℃光功率/mW											
80 ℃光功率/mW											
90 ℃光功率/mW											

5. LED 的 *I-Φ* 特性测量

LED 随着电流的变化，光通量会发生改变，在本实验中测量的是光照度。

(1)用 BNC 线分别将小功率和大功率的 LED 与驱动单元及探测器和光照度计相连接。

(2)打开 LED 驱动单元以及光照度计电源开关。

(3)调节粗调和细调旋钮，记录不同电流条件下 LED 的光照度，并分别填入表 2.7.9 和表 2.7.10。

表 2.7.9 小功率白发红 LED 的光照度特性

电流/mA	0	2	4	6	8	10	12	14	16	18	20
光照度/lm											

表 2.7.10 大功率白发红 LED 的光照度特性

电流/mA	0	5	10	15	20	30	40	50	60	70	80
光照度/lm											
电流/mA	90	100	110	120	130	140	150	160	170	180	190
光照度/lm											

6. LED 的 *I-Φ-T* 特性测量

在电流不变条件下，随着温度的变化，光照度也会发生变化，由此可以从光照度的角度

了解 LED(可选发红、蓝、绿三种颜色)随温度变化的发光特性。

(1)用 BNC 线分别将小功率和大功率的 LED 与驱动单元及探测器和光照度计相连接。

(2)打开 LED 驱动单元以及光照度计电源开关。

(3)调节数显智能温控仪,分别记录 30～90 ℃条件下不同电流 LED 对应的光照度,并分别填入表 2.7.11 和表 2.7.12。

表 2.7.11　小功率白发红 LED 不同温度的光照度特性

电流/mA	0	2	4	6	8	10	12	14	16	18	20
30 ℃光照度/lm											
40 ℃光照度/lm											
50 ℃光照度/lm											
60 ℃光照度/lm											
70 ℃光照度/lm											
80 ℃光照度/lm											
90 ℃光照度/lm											

表 2.7.12　大功率白发红 LED 不同温度的光照度特性

电流/mA	0	5	10	15	20	30	40	50	60	70	80
30 ℃光照度/lm											
40 ℃光照度/lm											
50 ℃光照度/lm											
60 ℃光照度/lm											
70 ℃光照度/lm											
80 ℃光照度/lm											
90 ℃光照度/lm											
电流/mA	90	100	110	120	130	140	150	160	170	180	190
30 ℃光照度/lm											
40 ℃光照度/lm											
50 ℃光照度/lm											
60 ℃光照度/lm											
70 ℃光照度/lm											
80 ℃光照度/lm											
90 ℃光照度/lm											

2.7.5　注意事项

1. 实验之前,请仔细阅读实验仪说明,弄清实验箱各部分的功能及拨位开关的意义。

2. 当电压表和电流表显示为“1_”时，说明超过量程，应更换为合适量程。
3. 连线之前保证电源关闭。
4. 实验过程中，请勿同时拨开两种或两种以上的光源开关，这样会造成实验所测试的数据不准确。

2.8 单片机及光电测距

2.8.1 实验目的与要求

1. 了解光电测距传感器的组成及工作原理；
2. 了解光电测距传感器的基本特性；
3. 掌握光电测距传感器的应用；
4. 了解单片机的用途。

2.8.2 实验仪器与材料

光电测距及单片机实验模块1个，直流稳压电源1个，光电测距传感器组件1个，连接线若干。

2.8.3 实验原理与方法

本实验采用的光电测距传感器利用三角测量原理，红外发射器按照一定的角度发射红外光束，当遇到物体以后，光束会反射回来，如图2.8.1所示。反射回来的红外光线被CCD检测器检测到以后，会获得一个偏移值L，利用三角关系，在知道了发射角度α、偏移距L、中心矩X及透镜的焦距f以后，传感器到物体的距离D就可以通过几何关系计算出来了。

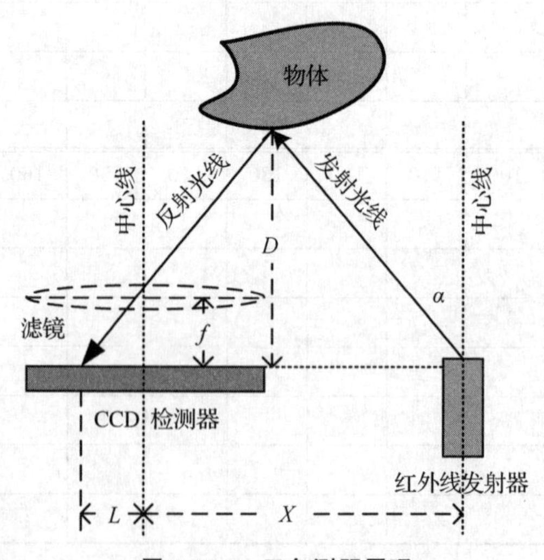

图2.8.1 三角测距原理

可以看到，当D足够小时，L值会相当大，超过CCD的探测范围，这时虽然物体很近，但是传感器反而看不到了。当物体距离D很大时，L值就会很小，这时CCD检测器能否分

辨出这个很小的 L 值成为关键，也就是说 CCD 的分辨率决定能不能获得足够精确的 L 值。要检测越远的物体，对 CCD 的分辨率要求就越高。

本实验采用的光电测距传感器的输出是非线性的。每个型号的输出曲线都不同。所以，在实际使用前，最好能对所使用的传感器进行一下校正。对每个型号的传感器创建一张曲线图，以便在实际使用中获得真实有效的测量数据。图 2.8.2 是 SHARP GP2YOA21 的输出曲线图。

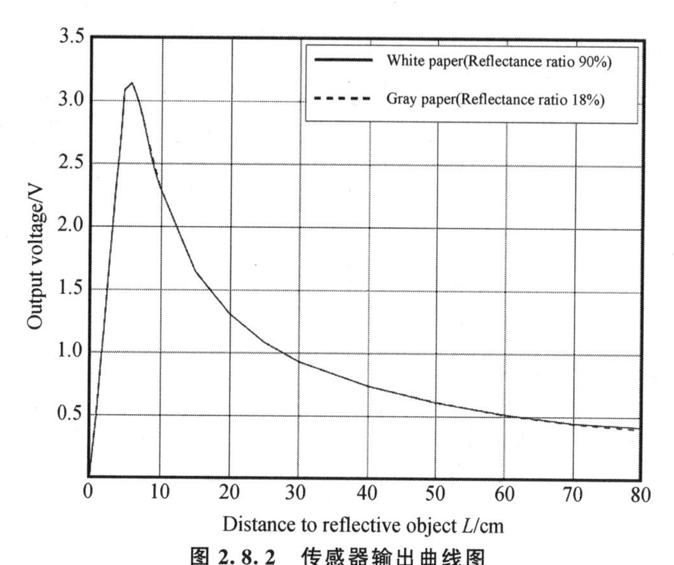

图 2.8.2　传感器输出曲线图

2.8.4　实验内容与步骤

1. 光电测距传感器的组装

光电测距实验由光学平台、光电测距模块、光电测距传感器几大部分组成，首先认识这些部件，然后学会如何组装。

2. 光电传感器的特性测量

在完成第 1 步的实验内容后，我们开始进行光电传感器的特性测量实验，首先将模块上的“+5V”“GND”“−5 V”对应连接到电源模块，然后用三芯连接线连接光电测距传感器到 J_7。打开主机箱电源开关，这时光电测距及单片机实验模块电源指示灯点亮。用万用表测量传感器输出信号 V_{in}，并逐步改变白屏与光电测距传感器的距离，将所测得数据记入表 2.8.1。

表 2.8.1　不同距离光电传感器的输出电压

距离/cm	2	6	10	20	30	40	50	60	70	80
输出/V										

3. 光电测距传感器的应用

根据传感器的特性，自行搭建应用电路，实现超限报警功能。如图 2.8.3 所示，光电测距传感器信号经过电压跟随器输出，将这个信号作为两路比较器的输入，通过设定比较器的参考电压来改变比较器输出的结果。

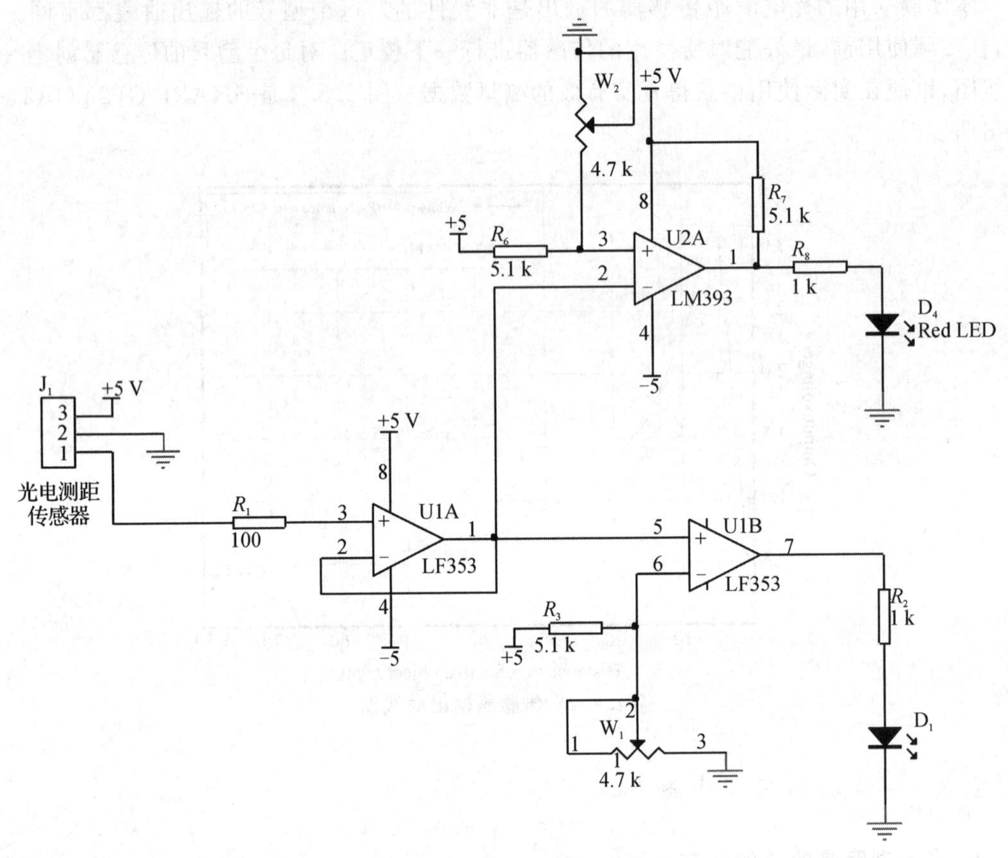

图 2.8.3　光电测距应用电路

4. 单片机应用

本模块单片机部分含有 ISP 编程口、串口通信接口、电压采集接口、脉冲采集接口，具有数据显示功能。用户可根据需要自行编制相应应用程序，目前本模块单片机写入了两个功能应用，说明如下：

(1)当拨码开关 S_2 为“0000”时(拨码朝上为 0，朝下为 1)，此模块用于采集脉冲信号，无输入信号时显示“000”。将脉冲信号连接 T_1 和 GND，可以在四段数码管上显示每秒钟脉冲的个数。

(2)当拨码开关 S_2 为“0001”时(拨码朝上为 0，朝下为 1)，此模块用于采集直流电压信号。此时当被采集信号电压范围在 0～400 mV 时，通过 W_1 调节 U_2 芯片 7109 的 36 与 39 脚间的电压为 204 mV，并且 J_4、J_5、J_6 的短路块全部与上脚短接；当被采集信号电压范围在 0～4 V时，通过 W_1 调节 U_2 芯片 7109 的 36 与 39 脚间的电压为 2.04 V，并且 J_4、J_5、J_6 的短路块全部与下脚短接。然后将直流电压信号连接 V_{in} 和 GND，可以在四段数管上显示电压读数，读数单位为 mV。

(3)默认出厂设置 U_2 芯片 7109 的 36 与 39 脚间的电压为 2.04 V，且 J_4、J_5、J_6 的短路块

全部与下脚短接。

2.8.5　注意事项

1. 连线之前保证电源关闭；
2. 实验过程中，请勿遮挡光电测距传感器与白屏之间的光路，以保证光能正常返回。

2.9　AD 转换与数据采集

2.9.1　实验目的与要求

1. 了解单片机数据采集原理；
2. 了解 A/D 转换芯片与单片机的接口方法；
3. 学会构建一个简单的数据采集系统，学会模拟电压信号的采集方法。

2.9.2　实验仪器与材料

光电创新实验仪主机箱 1 台，数据采集模块 1 个。

2.9.3　实验原理与方法

数据采集是指从传感器和其他待测设备等模拟和数字被测单元中自动采集信息的过程。它是结合计算机(或微处理器)的测量软硬件产品来实现灵活、用户自定义的测量系统，被广泛应用于信号检测、信号处理、仪器仪表等领域。近年来，随着数字化技术的不断发展，数据采集技术也呈现出速度更快、通道更多、数据量更大的发展趋势，该领域正在发生着重要的变化。首先，分布式控制应用场合中的智能数据采集系统正在发展；其次，总线兼容型数据采集插件的数量正在增多，与个人计算机兼容的数据采集系统的数量也在增加。

本试验中的数据采集模块主要完成模拟电压信号和脉冲数测量两种功能。对于模拟电压信号，系统首先通过 AD 转换将模拟信号变成数字信号送到单片机中，然后再通过数码管显示出数值，借此直接读出电压值；而对于脉冲信号，则是通过定时测量脉冲个数来读取频率值，并用数码管显示出来。

2.9.4　实验内容与步骤

1. 模拟电压信号采集

(1)将数据采集模块在主机箱上安装牢固，然后打开电源开关。

(2)拨码开关拨成“0001”(朝上为 0，朝下为 1)。

(3)当待测信号在 0～4 V 时，J_4、J_5、J_6 全部向下短接，通过调节 W_1 使 U_2 芯片的 36 与 39 脚间电压为 2.04 V；当待测信号在 0～400 mV 时，J_4、J_5、J_6 全部向上短接，通过调节 W_1 使 U_2 芯片的 36 与 39 脚间电压为 204 mV。

(4)接入待测信号，如光电测距模块的 V_{out}，改变测距传感器与白屏的距离，观察数码管显示变化。

2. 脉冲信号采集

(1)将数据采集模块在主机箱上安装牢固,然后打开电源开关。

(2)拨码开关拨成“0000”(朝上为0,朝下为1)。

(3)将脉冲信号接入脉冲输入。

(4)改变脉冲输入频率,观察数码管显示变化。

3. 数据采集系统电路设计

参考数据采集模块,自行设计一个数据采集系统,并用数码管将采集到的信号显示出来。单片机89S51与AD转换芯片ICL7109的接口电路如图2.9.1所示。

2.9.5 注意事项

1. 不得随意摇动和插拔面板上元器件和芯片,以免损坏,造成实验仪不能正常工作。
2. 光纤传感器弯曲半径不得小于3 cm,以免折断。
3. 在使用过程中,出现任何异常情况,必须立即关机断电以确保安全。
4. 实验要在环境光稳定的情况下进行,否则会影响实验精度,最好在避光环境下进行实验。

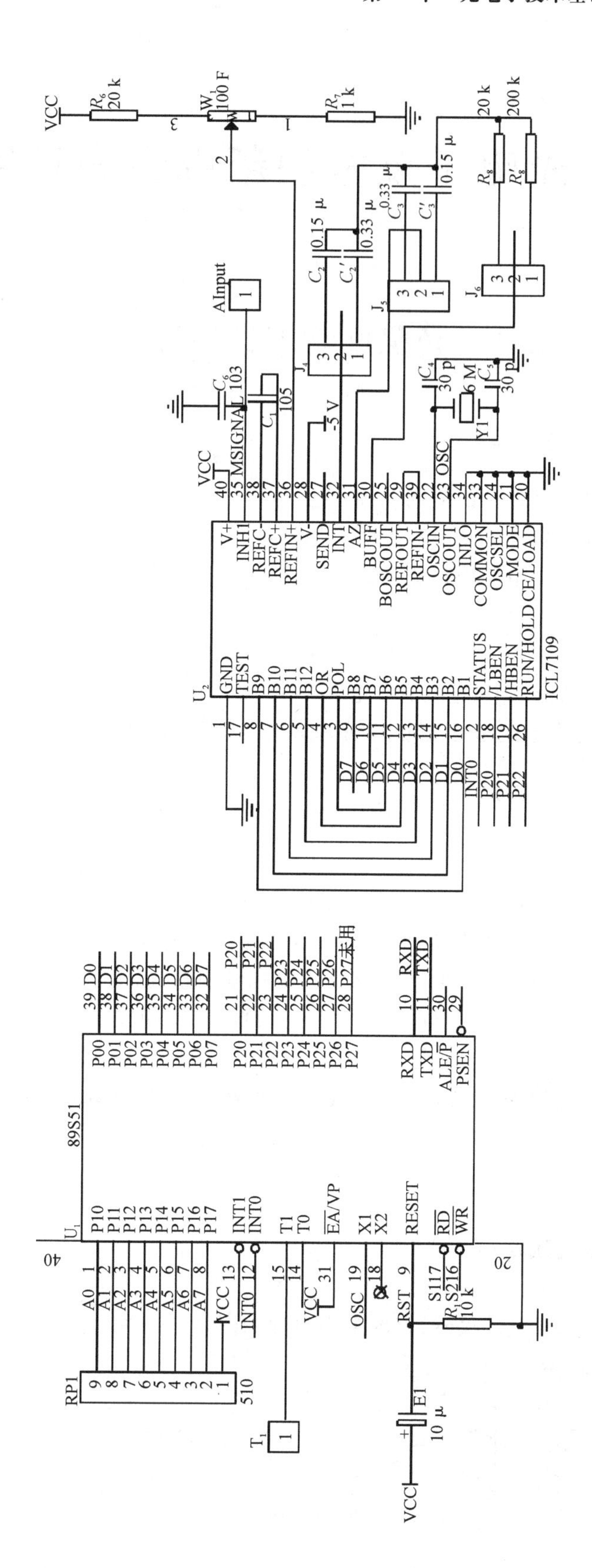

图2.9.1　单片机与AD转换芯片接口电路

第3章　光电子技术创新综合设计实训

3.1　光照度功率计设计

3.1.1　实验目的与要求

1. 了解光电池在光照度计上的应用原理；
2. 了解硅光电池探测器在光功率计上的应用原理；
3. 掌握光照度功率计的电路设计原理。

3.1.2　实验仪器与材料

光电创新实验仪主机箱1个，直流稳压电源1个，光照度计&光功率计设计模块1个，照度计探头组件1个，硅光电池组件1个，显示模块1个，万用表1台，连接线若干。

3.1.3　实验原理与方法

1. 光照度计

光照度是光度计量的主要参数之一，而光度计量是光学计量最基本的部分。光度量是限于人眼能够见到的一部分辐射量，是通过人眼的视觉效果去衡量的。人眼的视觉效果对各种波长的光是不同的，通常用 V_λ 表示，定义为人眼视觉函数或光谱光视效率。因此，光照度不是一个纯粹的物理量，而是一个与人眼视觉有关的生理、心理物理量。

光照度是单位面积上接收的光通量，因而可以导出：由一个发光强度 I 的点光源，在相距 L 处的平面上产生的光照度与这个光源的发光强度成正比，与距离的平方成反比，即：

$$E=\frac{I}{L^2}$$

式中，E——光照度，单位为 lx；

I——光源发光强度，单位为 cd；

L——距离，单位为 m。

光照度计是用来测量照度的仪器，它的结构原理如图3.1.1所示。

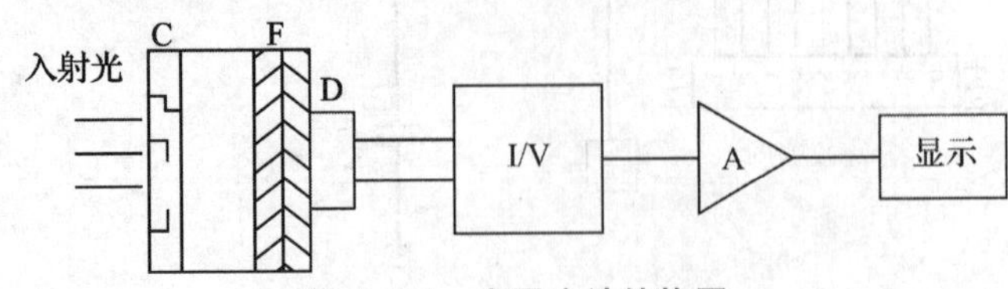

图3.1.1　光照度计结构图

图中D为光探测器，图3.1.2为典型的硅光探测器的相对光谱响应曲线；C为余弦校正器，在光照度测量中，被测面上的光不可能都来自垂直方向，因此照度计必须进行余弦修正，使光探测器不同角度上的光度响应满足余弦关系。余弦校正器使用的是一种漫透射材料，当入射光不论以什么角度射在漫透射材料上时，光探测器接收到的始终是漫射光。余弦校正器的透光性要好。图3.1.1中的F为V_λ校正器，在光照度测量中，除了希望光探测器有较高的灵敏度、较低的噪声、较宽的线性范围和较短的响应时间外，还要求相对光谱响应符合视觉函数V_λ，如图3.1.3，而通常光探测器的光谱响应度与之相差甚远，因此需要进行V_λ匹配。匹配基本上都是通过给光探测器加适当的滤光片(V_λ滤光片)来实现的，满足条件的滤光片往往需要不同型号和厚度的几片颜色玻璃组合来实现匹配。当D接收到通过C和F的光辐射时，所产生的光电信号首先经过I/V变换，然后经过运算放大器A放大，最后在显示器上显示出相应的信号定标后就是照度值。

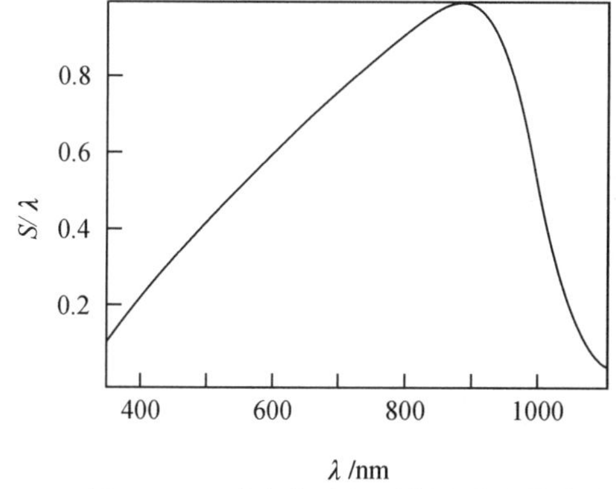

图 3.1.2　硅光电池探测器光谱特性曲线

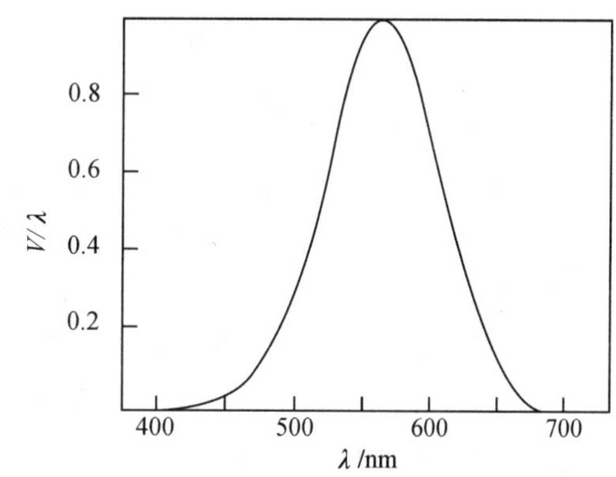

图 3.1.3　光谱视觉曲线

照度测量的误差因素：

(1)照度计相对光谱响应度与V_λ的偏离引起的误差。

(2)接收器线性：也就是说接收器的响应度在整个指定输出范围内为常数。

(3)疲劳特性：疲劳是照度计在恒定的工作条件下，由投射照度引起的响应度可逆的暂时的变化。

(4)照度计的方向性响应。

(5)由量程改变产生的误差：这个误差是照度计的开关从一个量程变到邻近量程所产生的系统误差。

(6)温度依赖性：温度依赖性用环境温度对照度头绝对响应度和相对光谱响应度的影响来表征。

(7)偏振依赖性：照度计的输出信号还依赖于光源的偏振状态。

(8)照度头接收面受非均匀照明的影响。

2. 光功率

光功率是光在单位时间内所做的功。光功率单位常用毫瓦(mW)和分贝(dB)表示，其中两者的关系为：1 mW=0 dB，换算关系为，1 dB=10×lg(A/B)。而小于1 mW的分贝为负值。

使用分贝做单位主要有三大好处。

(1)数值变小，读写方便。电子系统的总放大倍数常常是几千、几万甚至几十万，一架收音机从天线收到的信号至送入喇叭放音输出，一共要放大 2 万倍左右。用分贝表示先取个对数，数值就小得多。

(2)运算方便。放大器级联时，总的放大倍数是各级相乘。用分贝做单位时，总增益就是相加。若某功放前级是 100 倍(20 dB)，后级是 20 倍(13 dB)，那么总功率放大倍数是 100×20＝2000 倍，总增益为 20 dB＋13 dB＝33 dB。

(3)符合听感，估算方便。人听到声音的响度是与功率的相对增长呈正相关的。例如，当电功率从 0.1 W 增长到 1.1 W 时，听到的声音就响了很多；而从 1 W 增强到 2 W 时，响度就差不太多；再从 10 W 增强到 11 W 时，没有人能听出响度的差别来。上述三种情况，如果用功率的绝对值表示都是 1 W，而用增益表示分别为 10.4 dB、3 dB 和 0.4 dB，这就能比较一致地反映出人耳听到的响度差别了。注意一下就会发现，Hi-Fi 功放上的音量旋钮刻度都标的是分贝，这样改变音量直观些。

3.1.4 实验内容与步骤

1. 光照度光功率测量

(1)照度计探头红黑插座对应接到实验模块上输入端"＋""－"。

(2)万用表红黑表笔对应接到实验模块上输出端"＋""－"。

(3)放大倍数切换开关拨至 X_1 挡，向上拨。

(4)打开电源开关，观察万用表指示数值。

(5)改变不同光照度和放大倍数，观察万用表指示数值变化。

2. 光电流放大电路设计

光电流放大电路原理如图 3.1.4 所示。U_1 对光电池输出电流进行 I/V 变换，将光电流转换为电压，K_1 为挡位切换开关。U_2 对输出电压进行放大，调节 RP_1 阻值大小可以改变放大倍数，5 脚对应电位器为调零电位器。

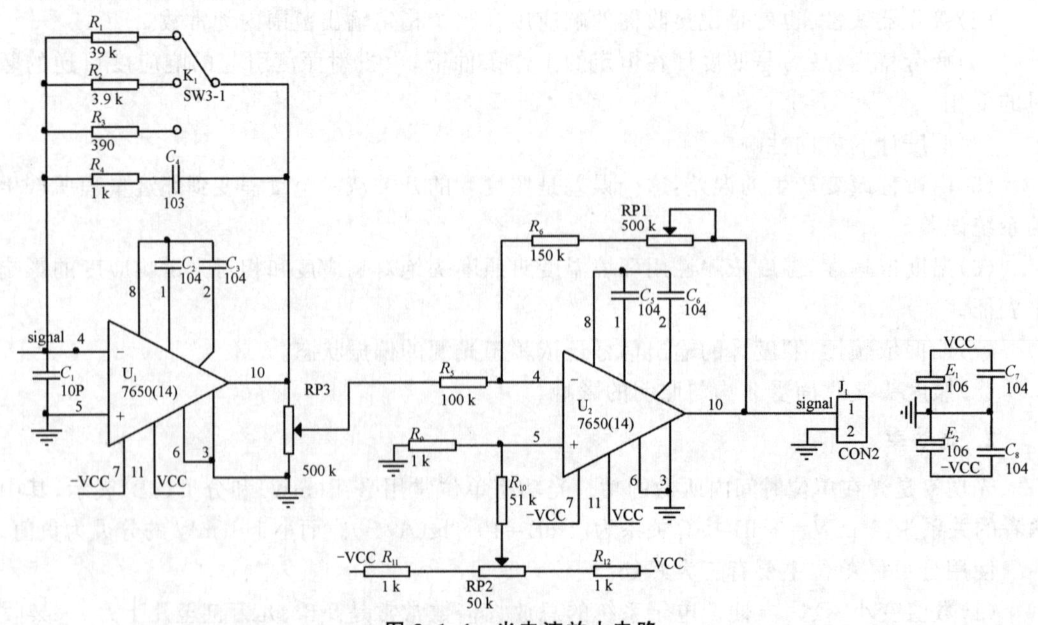

图 3.1.4　光电流放大电路

3.1.5　注意事项

1. 不得扳动面板上面元器件，以免造成电路损坏，导致实验仪不能正常工作。

2. 说明：输入“＋”“－”为探头输入端，输出“＋”“－”为照度计输出电压测试点。X_1、X_{10}、X_{100}开关为放大倍数切换开关。

3.1.6　思考与分析题

分析光电流放大电路芯片的选用条件。

3.2　光电报警器设计

3.2.1　实验目的与要求

1. 了解红外砷化镓(GaAs)发光二极管与光电二极管的具体应用；
2. 了解主动式光电报警系统设计原理；
3. 了解锁相环的原理及应用。

3.2.2　实验仪器与材料

光电创新实验仪主机箱 1 个，光电报警实验模块 1 个，示波器 1 台，连接线若干。

3.2.3　实验原理与方法

光电报警系统是一种重要的监视系统，目前其种类已经日益增多。有对飞机、导弹等军事目标入侵进行报警的系统，也有对机场、重要设施或危禁区域防范进行报警的系统。一般说来，被动报警系统的保密性好，但是设备比较复杂；而主动报警系统可以利用特定的调制编码规律，达到一定的保密效果，设备比较简单。

本系统调制电源提供红外发射二极管确定规律变化的调制电流，使发光管发出红外调制光。光电二极管接收调制光，转换后的信号经放大、整形、解调后控制报警器。

1. 用 NE555 定时器构成多谐振荡器作调制电源

用 NE555 集成电路构成占空比为 50%的多谐振荡器原理图如图 3.2.1 所示。下面对照电路图简述其工作原理及参数选择。

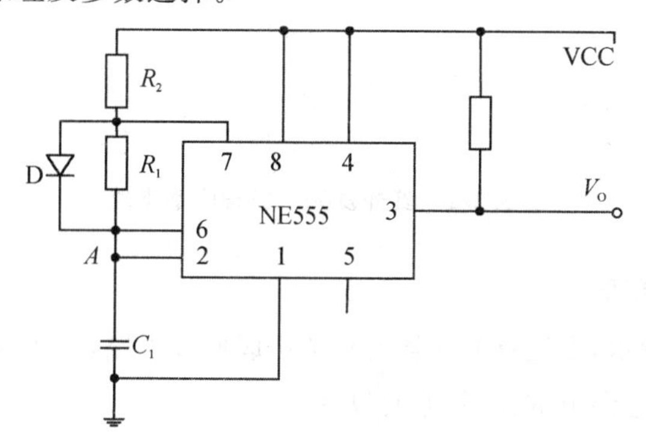

图 3.2.1　NE555 定时器构成多谐振荡器

在前半周期，V_1通过 R_2，D 对 C_1充电，由于二极管 D 的作用，电流不经过 R_1，因此其充电时间 T_1为：

$$T_1=R_2C_1\ln\frac{\text{VCC}-\frac{1}{3}\text{VCC}}{\text{VCC}-\frac{2}{3}\text{VCC}}=R_2C_1\ln 2$$

而在后半周期，电容放电时，二极管反向电阻无穷大，NE555 内部的三极导通，电流通过 R_1至 7 脚直接放电，此时其放电时间 T_2为：

$$T_2=R_1\text{C}_1\ln\frac{\text{VCC}-\frac{1}{3}\text{VCC}}{\text{VCC}-\frac{2}{3}\text{VCC}}=R_1\text{C}_1\ln 2$$

当 A 点电压上升到上限阈值电压(约$\frac{2}{3}$VCC)时，定时器输出翻转成低电平。这时，A 点电压将随 C_1放电而按指数规律下降。当 A 点下降到下限阈值电压(约$\frac{1}{3}$VCC)时，定时器输出又变成高电平，调整 R_1、R_2的电阻值得到严格的方波输出。当 $R_1=R_2$时，输出为方波信号。其输出频率为：

$$f=\frac{1}{T_1+T_2}=\frac{1}{2R_1C_1\ln 2}$$

参考值：$R_1=5.6\ \text{k}\Omega$，$R_2=5.6\ \text{k}\Omega$，$C=0.1\ \mu\text{F}$。

$$f\approx\frac{1.44}{2R_1C_1}\approx 1.3\ \text{kHz}$$

用 NE555 组成振荡器来接红外发光管 BT401 时，由于红外发光管 BT401 的工作电流在 30 mA 以上，因此一定加一个三极管驱动电路，使输出电流大于或等于红外发光管的最小工作电流 I_F。其驱动电路的参考电路如图 3.2.2：

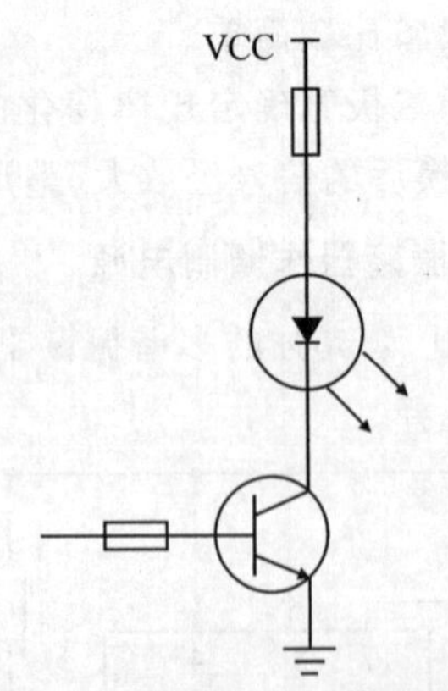

图 3.2.2　红外发光三极管驱动电路

2. 信号放大电路原理

电路如图 3.2.3 所示，由运算放大器 OP07 构成放大电路，将光敏二极管所接收的电流信号放大，放大增益通过调节 R_3的阻值而改变。

3. 锁相环原理

图 3.2.4 为锁相环电路原理图。LM567 是一片锁相环电路,采用 8 脚双列直插塑封。其 5、6 脚外接的电阻和电容决定了内部压控振荡器的中心频率 f_2,$f_2 \approx \frac{1}{1.1RC}$。其 1、2 脚通常分别通过一电容器接地,形成输出滤波网络和环路单级低通滤波网络。2 脚所接电容决定锁相环路的捕捉带宽:电容值越大,环路带宽越窄。1 脚所接电容的容量应至少是 2 脚电容的 2 倍。3 脚是输入端,要求输入信号 ≥25 mV。8 脚是逻辑输出端,其内部是一个集电极开路的三极管,允许最大灌电流为 100 mA。LM567 的工作电压为 4.75~9 V,工作频率从直流到 500 kHz,静态工作电流约 8 mA。LM567 的内部电路及详细工作过程非常复杂,这里仅将其基本功能概述如下:当 LM567 的 3 脚输入幅度≥25 mV、频率在其带宽内的信号时,8 脚由高电平变成低电平,2 脚输出经频率/电压变换的调制信号;如果在器件的 2 脚输入音频信号,则在 5 脚输出受 2 脚输入调制信号调制的调频方波信号。在图 3.2.4 的电路中,我们仅利用了 LM567 接收到相同频率的载波信号后 8 脚电压由高变低这一特性,来形成对控制对象的控制。

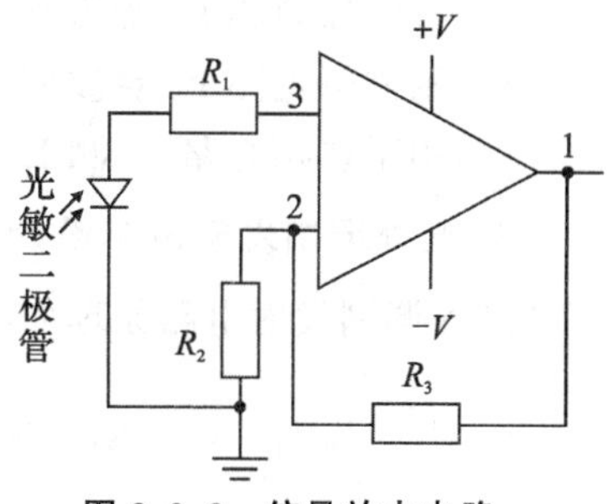

图 3.2.3 信号放大电路

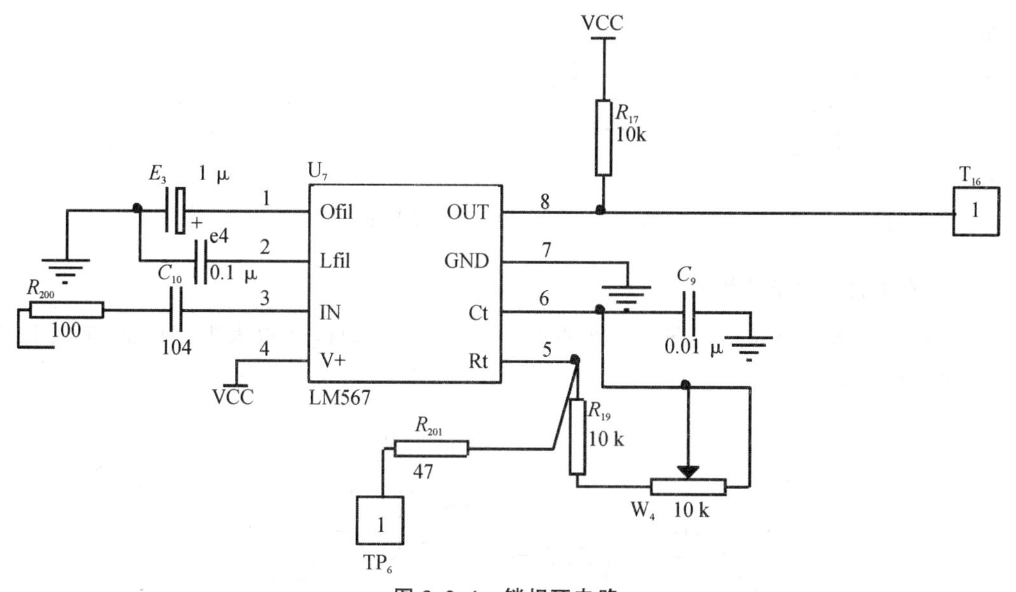

图 3.2.4 锁相环电路

3.2.4 实验内容与步骤

1. 信号的发射和接收及测试

(1)红外发射二极管"L+""L-"对应接入电路中发射部分"L+""L-",光电二极管"P+""P-"对应接入电路中接收部分"P-""P+"。

(2)接通电源,示波器观测 Ft 点波形,调节调制频率调节旋钮。

(3)示波器观测 Ff 点波形,调节增益调节使波形最好。

(4)示波器观测 Fy 点波形，调节阈值调节旋钮，使输出方波波形最好，并记录频率。

(5)示波器观测 Fc 点波形，调节中心频率调节旋钮使波形频率与 Fy 波形频率相等。

(6)用手遮挡光路，观测 LED 发光二极管指示状况。

2. 红外调制发射电路设计

红外调制发射电路原理如图 3.2.5 所示。

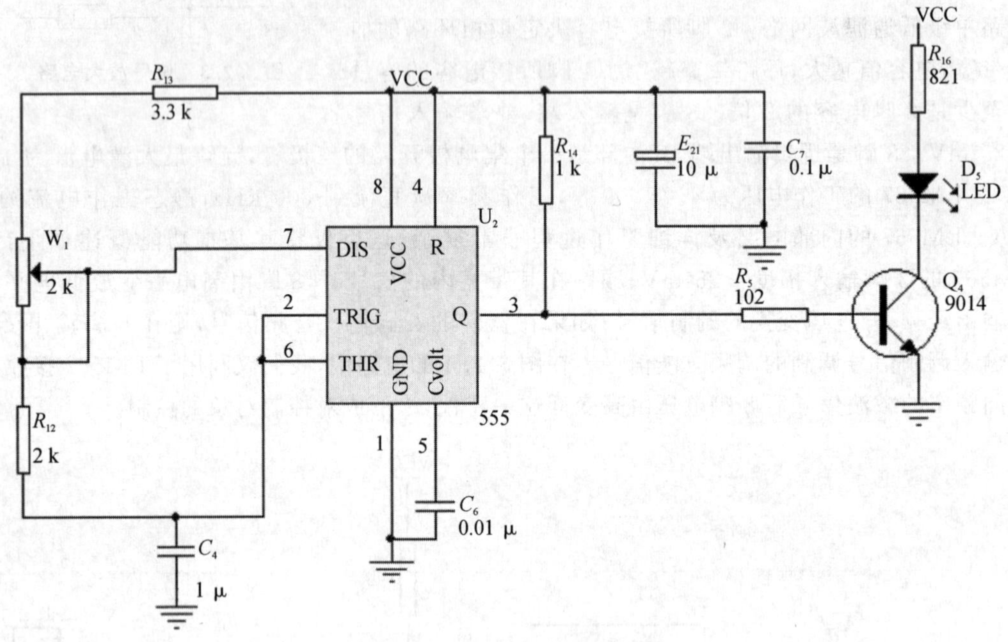

图 3.2.5　红外调制发射电路

3. 红外接收放大电路设计

红外接收放大电路原理如图 3.2.6 所示。调节 RP_3 可以改变放大电路增益，T_{12}、T_{13} 为光电二极管输入端。

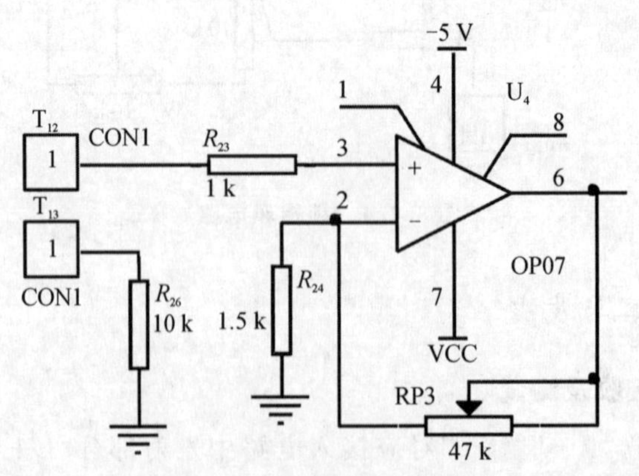

图 3.2.6　红外接收放大电路

4. 整形电路设计

整形电路原理如图 3.2.7 所示。调节 RP_4 可以改变阈值电压大小。

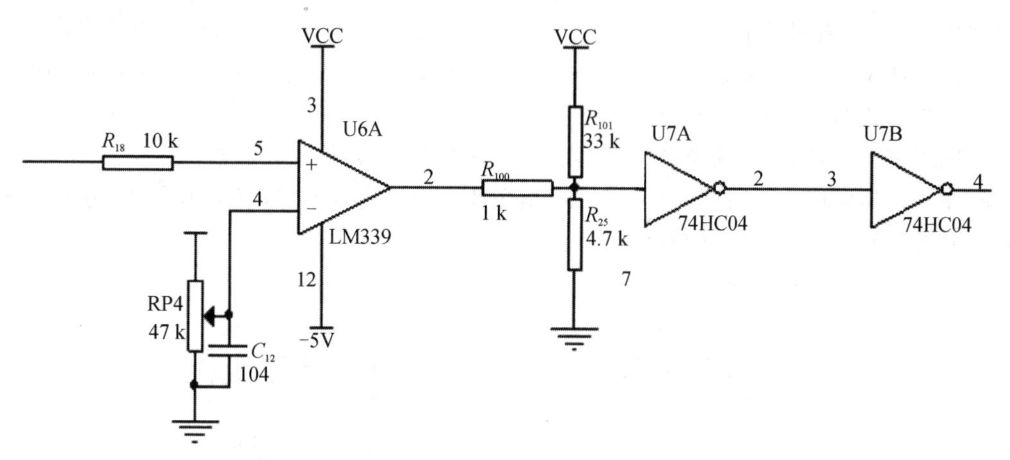

图 3.2.7　整形电路

3.2.5　注意事项

1. 不得扳动面板上面元器件，以免造成电路损坏，导致实验仪不能正常工作。

2. 金色测试钩说明：Ft 为调制频率测试点，Ff 为光电二极管输出放大信号测试点，Fy 为整形后信号测试点，Fc 为锁相环中心频率测试点，GND 为系统接地点。

3.2.6　思考与分析题

1. 为了提高作用距离，光源调制频率和占空比如何取值？

2. 当拦截光束的目标运动较快或较慢，接收电路和电路参数应如何考虑才能保证正常报警？

3.3　红外遥控器设计

3.3.1　实验目的与要求

1. 了解红外遥控的原理；
2. 了解掌握红外遥控电路的设计方法。

3.3.2　实验仪器与材料

光电创新实验仪主机箱 1 个，红外遥控实验模块 1 个，示波器 1 台，连接线若干。

3.3.3　实验原理与方法

PT2262/2272 是台湾普城公司生产的一种 CMOS 工艺制造的低功耗低价位通用编解码电路，PT2262/2272 最多可有 12 位（A0～A11）三态地址端管脚（悬空，接高电平，接低电平),任意组合可提供 531441 种地址码;PT2262 最多可有 6 位(D0～D5)数据端管脚,设定的地址码和数据码从 17 脚串行输出,可用于无线遥控发射电路。

编码芯片 PT2262 发出的编码信号由地址码、数据码、同步码组成一个完整的码字,解码芯片 PT2272 接收到信号,其地址码经过两次比较核对后,相应的数据脚也输出高电平。

特点:CMOS 工艺制造,低功耗,外部元器件少,为 *RC* 振荡电路,工作电压范围宽(2.6～15 V),数据最多可达 6 位,地址码最多可达 531441 种。

应用范围:车辆防盗系统、家庭防盗系统、遥控玩具、其他电器遥控。

在具体的应用中,外接振荡电阻可根据需要进行适当的调节,阻值越大,振荡频率越慢,编码的宽度越大,发码一帧的时间越长。

PT2262/2272 引脚见图 3.3.1。

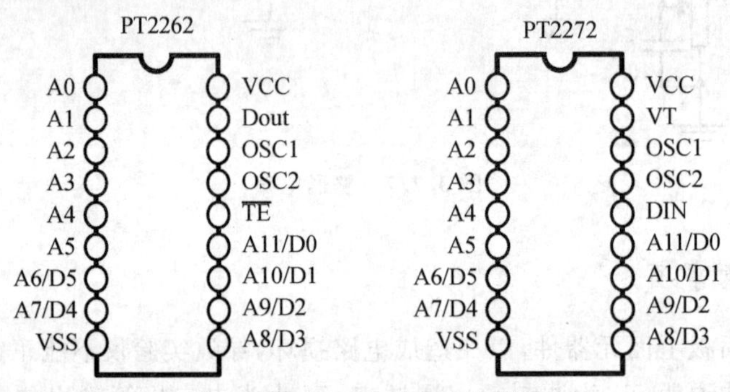

图 3.3.1　PT2262/2272 引脚图

PT2262/2272 管脚说明见表 3.3.1、表 3.3.2。

表 3.3.1　TP2262 的管脚说明

名称	管脚	说明
A0～A11	1～8、10～13	地址管脚,用于进行地址编码,可置为"0""1""F"(悬空)
D0～D5	7～8、10～13	数据输入端,有一个为"1"即有编码发出,内部下拉
VCC	18	电源正端(+)
VSS	9	电源负端(-)
TE	14	编码启动端,用于多数据的编码发射,低电平有效
OSC1	16	振荡电阻输入端,与 OSC2 所接电阻决定振荡频率
OSC2	15	振荡电阻振荡器输出端
Dout	17	编码输出端(正常时为低电平)

表 3.3.2　TP2272 的管脚说明

名称	管脚	说明
A0～A11	1～8、10～13	地址管脚，用于进行地址编码，可置为“0”“1”“F”（悬空），必须与 2262 一致，否则不解码
D0～D5	7～8、10～13	地址或数据管脚，当作为数据管脚时，只有在地址码与 2262 一致，数据管脚才能输出与 2262 数据端对应的高电平，否则输出为低电平。锁存型只有在接收到下一数据才能转换
VCC	18	电源正端（＋）
VSS	9	电源负端（－）
DIN	14	数据信号输入端，来自接收模块输出端
OSC1	16	振荡电阻输入端，与 OSC2 所接电阻决定振荡频率
OSC2	15	振荡电阻振荡器输出端
VT	17	解码有效确认输出端（常低），解码有效变成高电平（瞬态）

PT2262/2272 的电气参数和极限参数见表 3.3.3、表 3.3.4。

表 3.3.3　PT2262/2272 的电气参数

参数	符号	测试条件	最小值	典型值	最大值	单位
电源电压	VCC		2		15	V
电源电流	ICC	VCC＝10 V 振荡器停振 A_0～A_{11} 开路			0.02	μA
Dout 输出驱动电流	I_{OH}	VCC＝5 V，V_{OH}＝3 V	－3			mA
		VCC＝8 V，V_{OH}＝4 V	－6			mA
		VCC＝10 V，V_{OH}＝6 V	－10			mA
Dout 输出陷电流	I_{OL}	VCC＝5 V，V_{OL}＝3 V	2			mA
		VCC＝8 V，V_{OL}＝4 V	5			mA
		VCC＝10 V，V_{OL}＝6 V	9			mA
输出高电平	V_{IH}		0.7VCC		VCC	V
输出低电平	V_{IL}		0		0.7VCC	V

表 3.3.4　PT2262/2272 的极限参数

参数	符号	参数范围	单位
电源电压	VCC	－0.3～15	V
输入电压	V_I	－0.3～VCC＋0.3	V
输出电压	V_O	－0.3～VCC＋0.3	V
最大功耗(V_{CC}＝10 V)	Pa	300	mW
工作温度	Topr	－20～＋70	℃
存储温度	Tstg	－40～＋125	℃

地址码和数据码都用宽度不同的脉冲来表示，两个窄脉冲表示“0”；两个宽脉冲表示“1”；一个窄脉冲和一个宽脉冲表示“F”，也就是地址码的“悬空”。

图 3.3.2 是从超再生接收模块信号输出脚上截获的一段波形，可以明显看到，图上半部分是一组一组的字码，每组字码之间由同步码隔开，所以如果用单片机软件解码，程序只要判断出同步码，然后对后面的字码进行脉冲宽度识别即可。图下部分是放大的一组字码：一个字码由 12 位 AD 码（地址码加数据码，比如 8 位地址码加 4 位数据码）组成，每个 AD 位用两个脉冲来代表：两个窄脉冲表示“0”，两个宽脉冲表示“1”，一个窄脉冲和一个宽脉冲表示“F”，也就是地址码的“悬空”。

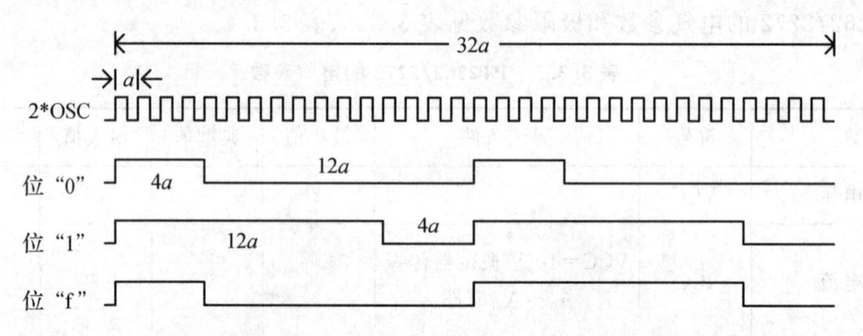

这里，a=2×时钟震荡周期，位“F”仅对码地址有效。
同步位的长度是4个AD位的长度，含1个1/8 AD位宽度的脉冲。详见下图：

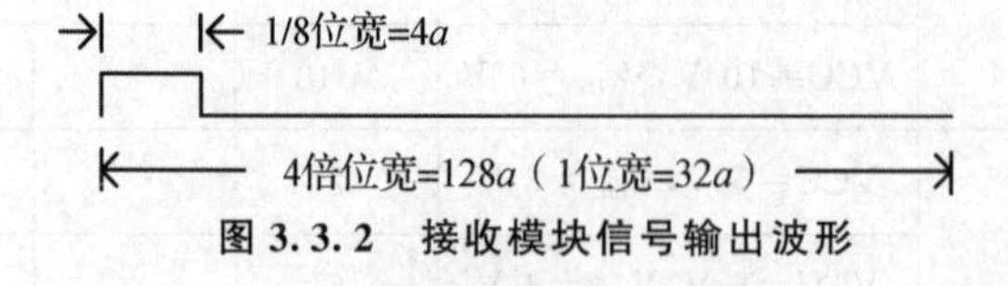

图 3.3.2　接收模块信号输出波形

2262 每次发射时至少发射 4 组字码，2272 只有在连续两次检测到相同的地址码加数据码才会把数据码中的“1”驱动相应的数据输出端为高电平和驱动 VT 端同步为高电平，如图 3.3.3。

无线发射的特点是，第一组字码非常容易受零电平干扰，往往会产生误码，所以程序可以丢弃处理。

PT2272 解码芯片有不同的后缀，表示不同的功能，有 L4、M4、L6、M6 之分，其中 L 表示锁存输出，数据只要成功接收就能一直保持对应的电平状态，直到下次遥控数据发生变化

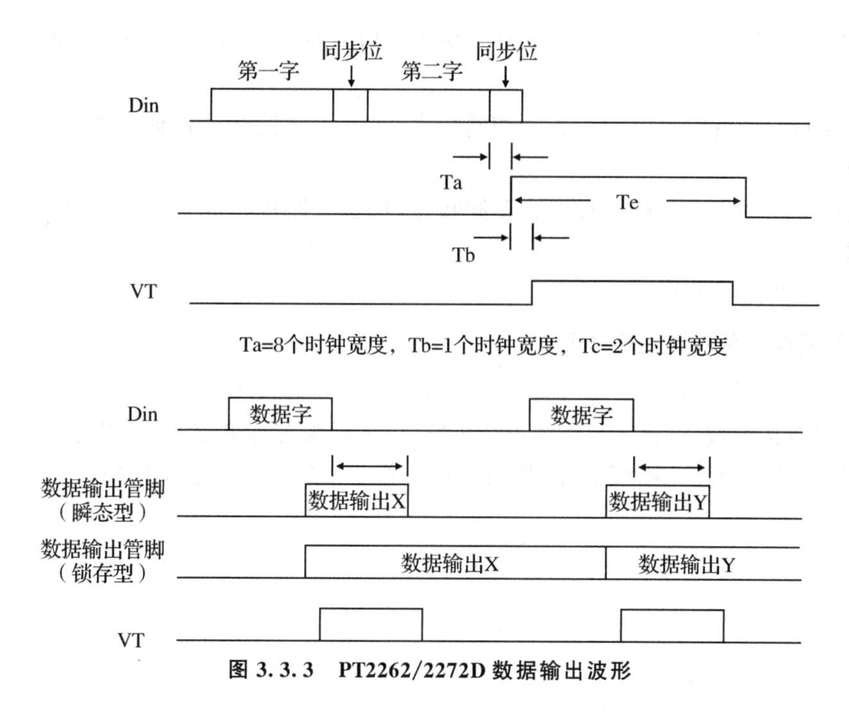

图 3.3.3　PT2262/2272D 数据输出波形

时改变。M 表示非锁存输出，数据脚输出的电平是瞬时的和发射端是否发射相对应，可以用于类似点动的控制。后缀 6 和 4 表示有几路并行的控制通道，当采用 4 路并行数据时（PT2272-M4)，对应的地址编码应该是 8 位；如果采用 6 路的并行数据时（PT2272-M6)，对应的地址编码应该是 6 位。

PT2262/2272 芯片的地址编码设定和修改：在通常使用中，一般采用 8 位地址码和 4 位数据码，这时编码电路 PT2262 和解码 PT2272 的 1～8 脚为地址设定脚，有三种状态可供选择：悬空、接正电源、接地，3 的 8 次方为 6561，所以地址编码不重复度为 6561 组。只有发射端 PT2262 和接收端 PT2272 的地址编码完全相同，才能配对使用。遥控模块的生产厂家为了便于生产管理，出厂时遥控模块的 PT2262 和 PT2272 的 8 位地址编码端全部悬空，这样用户可以很方便地选择各种编码状态。用户如果想改变地址编码，只要将 PT2262 和 PT2272 的 1～8 脚设置相同即可。例如将发射机的 PT2262 的 1 脚接地 5 脚接正电源，其他引脚悬空，那么接收机的 PT2272 只要也 1 脚接地 5 脚接正电源，其他引脚悬空就能实现配对接收。当两者地址编码完全一致时，接收机对应的 D1～D4 端输出约 4 V 互锁高电平控制信号，同时 VT 端也输出解码有效高电平信号。用户可将这些信号加一级放大，便可驱动继电器、功率三极管等进行负载遥控开关操纵。

3.3.4　实验内容与步骤

1. 红外遥控测试

(1)将模块上红外发射二极管的金色插孔“L＋”“L－”通过连线连接至发射金色插孔“L＋”“L－”，红外接收头金色插孔“GND”“VCC”“SIG”通过连线连接至接收金色插孔“GND”“VCC”“SIG”(VCC、GND 为接收头的供电端，SIG 为接收头的信号输出端)。

(2)“TE”分别设为 3 态，用示波器观察编码芯片 PT2262 的 17 脚输出波形状态。

(3)"TE"分别设为低电平，按下 4 路控制的任何一路开关，用示波器观察接收头"SIG"波形。

(4)使用短路块将编码解码设置为相同状态，按下 4 路控制的任何一路开关，观察 4 路输出指示状态。

(5)使用短路块将编码解码设置为不同状态，按下 4 路控制的任何一路开关，观察 4 路输出指示状态。

(6)分析红外遥控原理。

2. 红外遥控编码发射电路设计

红外遥控编码发射电路原理如图 3.3.4 所示。U_1为芯片 PT2262，在没有按键按下时，U_1不通电，任意按键按下时，+5 V 通过二极管 4148 后为芯片供电，这样设计可以降低产品功耗。U_1输出波形通过三极管 Q_1调制到红外发射二极管上。3 排 9 针插针用来对芯片进行 3 态编码。

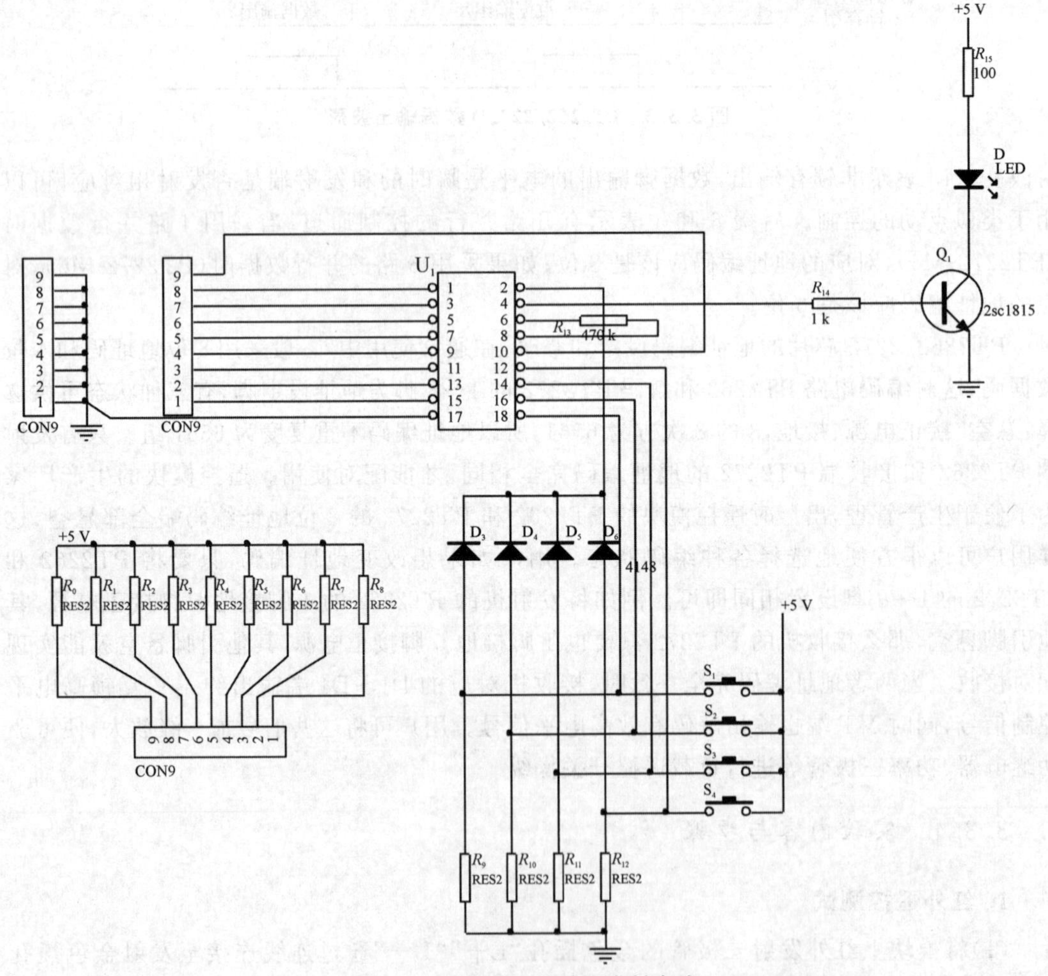

图 3.3.4　红外遥控编码发射电路

3. 红外遥控接收解码电路设计

红外遥控接收解码电路原理如图 3.3.5 所示。U_2 为芯片 PT2272，红外接收头接收到的信号经过三极管 Q_2 驱动后送入芯片 PT2272 输入端，3 排 8 针插针用来对芯片进行 3 态编码。

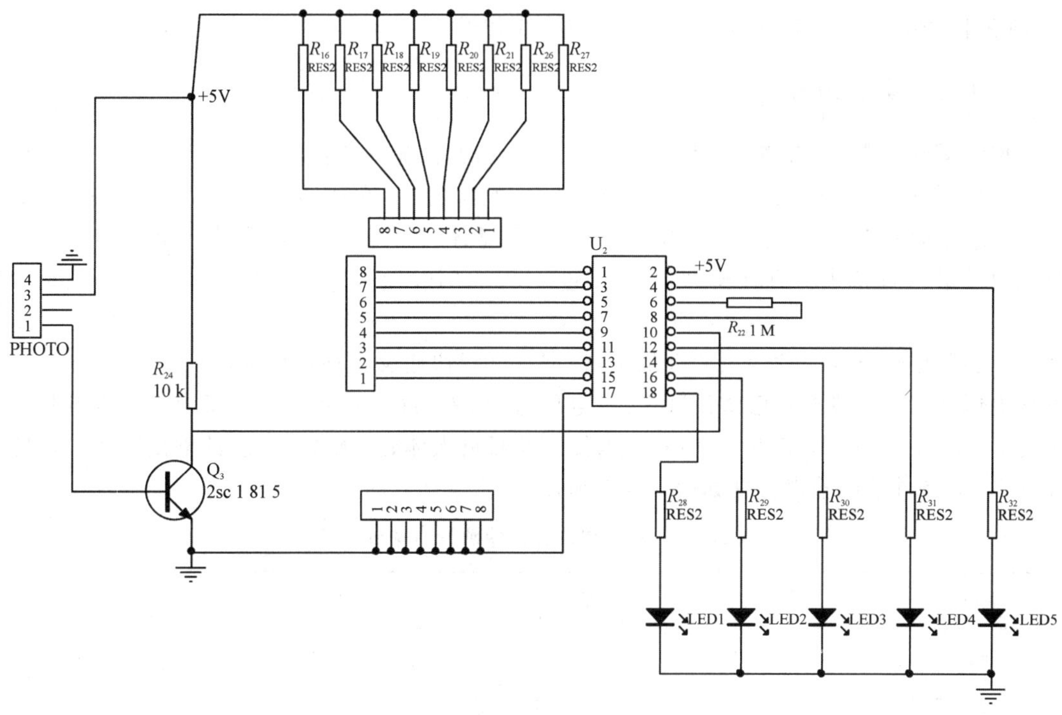

图 3.3.5　红外遥控接收解码电路

本实验提供的原理图为 4 路编解码原理，有兴趣的读者可以根据芯片原理设计其他路数的遥控。

3.3.5　注意事项

1. 不得扳动面板上面元器件，以免造成电路损坏，导致实验仪不能正常工作。

2. 地址编码和地址解码编码方法：编解码均为三态：高、低和悬空，分为上中下三排，每排对应地址位看模块上标示。短接上两排为低，下两排为高，不短接则为悬空。

3.3.6　思考与分析题

分析红外接收头 SM0038 的原理。

3.4　红外体温计设计

3.4.1　实验目的与要求

1. 了解红外体温计的组成及工作原理；

2. 了解红外测温传感器的基本特性；
3. 掌握红外测温传感器的应用。

3.4.2 实验仪器与材料

光电创新实验仪主机箱1个，红外体温计系统设计模块1个，红外体温计探测器组件1套，探测器数据连接线1条，万用表1台，连接线若干。

3.4.3 实验原理与方法

按物理学的观点，人体是一种自然的红外辐射源，测量人体体温是临床诊断的一种重要指标。根据维恩（Wien）定律，物体发出的波长×物体温度＝常数，即 $\lambda_m \times T = 2989(\mu m \cdot K)$（其中 λ_m 为最大波长，T 为绝对温度）。人体的正常体温为36～37.5 ℃，即309～310.5 K，其辐射的最强的红外线的波长为 $\lambda_m = 2989/(309 \sim 310.5) = 9.67 \sim 9.64\ \mu m$，中心波长为 $9.65\ \mu m$。

本实验中传感器芯片经由微细加工，根据红外线快速反应环境里的温度改变，具有116种热电偶元素。实现非接触式温度探测，电压输出，零功耗，大范围温度探测。响应波长范围为 $5 \sim 14\ \mu m$，峰值波长 $9 \sim 10\ \mu m$。当传感器靠近人体时，就会有相应的输出变化。传感器在25 ℃条件下的输出特性如表3.4.1所示。

表3.4.1 不同温度红外传感器的输出电压

T/℃	U/V	T/℃	U/V	T/℃	U/V	T/℃	U/V
−20	−1.29	20	−0.18	50	1.02	90	3.09
−10	−1.06	25	0.00	60	1.49	100	3.69
0	−0.80	30	0.19	70	1.99	110	4.33
10	−0.51	40	0.59	80	2.52	120	5.00

3.4.4 实验内容与步骤

1. 红外体温计系统的组装

红外体温计实验由主机箱、红外测温模块以及温度源三大部分组成，首先认识这些部件，然后学会如何组装。

2. 测温距离的标定

根据传感器的输出特性表，找一个合适的温度源，调试温度源与传感器之间的距离，使传感器的输出与表格中的输出一致，并记录此时温度源与传感器的距离值。

3. 红外测温传感器的特性测量

根据实验2中的标定距离，用传感器测试不同的温度源，记录传感器的输出（$U_+ - U_-$）以及测温模块的输出 U_o，并填入表3.4.2。

表 3.4.2　不同温度红外传感器的输出电压

T/℃							
$U_+ - U_-$/mV							
U_o/mV							

4. 温度超限报警

根据红外测温传感器的特性，我们已经知道某个温度下传感器的输出以及测温模块的输出，这样可以设定超过一定温度即超过一定电信号输出时就报警。在实验中可以通过调节 W_1 来设计不同的电信号阈值，从而达到设定不同的温度的目的。当测温模块输出超过设定的阈值时，报警灯 D_3 就会发光。

5. 红外测温传感器电路设计

红外测温传感器电路原理如图 3.4.1 所示。红外温度传感器经过前级匹配后输出一个很小的电压信号，然后经过一级放大得到比较合适的电压信号，再经过一级电压跟随器隔离前后级电路的影响。电压跟随器的输出作为比较器的输入，参考电压通过电位器 W_1 调节。

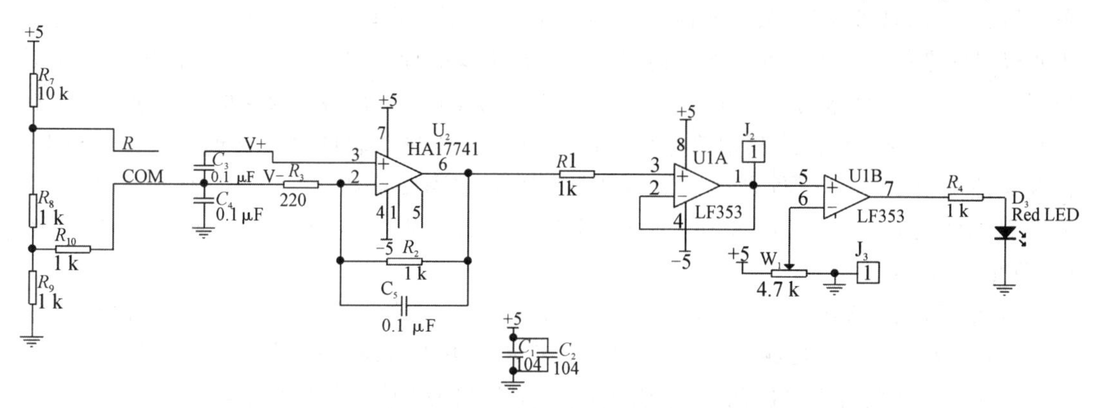

图 3.4.1　红外测温传感器电路

3.4.5　注意事项

1. 连线之前保证电源关闭；
2. 实验过程中，请先做好传感器与被测物体的距离调试。

3.4.6　思考与分析题

温度测试前为什么要做距离的标定？

3.5　数字温度计设计

3.5.1　实验目的与要求

1. 了解温度传感器的组成及工作原理；

2. 了解温度传感器的基本特性；
3. 掌握温度传感器的应用。

3.5.2 实验仪器与材料

光电创新实验仪主机箱 1 个，数字温度计设计模块 1 个，万用表 1 台，连接线若干。

3.5.3 实验原理与方法

本实验采用铂热电阻作为温度传感器。铂热电阻是利用铂丝的电阻值随着温度的变化而变化这一基本原理设计和制作的，按 0 ℃时的电阻值 R(℃)的大小分为 10 Ω(分度号为 Pt10)和 100 Ω(分度号为 PT100)等，PT100 测温范围为－200～850 ℃。10 Ω 铂热电阻用较粗的铂丝绕制而成，耐温性能明显优于 100 Ω 铂热电阻，主要用于 650 ℃以上的温区；100 Ω 铂热电阻主要用于 650 ℃以下的温区，虽也可用于 650 ℃以上温区，但在 650 ℃以上温区不允许有 A 级误差。100 Ω 铂热电阻的分辨率比 10 Ω 铂热电阻大 10 倍，对二次仪表的要求相应低一个数量级，因此在 650 ℃以下温区测温应尽量选用 100 Ω 铂热电阻。

感温元件骨架的材质也是决定铂热电阻 PT100 使用温区的主要因素。常见的感温元件有陶瓷元件、玻璃元件、云母元件，它们是由铂丝分别绕在陶瓷骨架、玻璃骨架、云母骨架上再经过复杂的工艺加工而成的。由于骨架材料本身的性能不同，陶瓷元件适用于 850 ℃以下温区，玻璃元件适用于 550 ℃以下温区。近年来，市场上出现了大量的厚膜和薄膜铂热电阻 PT100 感温元件。厚膜铂热电阻 PT100 元件是用铂浆料印刷在玻璃或陶瓷底板上，薄膜铂热电阻 PT100 元件是用铂浆料溅射在玻璃或陶瓷底板上，再经光刻加工而成，这种感温元件仅适用于－70～500 ℃温区，但感温元件用料省，可机械化大批量生产，效率高，价格便宜。

就结构而言，铂热电阻 PT100 还可以分为工业铂热电阻 PT100 和铠装铂热电阻 PT100。工业铂热电阻也叫装配铂热电阻，是将铂热电阻感温元件焊上引线组装在一端封闭的金属管或陶瓷管内，再安装上接线盒而成；铠装铂热电阻是将铂热电阻元件、过渡引线、绝缘粉组装在不锈钢管内再经模具拉实的整体，具有坚实、抗震、可绕、线径小、使用安装方便等优点。

3.5.4 实验内容与步骤

1. 数字温度传感器的组装

数字温度实验由主机箱、数字温度模块、数字温度传感器三大部分组成，首先需要认识这些部件，然后学会如何组装。

2. 数字温度传感器的特性测量

在完成第 1 步的实验内容后，开始进行数字温度传感器的特性测量实验。把温度传感器的探头部分与不同温度的物体进行接触，用万用表测量温度传感器引线两端的电阻并填入表 3.5.1，观察电阻值与温度大小的变化。

表 3.5.1 热电阻的阻值随温度的变化

T/℃	0	10	20	30	40	50	60	70	80	90
R/Ω										

3. 数字温度传感器的应用

在本实验中，随着探测器表面温度的升高，探测器电阻值增大，PT100 引起的压差也会增大，导致输出电压 U_o增大，其中可以通过 W_2调节电压输出放大倍数。根据不同温度记录最终的输出电压值，并填入表 3.5.2。

表 3.5.2 热电阻的阻值随温度的变化

T/℃	0	10	20	30	40	50	60	70	80	90
U_o/Ω										

4. 温度传感器的过温报警电路设计

根据温度传感器的特性，可以知道在某个温度时数字温度传感器的电压输出值的大小，这时电路后级可以设置一路比较器报警电路。请根据温度传感器的特性设计过温报警电路，参考电路如图 3.5.1 所示。

PT100 作为惠斯通电桥中的一部分，在 0 ℃时其电阻值为 100 Ω，电桥平衡，电压输出为 0；随着温度的变化，PT100 的电阻值也会改变，电桥平衡被打破，有电压输出，经过滤波放大后可以得到合适的电压值。根据不同的温度源，测定一系列的电压输出，就可以得出一个温度-电压对照表，根据这个表就可以从输出电压值反推出被测物体的温度了。在设计过温报警时，可以设计一路比较器，将参考电压设为临近报警温度时对应的电压值。

3.5.5 注意事项

1. 测温时物体与 PT100 接触面积应尽量大，以保证测量的准确性；
2. 开机实验前检查电源是否正确连接。

3.5.6 思考与分析题

温度传感器的引线长短对测量结果是否有影响，为什么？

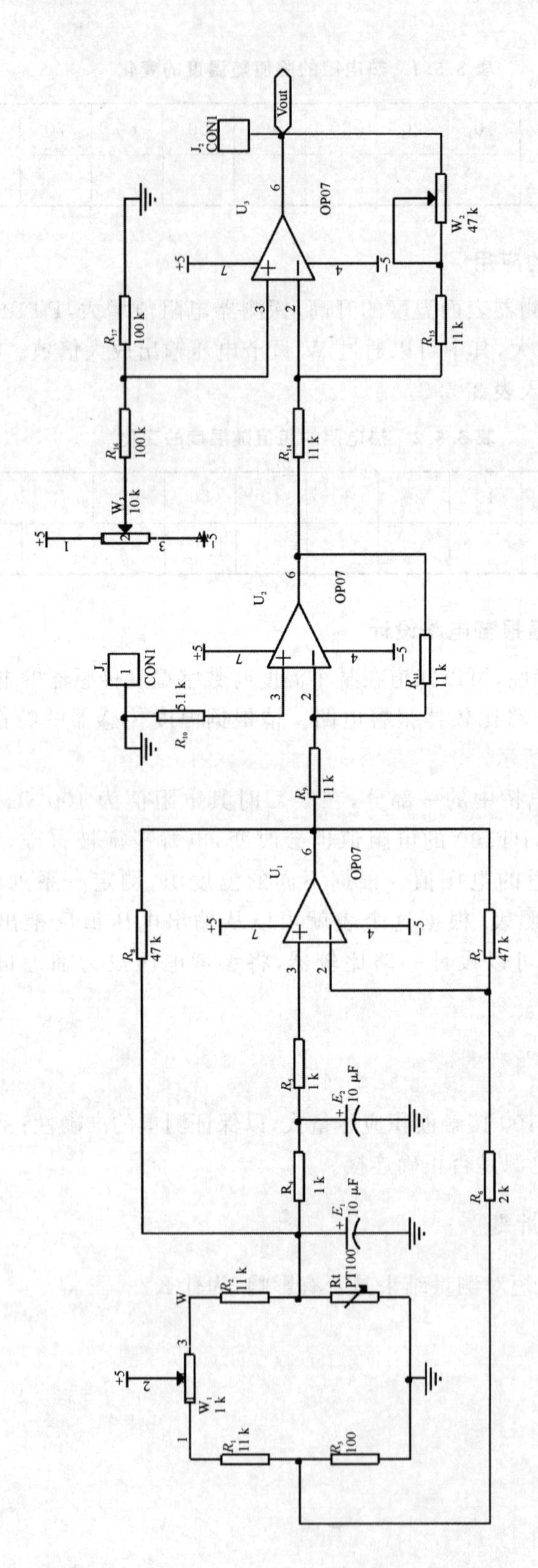

图3.5.1 温度传感器的过温报警电路

3.6　颜色识别系统设计

3.6.1　实验目的与要求

1. 了解颜色传感器的组成及工作原理；
2. 了解颜色传感器的基本特性；
3. 掌握颜色传感器的应用。

3.6.2　实验仪器与材料

光电创新实验仪主机箱 1 个，颜色识别系统设计模块 1 个，万用表 1 台，连接线若干。

3.6.3　实验原理与方法

1. 颜色传感器的基本结构

颜色传感器是由三个 Si-PIN 光电管及色滤波器集成在一起的，每个光电管都各自有三种颜色之一的滤波器。它有小尺寸设计、具有高质量滤波器和三种颜色同步记录的特点。有三个不同区域的颜色识别响应，类似于人眼。每个光电管对相应光谱滤波器的颜色光最敏感，主要是红色、绿色、蓝色，适用于彩色扩影、彩色印刷、色彩鉴别电路。

目前半导体光电探测器在数码摄像、光通信、太阳能电池等领域得到了广泛应用，颜色传感器是半导体光电探测器的一个基本单元，深刻理解颜色传感器的工作原理和具体使用特性可以进一步领会半导体 PN 结原理和光电效应理论。

2. 颜色传感器的工作原理

颜色传感器除了响应波段与光电二极管不同外，电气性能是一致的，因此，了解了每个光电管的响应波段后，我们就可以把颜色传感器当作光电二极管来研究。

光电管把光信号转换为电信号的功能，是由半导体 PN 结的光电效应实现的。在耗尽层两侧是没有电场的中性区，由于热运动，部分光生电子和空穴通过扩散运动可能进入耗尽层，然后在电场作用下，形成和漂移电流方向相同的扩散电流。

漂移电流分量和扩散电流分量的总和即为光生电流。当与 P 层和 N 层连接的电路开路时，便在两端产生电动势，这种效应称为光电效应。

当连接的电路闭合时，N 区过剩的电子通过外部电路流向 P 区，同样 P 区的空穴流向 N 区，便形成了光生电流。

当入射光变化时，光生电流随之线性变化，从而把光信号转换成电信号。这种由 PN 结构成，在入射光作用下，由于受激吸收过程产生的电子-空穴对的运动，在闭合电路中形成光生电流的器件，就是简单的光电二极管。

3. 颜色传感器的基本特性

(1)短路电流

如图 3.6.1 所示，在不同光照的作用下，毫安表显示不同的电流值，即为颜色传感器的短路电流特性。

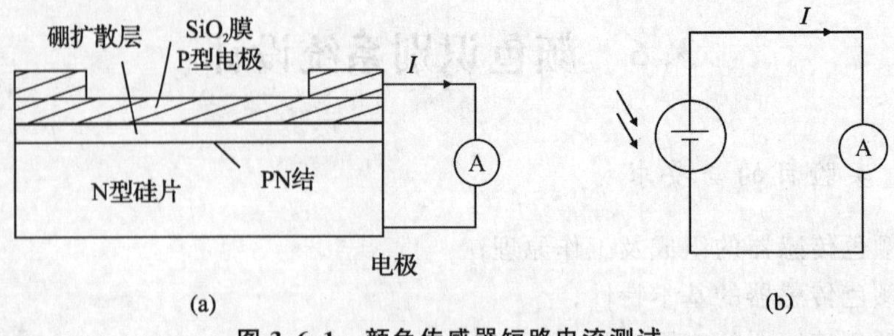

图 3.6.1　颜色传感器短路电流测试

(2)开路电压

如图 3.6.2 所示，在不同光照的作用下，电压表显示不同的电压值，即为颜色传感器的开路电压特性。

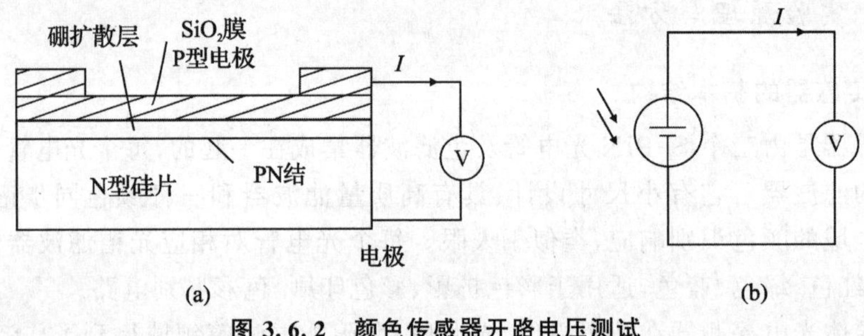

图 3.6.2　颜色传感器开路电压测试

(3)光谱特性

一般光电探测器的光谱响应特性表示在入射光能量保持一定的条件下，探测器所产生短路电流与入射光波长之间的关系。一般用相对响应度表示，本实验中颜色传感器的光谱响应曲线如图 3.6.3 所示。

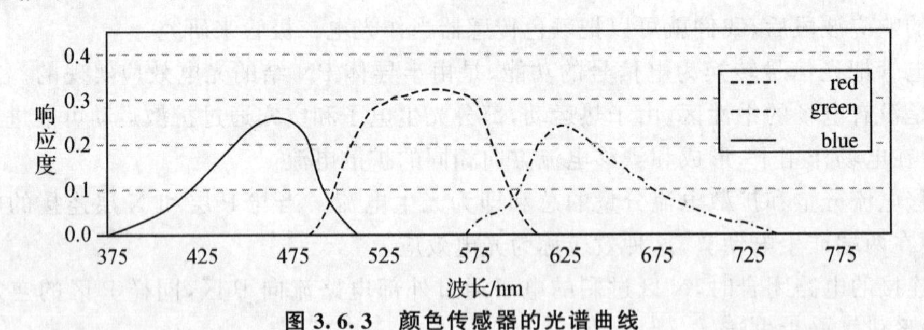

图 3.6.3　颜色传感器的光谱曲线

3.6.4　实验内容与步骤

1. 颜色传感器短路电流特性测试

颜色传感器后端盖如图 3.6.4 所示。

(1)组装好光通路组件，将光源部分与颜色识别系统设计模块连接起来，即黑色插座与 J_1 相连，红、绿、蓝与 J_2、J_3、J_4 任意连接。

(2)将光源与探测器都置于导轨上，发光方向要正对探测器方向。

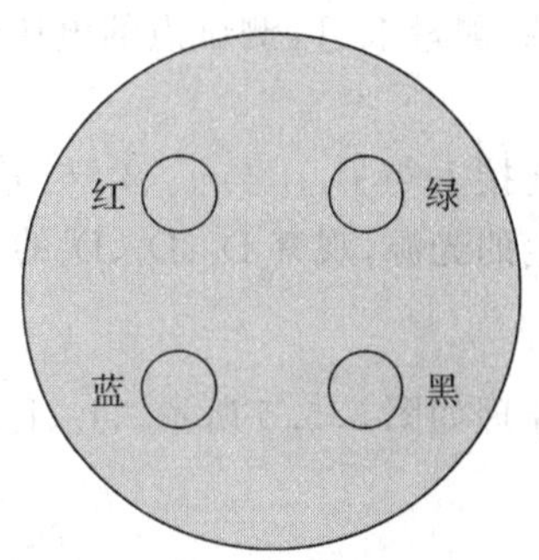

图 3.6.4　颜色传感器光源及探测器的后端盖示意图

(3)接通电源,观察光源是否点亮。

(4)滑动双刀双掷开关 S_3,观察光源发光变化。

(5)将光源与探测器的距离由 10 cm 开始逐渐调近,每隔 2 cm 用万用表测量一次颜色传感器各个部分(即红黑、蓝黑和绿黑)的电流值,并记录下来,填入表 3.6.1,然后通过 S_3 切换到不同的光源,重复上述测量并将测量数据填入表 3.6.1。

表 3.6.1　不同光照距离的短路光电流

红光距离/cm	10	8	6	4	2
光生电流/μA					
绿光距离/cm	10	8	6	4	2
光生电流/μA					
蓝光距离/cm	10	8	6	4	2
光生电流/μA					

2. 颜色传感器开路电压特性测试

(1)组装好光通路组件,将光源部分按照实验 1 中连接好。

(2)将实验 1 中测电流改为测电压,其他步骤不变,将数据填入表 3.6.2。

表 3.6.2　不同光照距离的开路光电压

红光距离/cm	10	8	6	4	2
开路电压/mV					
绿光距离/cm	10	8	6	4	2
开路电压/mV					
蓝光距离/cm	10	8	6	4	2
开路电压/mV					

3. 颜色传感器的颜色识别

(1)连接好光路组件,光源和探测器尽量靠近,光源部分按照实验 1 中连接,探测器部分红色插座连 J_5,绿色插座连 J_6,蓝色插座连 J_7,黑色插座连 J_8。

(2)接通电源，打开红色光源，测量 J_9、J_{10} 测试点的电压值，调节电位器 W_1，使阈值电压大于 J_{10} 且小于 J_9 处的电压值。

(3)关闭电源，用选插头对连接 J_9 与 J_9'、J_{10} 与 J_{10}'、J_{11} 与 J_{11}'。

(4)接通电源，切换不同颜色的光源，观察 D_5、D_6、D_7 的变化。

4. 光源部分电路设计

颜色传感器光源部分电路原理如图 3.5.5 所示。J_2、J_3、J_4 与 J_1 连接不同的发光二极管，通过 S_3 来切换点亮不同的光源。

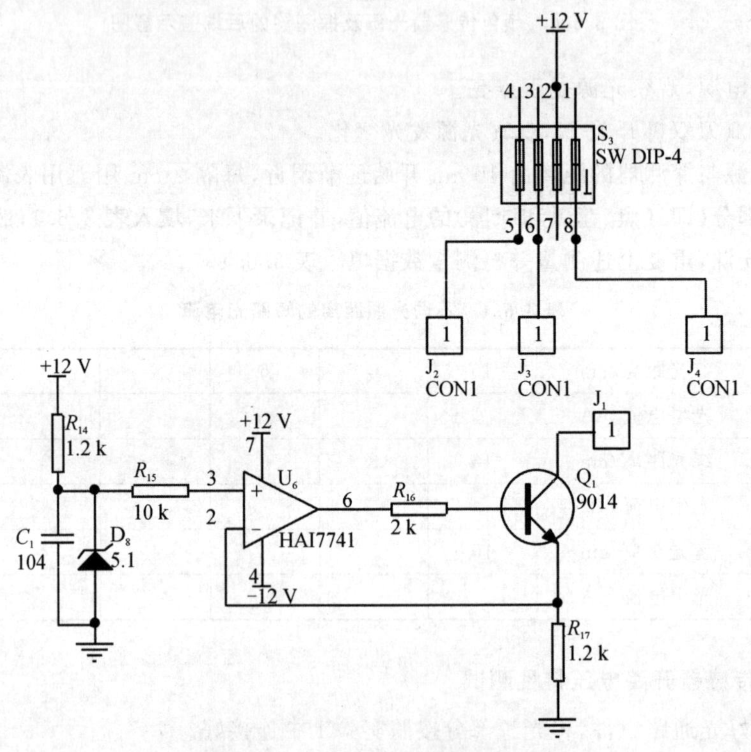

图 3.6.5　颜色传感器光源部分电路

5. 颜色传感器探测器部分电路设计

颜色传感器探测器部分电路原理如图 3.6.6 所示。

3.6.5　注意事项

1. 万用表用作电流测试时应先用大量程，然后逐级调小到合适的量程，以免烧坏电流挡。

2. 连线之前保证电源关闭。

3. 实验过程中，请勿同时拨开两种或两种以上的光源开关，这样会造成实验所测试的数据不准确。

3.6.6　思考与分析题

颜色传感器与光电二极管的异同之处是什么？

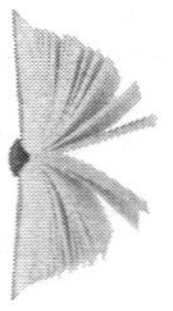

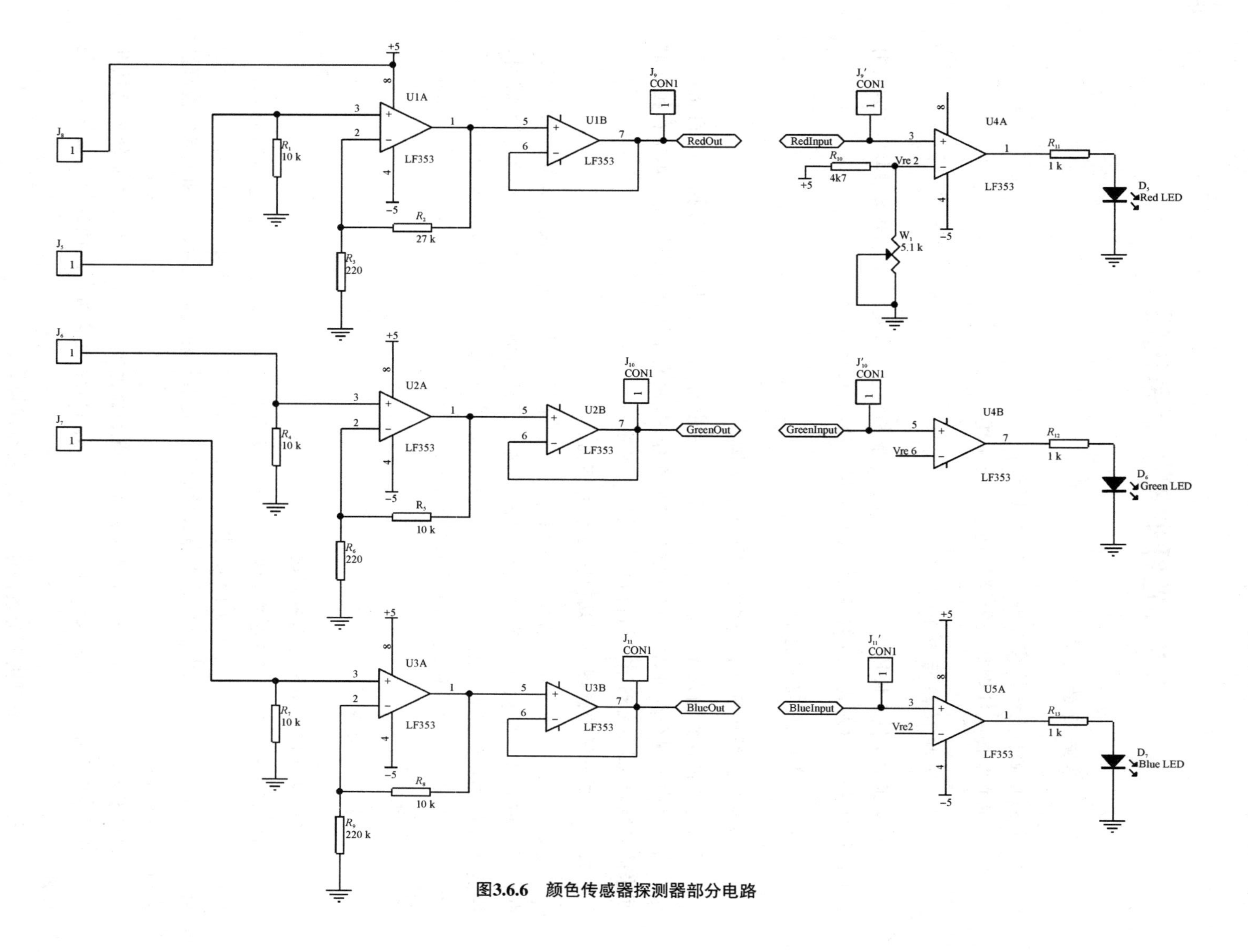

图3.6.6　颜色传感器探测器部分电路

3.7 光纤烟雾报警系统设计

3.7.1 实验目的与要求

1. 了解并掌握光纤烟雾报警器的工作原理;
2. 了解并掌握光纤烟雾报警器处理电路的原理。

3.7.2 实验仪器与材料

光电创新实验仪主机箱 1 个,光纤传感器实验模块 1 个,光纤烟雾报警模块 1 个,反射式光纤组件 1 套,对射式光纤组件 1 套,万用表 1 台,连接线若干。

3.7.3 实验原理与方法

1. 反射式光纤传感器光纤烟雾报警器的结构

光从光源耦合到输入光纤射向空中,当空气中没有烟雾时,探测光纤探测不到光强变化。当空气中出现烟雾时,由于烟尘颗粒的反射作用,探测光纤就可以探测到烟尘颗粒反射回来的光线,探测器有输出,通过信号处理放大电路触发报警器报警。

2. 对射式光纤传感器光纤烟雾报警器的结构

对射式光纤传感器分为两根光纤,其中一根用来做发射,一根用来做接收。两根光纤断面错开或者成一定角度。光从光源耦合到输入光纤射向空中,当空气中没有烟雾时,探测光纤探测不到光强变化。当空气中出现烟雾时,由于烟尘颗粒的反射作用,探测光纤就可以探测到烟尘颗粒反射回来的光线,探测器有输出,通过信号处理放大电路触发报警器报警。

3.7.4 实验内容与步骤

1. 光纤烟雾报警器系统组装调试

(1)反射式光纤传感器安装在导轨支架上。两束光纤分别插入光纤传感器模块上的发射、接收端。注意:反射式光纤为两束,其中一束由单根光纤组成,实验时对应插入发射孔;另一束由 16 根光纤组成,实验时对应插入接收孔。发射孔和接收孔内部已和发光二极管及光电探测器相接。

(2)将发射部分金色插孔 J_5、J_6 对应接到电路上金色插孔 J_2、J_1,将接收部分金色插孔 J_8、J_7 对应接到电路上金色插孔 J_4、J_3。输出端 J_9、J_{10} 对应连接到光纤烟雾报警模块上金色插座 VIN、GND。

(3)光纤烟雾报警模块上金色插座 T_7、T_{10} 用导线短接。

(4)打开两个模块电源开关,在光纤传感器端面产生烟雾(小心操作,严防火灾发生),用万用表检测光纤传感器模块输出端 J_9、J_{10} 电压变化区间。

(5)调节光纤烟雾报警模块的放大倍数和阈值调节旋钮,使阈值电压测试点电压处于步骤电压区间内。

(6)在光纤传感器端面产生烟雾,观察指示灯变化情况。按下轻触开关 S_2,解除警报。

2. 发光二极管驱动电路设计

发光二极管驱动电路原理如图 3.7.1 所示。由 5.1 V 稳压二极管、运算放大器 U_1(HA17741)和驱动三极管 S9014 及外围电路组成恒流驱动电路,为发光二极管提供恒定的驱动电流(发光二极管接 J_1、J_2 端),可以保证发光二极管发出的光强恒定,从而保证整个光纤位移测量系统的稳定性及测量精度。

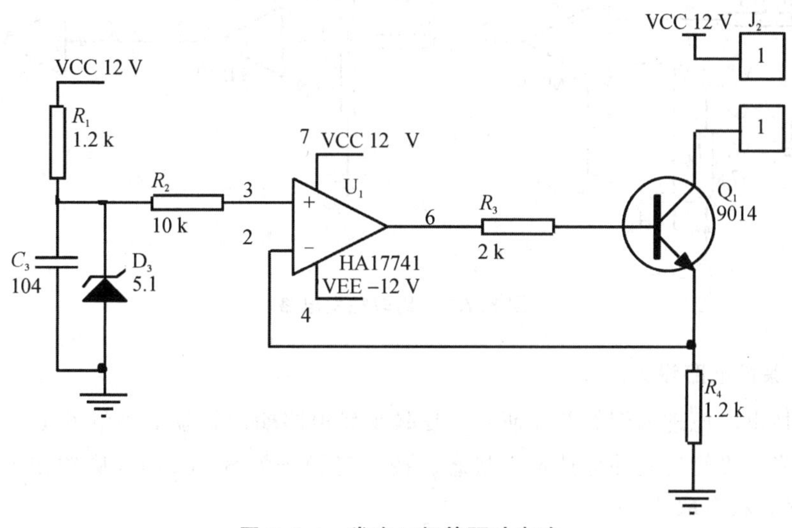

图 3.7.1　发光二极管驱动电路

3. 光敏三极管放大处理电路设计

光敏三极管放大处理电路原理如图 3.7.2 所示。光敏三极管(接 J_3、J_4 端)接收到光纤传感器反射光后产生电流,该电流流过电阻 R_5,产生压降,该压降随光强的改变而改变,然后由运算放大器 U_2(HA17741)及外围电路构成第一级放大电路进行放大,放大后的电压信号经过运算放大器 U_3(HA17741)及外围电路构成第二级放大电路再次进行放大,最后通过 J_9、J_{10}输出到电压表进行显示。

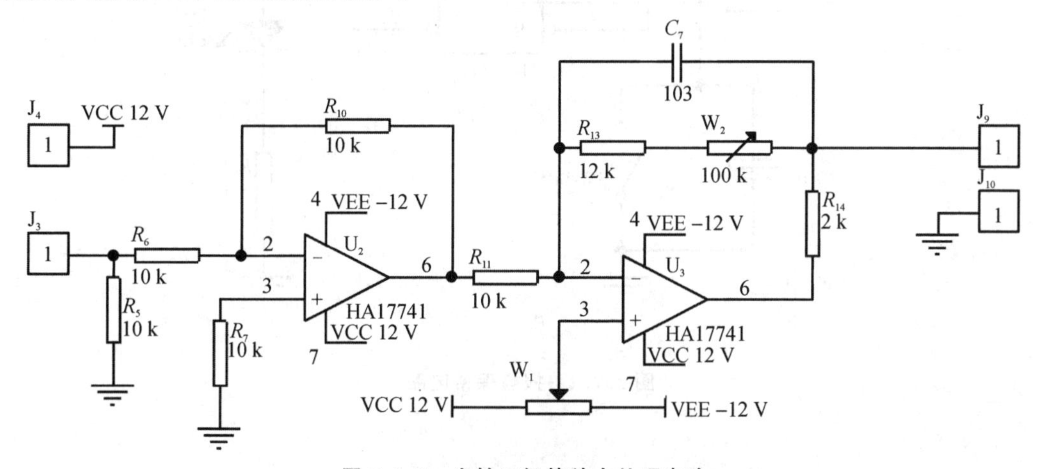

图 3.7.2　光敏三极管放大处理电路

4. 比较触发电路设计

比较触发电路原理如图 3.7.3 所示。W_3为阈值电压设置电阻，当芯片 U_3的 5 脚电压高于 4 脚时，U_3输出高电平，反之输出低电平。

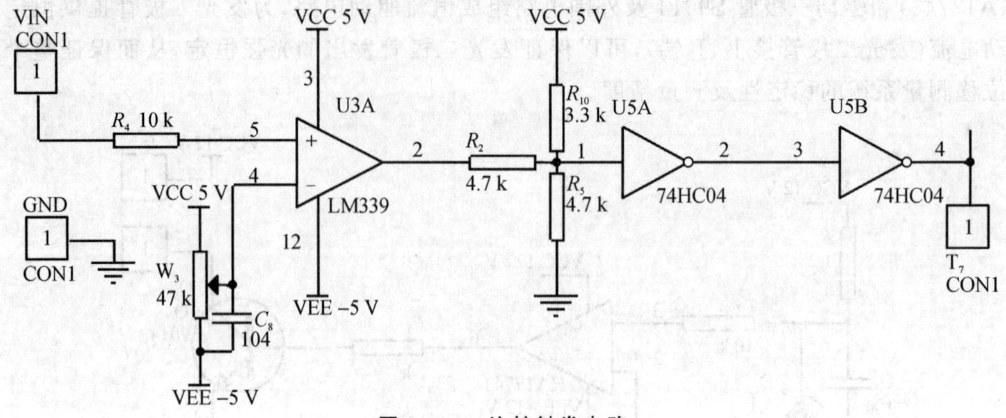

图 3.7.3　比较触发电路

5. 报警保持电路设计

报警保持电路原理如图 3.7.4 所示。比较触发电路输出触发电平触发 U_6，5 脚输出高电平驱动发光二极管发光并保持发光状态。按下轻触开关 S_2，U_6的 5 脚输出低电平，发光二极管灭，报警状态取消。

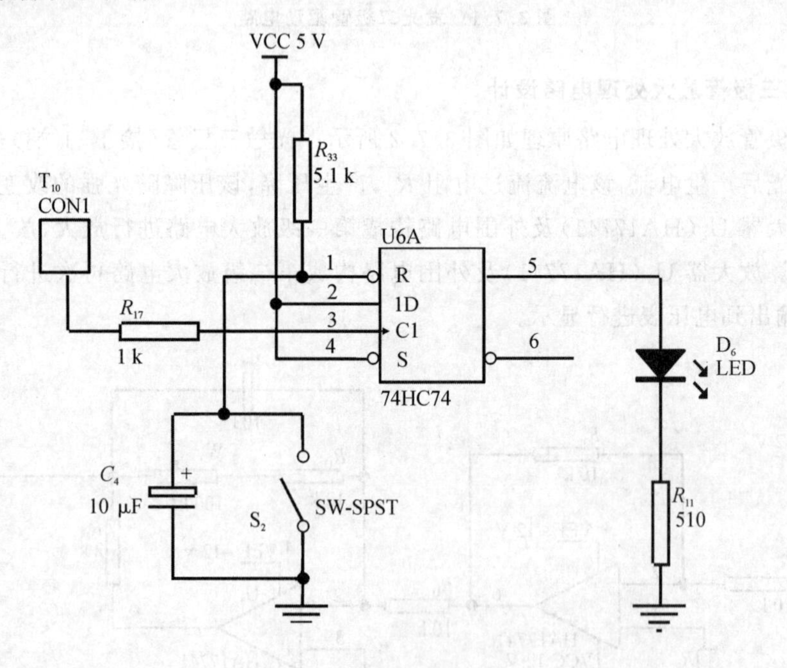

图 3.7.4　报警保持电路

3.7.5　注意事项

1. 不得随意摇动和插拔面板上的元器件和芯片，以免损坏，造成实验仪不能正常工作。
2. 光纤传感器弯曲半径不得小于 3 cm，以免折断。
3. 光纤烟雾报警模块上轻触开关 S_2 为警报解除开关，当有烟雾产生报警后，发光二极管指示报警并保持报警状态，直至解除报警，方可触发下次报警。
4. 实验要在环境光稳定的情况下进行，否则会影响实验精度，最好在避光环境下实验。
5. 在使用过程中，出现任何异常情况，必须立即关机断电以确保安全。

3.7.6　思考与分析题

1. 设计光纤烟雾传感器应该注意什么？
2. 分布式光纤烟雾传感器应该如何设计？

3.8　光纤位移测量系统设计

3.8.1　实验目的与要求

1. 了解光纤位移传感器的工作原理及特性；
2. 了解并掌握光纤位移传感器测量位移的方法；
3. 了解并掌握光纤位移传感器处理电路的原理。

3.8.2　实验仪器与材料

光电创新实验仪主机箱 1 个，光纤传感器实验模块 1 个，反射式光纤组件 1 套，万用表 1 台，连接线若干。

3.8.3　实验原理与方法

光纤位移测量装置结构如图 3.8.1 所示，光从光源耦合到输入光纤射向被测物体，再被反射回另一光纤，由探测器接收。设两根光纤的距离为 d，每根光纤的直径为 $2a$，数值孔径为 N，如图所示，此时有：

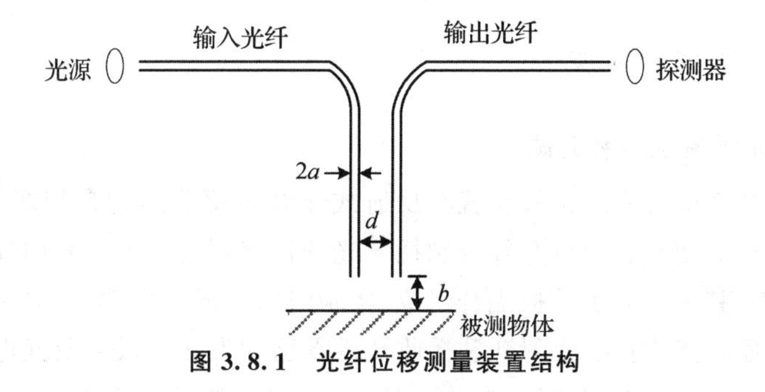

图 3.8.1　光纤位移测量装置结构

$$\tan\theta=\frac{d}{2b}$$

由于 $\theta=\arcsin N$，所以上式可写为：

$$b=\frac{d}{2\tan(\arcsin N)}$$

很显然，当 $b<[d/2\tan(\arcsin N)]$ 时，即接收光纤位于光纤像的光锥之外，两光纤的耦合为零，无反射进入接收光纤；当 $b\geqslant[d/2\tan(\arcsin N)]$ 时，即接收光纤位于光锥之内，两光纤耦合最强，接收光纤达到最大值。d 的最大检测范围为 $a/\tan(\arcsin N)$。

如果要定量计算光耦合系数，就必须计算出输入光纤像的发光锥体与接收光纤端面的交叠面积，如图 3.8.2 所示。由于接收光纤芯径很小，常常把光锥边缘与接收光纤芯交界弧线看成直线。通过对交叠面简单的几何分析，不难得到交叠面积与光纤端面积之比，即

$$\alpha=\frac{1}{\pi}\left[\arccos\left(1-\frac{\delta}{\alpha}\right)-\left(1-\frac{\delta}{\alpha}\right)\sin\left(1-\frac{\delta}{\alpha}\right)\right]$$

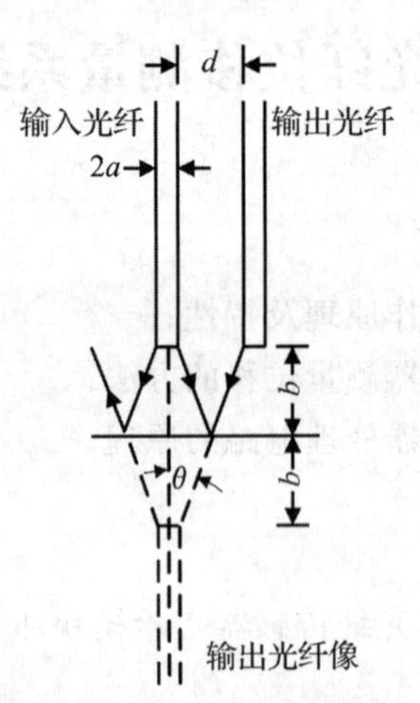

图 3.8.2 位移测量原理

本实验采用传光型光纤，它由两束光纤混合后组成，两光束混合后的端部是工作端，亦称探头。它与被测体相距 X，由光源发出的光传到端部出射后再经被测体反射回来，由另一束光纤接收光信号经光电转换器转换成电量，而光电转换器的电量大小与间距 X 有关，因此可用于测量位移。

3.8.4 实验内容与步骤

1. 光纤位移光学系统组装调试

(1)根据图 3.8.3 安装光纤位移装置。反射式光纤传感器通过自带螺母固定在光纤支架上(左边支架)，端面朝右。两束光纤分别插入光纤传感器模块上的发射和接收端。注意：反射式光纤为两束，其中一束由单根光纤组成，实验时对应插入发射孔；另一束由 16 根光纤组成，实验时对应插入接收孔。发射孔和接收孔内部已和发光二极管及光电探测器相接。

(2)螺旋测微丝杆插入右边支架，调节测微丝杆，使测微丝杆顶端光滑反射面与反射式光纤端面接触并同轴心，最后用固定螺钉将螺旋测微丝杆固定在支架上。

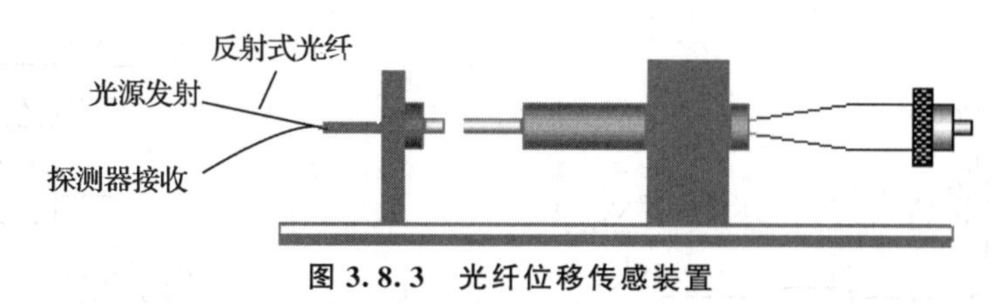

图 3.8.3　光纤位移传感装置

(3)将发射部分金色插孔 J_5、J_6 对应接到电路上金色插孔 J_2、J_1，将接收部分金色插孔 J_8、J_7 对应接到电路上金色插孔 J_4、J_3。输出端 J_9、J_{10} 分别接万用表红黑表笔，并选择电压表 2 V 挡。

(4)打开电源开关，调节测微丝杆使反射面离开光纤传感器，观察电压表显示变化，系统组装完成。

2. 光纤位移传感器测距

(1)调节螺旋测微丝杆，使测微丝杆顶端光滑反射面与反射式光纤端面接触，同时测微丝杆的刻度线面对观察者，且读数从 0.5 的整数倍开始起调，以利于读数。

(2)打开电源开关，调节调零电位器使电压表显示为零。调节测微丝杆使反射面离开反射式光纤传感器，观察电压表数值变化，如果最大时读数超过 2 V 挡量程，可逆时针调节增益调节旋钮，使最大值在 2 V 挡量程之内。每隔 0.1 mm 读出电压表数值，并填入表 3.8.1。

表 3.8.1　不同位移光纤传感器的输出电压

X/mm	0.1	0.2	0.3	0.4	0.5	0.6	0.7	0.8	0.9	1.0
U/V										
X/mm	1.1	1.2	1.3	1.4	1.5	1.6	1.7	1.8	1.9	2.0
U/V										

(3)根据表 3.8.1，作光纤位移传感器的位移特性曲线，计算在量程 1 mm 时灵敏度和非线性误差。

(4)根据曲线，分析反射式光纤位移传感器的应用范围。

3. 发光二极管驱动电路设计

发光二极管驱动电路原理如图 3.8.4 所示。由 5.1 V 稳压二极管、运算放大器 U_1(HA17741)和驱动三极管 S9014 及外围电路组成恒流驱动电路，为发光二极管提供恒定的驱动电流(发光二极管接 J_1、J_2 端)，以保证发光二极管发出的光强恒定，从而保证整个光纤位移测量系统的稳定性及测量精度。

4. 光敏三极管放大处理电路设计

光敏三极管放大处理电路原理如图 3.8.5 所示。光敏三极管(接 J_3、J_4 端)接收到光纤传感器反射光后产生电流，该电流流过电阻 R_5，产生压降，该压降随光强的改变而改变，然后由运算放大器 U_2(HA17741)及外围电路构成的第一级放大电路进行放大，放大后的电压信号经过运算放大器 U_3(HA17741)及外围电路构成的第二级放大电路再次进行放大，

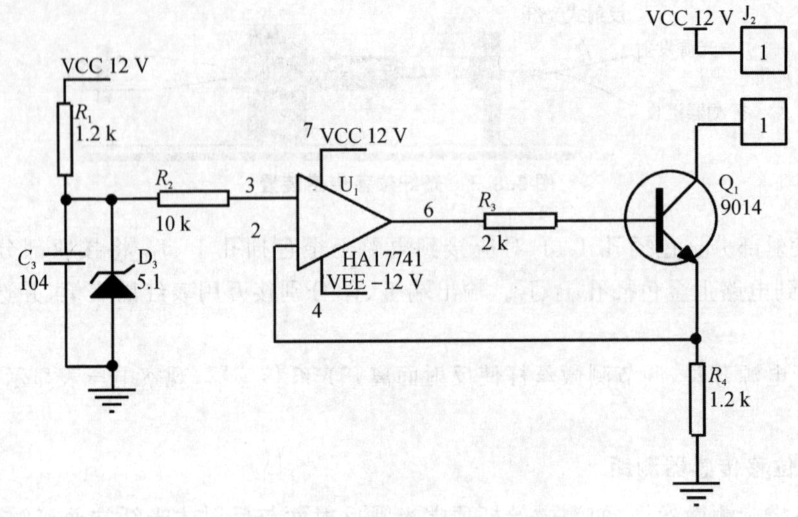

图 3.8.4　发光二极管驱动电路

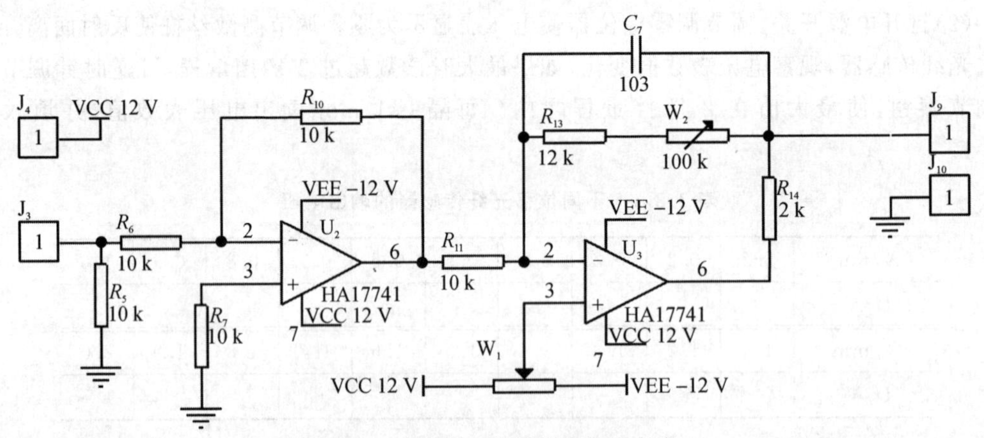

图 3.8.5　光敏三极管放大处理电路

最后通过 J_9、J_{10} 输出到电压表进行显示。

3.8.5　注意事项

1. 不得随意摇动和插拔面板上的元器件和芯片，以免损坏，造成实验仪不能正常工作。

2. 光纤传感器弯曲半径不得小于 3 cm，以免折断。

3. 旋动螺旋测微丝杆尾帽，使其产生位移，出现"咔咔"声表示不能继续前进。

4. 实验前确保螺旋测微丝杆端部光洁，可用酒精清洗，实验过程中请勿用手及任何东西接触端部，以免端部脏污影响实验精度。

5. 实验要在环境光稳定的情况下进行，否则会影响实验精度，最好在避光环境下实验。

6. 在使用过程中，出现任何异常情况，必须立即关机断电以确保安全。

3.8.6　思考与分析题

1. 根据光纤位移传感器的 X-U 特性曲线，试想一下光纤位移传感可做哪些测量。

2. 室内光线对测试数据有什么影响？如何解决？
3. 放大器的稳定放大倍数和低噪声对信号有何影响？如何设计？
4. 发射和接收的两束光纤有什么不同？这样设计有什么好处？
5. 如果不接入补偿调零电路，如何才能使测量结果更精确？

3.9 光纤微弯称重系统设计

3.9.1 实验目的与要求

1. 了解光纤微弯传感器的工作原理及特性；
2. 了解并掌握光纤微弯传感器测量物体重量的原理和方法；
3. 了解并掌握光纤微弯传感器处理电路的原理。

3.9.2 实验仪器与材料

光电创新实验仪主机箱 1 个，光纤传感器实验模块 1 个，光纤微弯组件 1 套，万用表 1 台，连接线若干。

3.9.3 实验原理与方法

在光通信领域，光纤弯曲引起的损耗一直备受关注。Marcuse 和 Gloge 关于光纤弯曲引起的模耦合的研究结果，对于发展光纤弯曲损耗的研究领域具有重要的意义。随着光纤传感器技术的发展，光纤弯曲引起的损耗已成为一种有用的传感调制技术，可以用来测量多种物理量。微弯型光纤传感器的原理结构如图 3.9.1 所示。

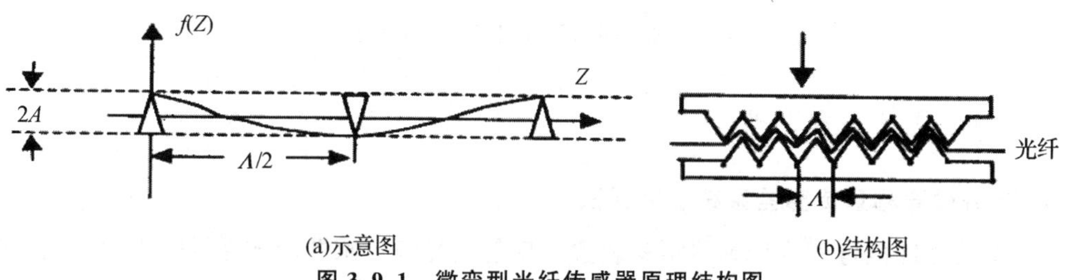

图 3.9.1 微弯型光纤传感器原理结构图

当光纤发生弯曲时，由于其全反射条件被破坏，纤芯中传播的某些模式光束进入包层，造成光纤中的能量损耗。为了扩大这种效应，我们把光纤夹持在一个周期波长为 A 的梳妆结构中。当梳妆结构（变形器）受力时，光纤的弯曲情况将发生变化，于是纤芯中跑到包层中的光能（即损耗）也将发生变化，近似地将把光纤看成正弦微弯，其弯曲函数为：

$$f(z)=\begin{cases}A\sin\omega\times Z & (0\leqslant Z\leqslant L)\\ 0 & (Z<0,Z>L)\end{cases} \tag{1}$$

式中，L 是光纤产生微弯的区域，A 为其弯曲幅度，ω 为空间频率。设光纤微弯变形函数的微弯周期为 T，则有 $T=2\pi/\omega$。光纤由于弯曲产生的光能损耗系数是：

$$\alpha=\frac{A^2L}{4}\left\{\frac{\sin[(\omega-\omega_c)L/2]}{(\omega-\omega_c)L/2}+\frac{\sin[(\omega+\omega_c)L/2]}{(\omega+\omega_c)L/2}\right\} \tag{2}$$

式中，ω_c 称为谐振频率。

$$\omega_c=\frac{2\pi}{A_c}=\beta-\beta'=\Delta\beta \tag{3}$$

A_c为谐振波长，β 和β'为纤芯中两个模式的传播常数。当 $\omega=\omega_c$ 时，这两个模式的光功率耦合特别紧，因而损耗也增大。如果我们选择相邻的两个模式，对光纤折射率为平方律分布的多模光纤可得：

$$\Delta\beta=\frac{\sqrt{2\Delta}}{r} \tag{4}$$

r 为光纤半径，Δ 为纤芯与包层之间的相对折射率差。由(3)(4)可得：

$$A_c=\frac{2\pi r}{\sqrt{2\Delta}} \tag{5}$$

对于通信光纤 $r=25\ \mu\text{m}$，$\Delta\leqslant 0.01$，$A_c\approx 1.1\ \text{mm}$。(2)式表明损耗 α 与弯曲幅度的平方成正比，与微弯区的长度成正比。通常，让光纤通过周期为 T 的梳妆结构来产生微弯，按(5)式得到的 A_c一般太小，实用上可取奇数倍，即 3、5、7 等，同样可得到较高的灵敏度。

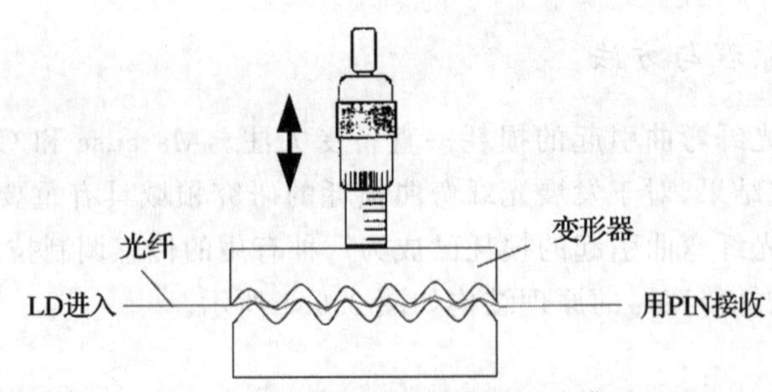

图 3.9.2 微弯型光纤传感实验模型

3.9.4 实验内容与步骤

1. 光纤微弯称重传感器系统组装调试

(1)安装光纤微弯称重传感器实验装置。反射式光纤传感器固定在导轨上，反射镜固定在导轨上，调节至与反射式光纤断面同轴且距离 1.5 mm 左右。两束光纤分别插入光纤传感器模块上的发射端和接收端。注意：反射式光纤为两束，其中一束由单根光纤组成，实验时对应插入发射孔；另一束由 16 根光纤组成，实验时对应插入接收孔。发射孔和接收孔内部已和发光二极管及光电探测器相接。

(2)微弯变形器固定在导轨上，两根反射式光纤放置在变形器凹槽内。

(3)将发射部分金色插孔 J_5、J_6 对应接到电路上金色插孔 J_2、J_1，将接收部分金色插孔 J_8、J_7对应接到电路上金色插孔 J_4、J_3。输出端 J_9、J_{10}分别接万用表红黑表笔，并选择电压表 2 V 挡。

(4)打开电源开关，变形器上放置重物，观察电压表显示变化，系统组装完成。

2. 发光二极管驱动电路设计

发光二极管驱动电路原理如图 3.9.3 所示。由 5.1 V 稳压二极管、运算放大器 U_1(HA17741)和驱动三极管 S9014 及外围电路组成恒流驱动电路,为发光二极管提供恒定的驱动电流(发光二极管接 J_1、J_2端),以保证发光二极管发出的光强恒定,从而保证整个光纤位移测量系统的稳定性及测量精度。

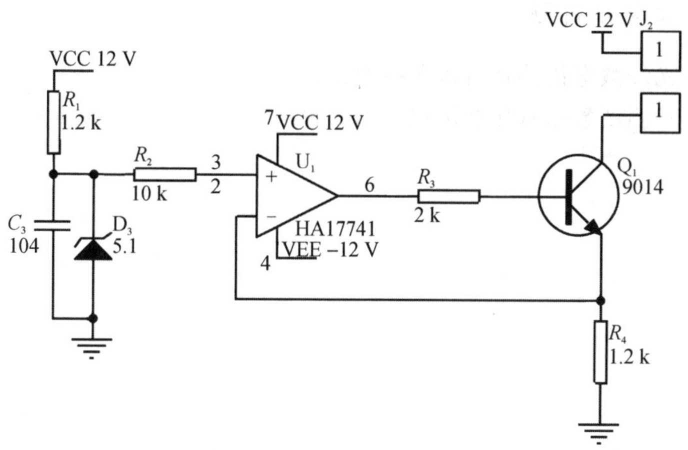

图 3.9.3 发光二极管驱动电路

3. 光敏三极管放大处理电路设计

光敏三极管放大处理电路原理如图 3.9.4 所示。光敏三极管(接 J_3、J_4端)接收到光纤传感器反射光后产生电流,该电流流过电阻 R_5,产生压降,该压降随光强的改变而改变,然后由运算放大器 U_2(HA17741)及外围电路构成的第一级放大电路进行放大,放大后的电压信号经过运算放大器 U_3(HA17741)及外围电路构成的第二级放大电路再次进行放大,最后通过 J_9、J_{10}输出到电压表进行显示。

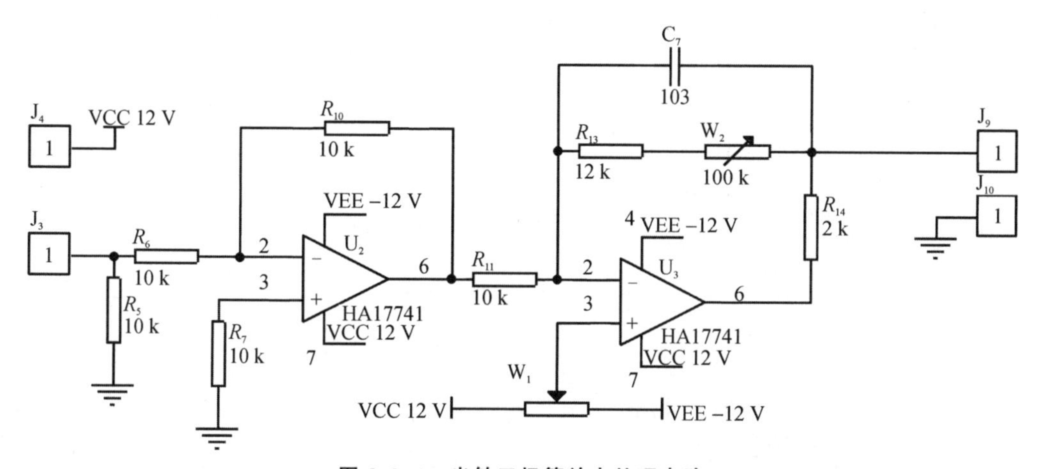

图 3.9.4 光敏三极管放大处理电路

3.9.5 注意事项

1. 不得随意摇动和插拔面板上的元器件和芯片，以免损坏，造成实验仪不能正常工作。
2. 光纤传感器弯曲半径不得小于 3 cm，以免折断。
3. 在使用过程中，出现任何异常情况，必须立即关机断电以确保安全。

3.9.6 思考与分析题

1. 试想一下光纤微弯传感器可做哪些测量。
2. 室内光线对测试数据有什么影响？如何解决？

第 4 章　CCD 成像与图像处理技术实验

4.1　线阵 CCD 原理及测距

4.1.1　实验目的与要求

1. 了解和掌握线阵 CCD(charge coupled device)器件的工作原理;

2. 掌握用双踪迹示波器观测线阵 CCD 驱动器各路脉冲的频率、幅度、周期和相位关系的测量方法;

3. 通过对典型线阵 CCD 在不同驱动频率和不同积分情况下输出信号的测量,进一步掌握 CCD 的有关特性,掌握积分时间的意义,以及驱动频率与积分时间对 CCD 输出信号的影响;

4. 定性了解线阵 CCD 进行物体测量的方法。

4.1.2　实验仪器与材料

线阵 CCD 实验模块 1 个,直流稳压电源 1 个,示波器 1 台,连接线若干。

4.1.3　实验原理与方法

1. 线阵 CCD 图像传感器的结构

线阵 CCD 像传感器具有结构精细、体积小、工作电压低、噪声低、响应度高等优点,被广泛运用于运动图像传感、机械量非接触检测、图像数据自动获取等多个领域。

线阵 CCD 像传感器利用 CCD 所具有的光电转换和移位存储功能进行图像传感和信息处理。利用光电转换功能,CCD 将入射到其摄像区的光信号转换为与之强度相对应的电荷包的空间分布,然后利用移位存储功能将这些大小不一的电荷包"自扫描"到同一输出端,形成幅度不等的实时脉冲序列,经过处理便可还原成原来的光学图像。图 4.1.1 为 TCD1200D 的外形与管脚分布,表 4.1.1 为 TCD1200D 的管脚定义。

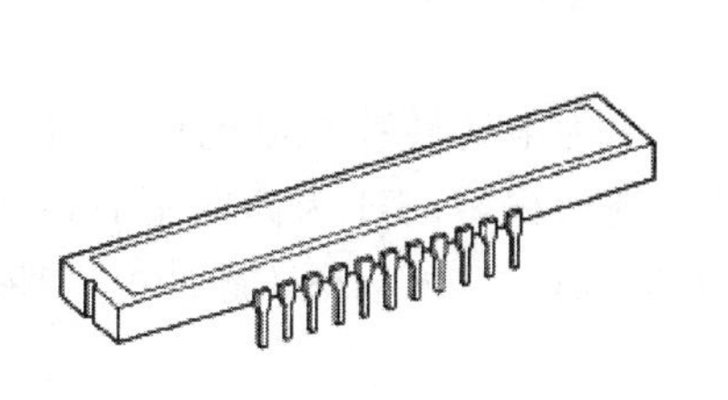

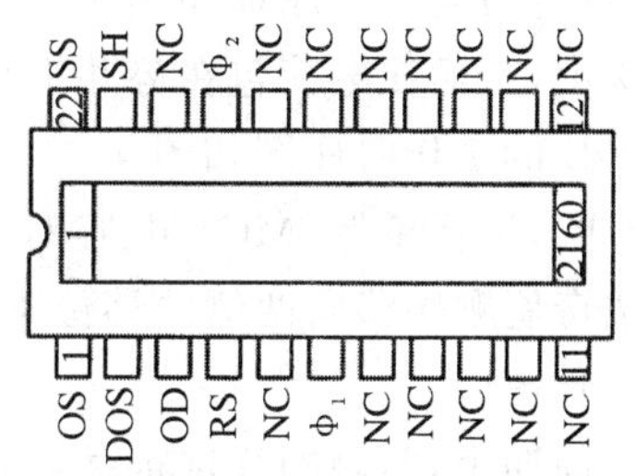

图 4.1.1　TCD1200D 的外形与管脚分布

表 4.1.1　TCD1200D 的管脚定义

管脚	符号	功能	管脚	符号	功能
6	Φ_1	时钟 1	1	OS	信号输出
19	Φ_2	时钟 2	2	DOS	补偿输出
21	SH	转移栅	3	OD	电源
4	RS	复位栅	22	SS	地

2. TCD1200D 的基本工作原理与工作时序图

TCD1200D 的基本工作原理如图 4.1.2 所示。CCD 两侧的模拟转移寄存器由一系列 MOS 电容组成。它们对光不敏感，只是接受摄像区转移来的电荷包，把它们逐个移位到输出机构中，最后传输到器件外面。摄像区 MOS 电容在光照下获得光生载流子，形成电荷包。在电荷包转移期间，按奇偶序号分开，分别转移到两侧的移位寄存器中。两个移位寄存器都有两相电极 Φ_1、Φ_2 与外电路相连。当外电路对 Φ_1、Φ_2 提供适当的驱动脉冲时，移位寄存器中的电荷包就由右向左移位。在结构安排上已经保证两寄存器中的电荷包以奇偶序号交替的方式把电荷包送到输出机构，以恢复摄像时的时序。

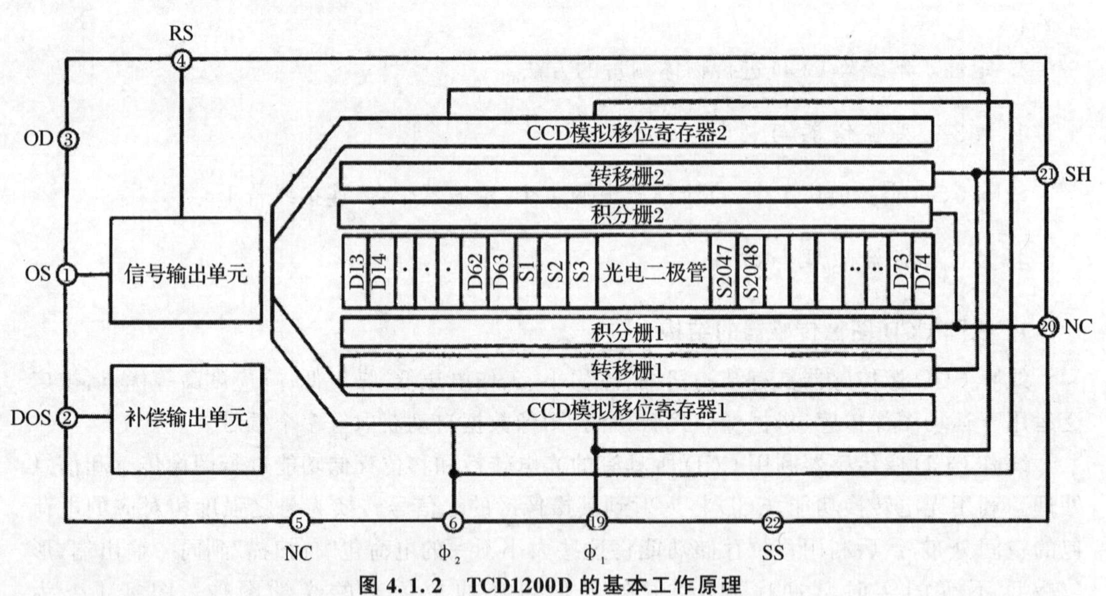

图 4.1.2　TCD1200D 的基本工作原理

两相 CCD 电荷包转移原理如图 4.1.3 所示。通过控制电极 SH、Φ_1、Φ_2 的电位高低来改变势井的深度，从而使电荷包在势井中转移。

TCD1200D 的工作时序图如图 4.1.4 所示。SH 为电荷转移控制电极。SH 为低电平时处于“采光期”，进行摄像，MOS 电容对光生电子进行积累；SH 为高电平时，摄像区积累的光生电子按奇偶顺序移向两侧的移位寄存器中，时间很短，所以 SH 脉冲的周期决定了器件采光时间的长短。

在这一个周期里，两侧的移位寄存器在 Φ_1、Φ_2 驱动脉冲的作用下，把上一次转移来的电荷包逐个依次输出到器件外。因此 SH 的信号周期必须大于 2048/2 个 Φ_1、Φ_2 脉冲周期，否

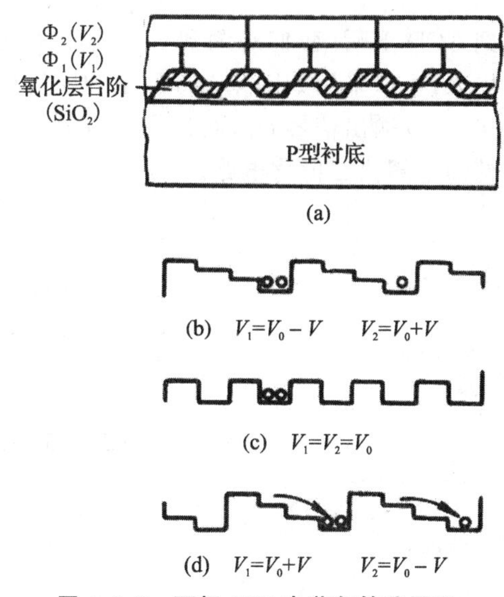

图 4.1.3　两相 CCD 电荷包转移原理

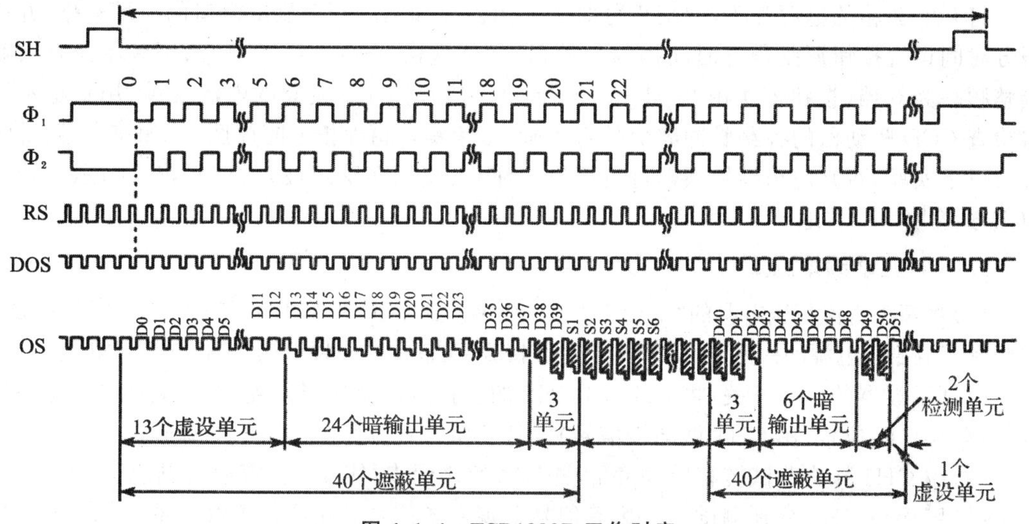

图 4.1.4　TCD1200D 工作时序

则电荷包不能全部输出，这样就会影响下个周期输出信号的精确度。

在两侧移位寄存器中，每当 Φ_1 高电平时就输出一个电荷包，在结构上使两侧 Φ_1 电极轮流出现高电平，所以 Φ_1、Φ_2 脉冲一个周期内输出两个电荷包。这样复位脉冲也应出现两次，所以 RS 脉冲频率为 Φ_1、Φ_2 脉冲频率的两倍。

Φ_1、Φ_2、RS、SH 分别为 CCD 芯片的驱动信号，OS 为 CCD 输出图像信号。U_o 为 CCD 输出信号经过放大之后的信号，U_i 为 U_o 二值化处理之后的信号。阈值电压为二值化处理对应的电压。AGND 和 GND 为信号地线。

3. 二值化处理

在 CCD 输出信号中涵盖了线阵 CCD 各像元的照度分布和像元位置信号，这在测量物体位置中显得非常重要。

当将不透明物体放置到CCD上后，我们观测到U_o的输出信号如图4.1.5所示。为了将物体的边界检测并描述出来，可以采用如图4.1.6所示的阈值法检测电路。在该电路中，电压比较器的“+”输入端接CCD输出信号U_o，而其另一端接电位可以调整的电位器上，这样便构成了可调阈值电平的固定阈值二值化电路。

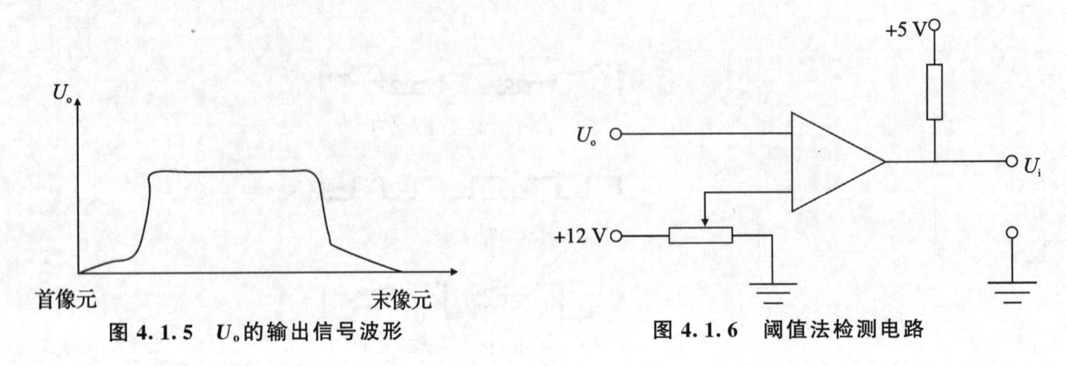

图4.1.5　U_o的输出信号波形

图4.1.6　阈值法检测电路

4.1.4　实验内容与步骤

打开实验箱的电源开关，观察积分时间显示窗口和驱动频率显示窗口的显示数据，并用积分时间设置按钮调整积分时间挡为0挡(按钮依次由0→1→2→3→0)，用频率设置按钮调整频率为0挡(按钮依次由0→1→2→3→0)。然后打开示波器的电源开关，用双踪示波器检查CCD驱动器的各路脉冲波形是否正确(参考实验箱面板上时序图)。如符合，则继续进行以下实验，否则应请指导教师进行检查。注意：使用多踪示波器检测信号时，示波器与CCD实验模块应共地。

1. CCD驱动频率测量

(1)将精密直流稳压电源的“+12 V”“⊥”对应接到CCD实验模块上的“+12 V”“GND”，将精密直流稳压电源的一路“+5 V”“⊥”对应接到CCD实验模块上的“+12 V”“GND”。

打开示波器的电源开关，将CH1和CH2的扫描线调至适当位置，将示波器同步选择器开关调至CH1位置(用CH1做同步信号)。打开精密直流稳压电源的电源开关。

(2)用CH1探头测试转移脉冲Φ_{SH}，并调节使之同步，使Φ_{SH}脉宽适当以便于观测。

(3)用探头CH2分别测试Φ_1、Φ_2等信号。观察各信号的相位是否符合图4.1.4所示的波形(特别要注意各信号之间的相位关系)。

(4)用探头CH1测试Φ_1并使之同步，用CH2分别测试Φ_2、Φ_R等信号，看其是否符合图4.1.4所示的波形。

(5)驱动频率的测量：分别测出Φ_1、Φ_2、Φ_R的周期、频率、幅度，填入表4.1.2。改变频率选择开关，再测出Φ_1、Φ_2、Φ_R的周期、频率、幅度，也填入表4.1.2。

2. CCD积分时间的测量

(1)将频率设为0(挡)，积分时间设为0(挡)，用CH1观测SH脉冲周期，并将Φ_{SH}的周期(即积分时间)填入表4.1.3。改变积分时间的挡位，分别测出不同挡位下的积分时间。

(2)再改变驱动频率，测出不同挡位的积分时间，填入表4.1.3。

表 4.1.2　TCD1200D 驱动信号的频率、周期和幅度

驱动频率	项目	Φ_1	Φ_2	Φ_R
0 挡	周期/ms			
	频率/Hz			
	幅度/V			
1 挡	周期/ms			
	频率/Hz			
	幅度/V			
2 挡	周期/ms			
	频率/Hz			
	幅度/V			
3 挡	周期/ms			
	频率/Hz			
	幅度/V			

表 4.1.3　TCD1200D 的积分时间

驱动频率 0 挡		驱动频率 1 挡		驱动频率 2 挡		驱动频率 3 挡	
积分时间/挡	SH 周期/ms	积分时间/挡	SH 周期/ms	积分时间/挡	SH 周期/ms	积分时间/挡	SH 周期/ms
0		0		0		0	
1		1		1		1	
2		2		2		2	
3		3		3		3	

3. 输出信号观测

分别改变驱动频率和积分时间，用示波器观测 U_o信号。

4. 线阵 CCD 测距

CCD 输出信号 U_o信号如图 4.1.5 所示。当将不透明物体放置到 CCD 上后，我们观测到 U_o的输出信号如图 4.1.7(a)所示，而 U_i信号如图 4.1.7(b)所示，中间两条波形宽度即可以表示物片的宽度。

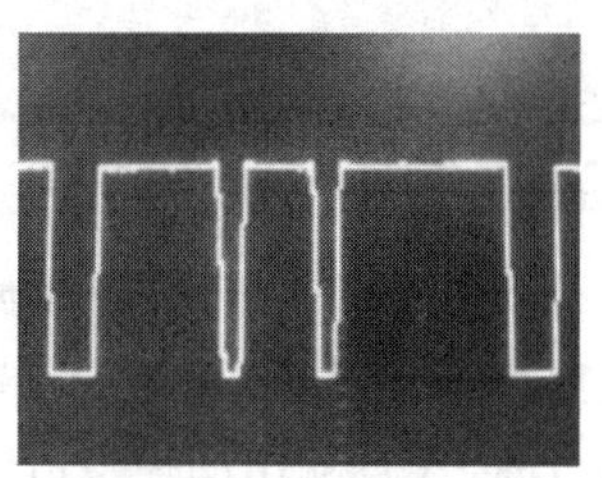
(a)U_o的信号波形

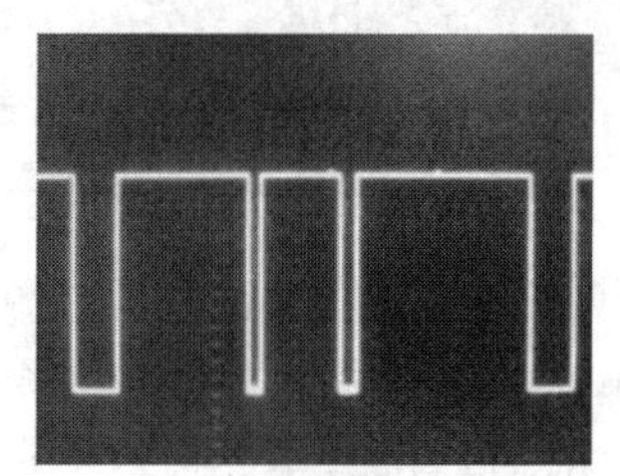
(b)U_i的波形

图 4.1.7　输出信号波形

4.2 面阵 CCD 原理及驱动

4.2.1 实验目的与要求

1. 掌握彩色面阵 CCD(charge coupled device)器件的基本工作原理；
2. 了解彩色面阵 CCD 输出的视频信号与 PAL 电视制式的关系；
3. 掌握彩色面阵 CCD 器件驱动电路的实现方式。

4.2.2 实验仪器与材料

计算机 1 台(配置要求:CPU PⅢ866 MHz 以上;内存大于 256 MB;显卡显存大于 32 MB;CRT 支持 1024 * 768 分辨率以上模式;操作系统兼容 Windows XP 操作系统),40 M 以上双踪示波器 1 台。

4.2.3 实验原理与方法

1. 彩色面阵 CCD 综合实验仪的系统组成

本实验系统由面阵 CCD 相机、物体、实验主机箱及电脑四部分组成,其外观如图 4.2.1 所示。实验系统的面阵 CCD 采用的是日本 SHARP 公司生产的面阵 CCD,其尺寸为 1/4 英寸,有效像素为 512 * 582,支持 PAL 制式。面阵 CCD 相机驱动信号通过 9 芯连接线与主机箱的时序驱动接口相连接。面阵 CCD 相机输出模拟信号通过 BNC 插头与数字处理采集部分相连接。

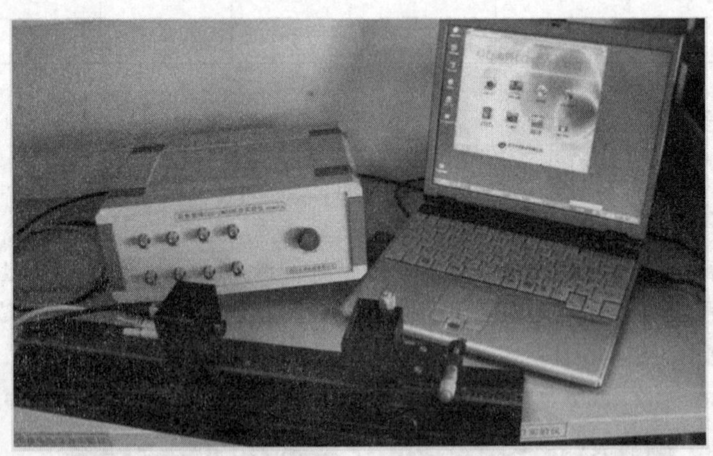

图 4.2.1 实验系统整体图

主机箱主要由四部分组成,主要包括电源部分、CCD 时序驱动部分、数字处理与采集部分和 USB 数据传输部分等。电源部分为各个电路部分提供必要的电压,时序驱动部分产生系统所需要的时序驱动信号,数字处理与采集部分将 CCD 输出的模拟信号进行必要的A/D 转换,从而方便与上位机进行数据传输。USB 数据传输部分即通过 USB 接口与上位机相连并进行数据传输。

主机前面板如图 4.2.2(a)所示，有 8 个 BNC 插座和 1 个电源指示开关。其中电源指示开关控制 CCD 电源是否打开，8 个 BNC 插座是 CCD 的驱动信号和输出信号节点，方便连接示波器进行测试。主机后面板如图 4.2.2(b)所示，有 5 个接口，分别是电源输入插座、电源开关、AV 信号接口、USB 接口和 CCD 信号接口。

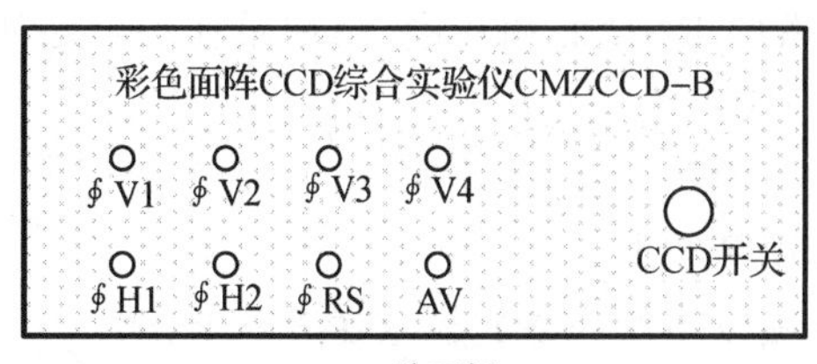

(a) 前面板

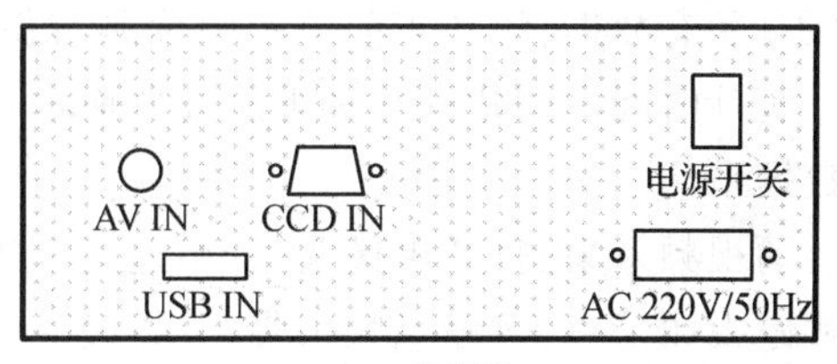

(b)后面板

图 4.2.2　主机前后面板示意图

2. 彩色面阵 CCD 综合实验仪的工作原理

电荷耦合器件 CCD 是一种金属-氧化物-半导体结构的新型图像传感器器件。它能存储由光产生的信号电荷，当对它施加特定的时序信号时，其存储的信号电荷便可在 CCD 内部作定向传输而实现自扫描。它具有几何精度高、稳定性好、噪音小等优点，因而在遥感遥测、天文测量、非接触工业测量、光学图像处理等领域得到了广泛应用。

在本实验仪中，接通电源后，电子电路给 CCD 提供必要的驱动信号，CCD 将外界信息转化为模拟电信号，经过数据采集与处理后经 USB 接口送往上位机，在上位机界面上就可以重现 CCD 镜头前的物像。

3. 软件使用说明

实验箱与计算机 USB 接口相连接，Windows XP 系统会提示找到新设备，指明驱动程序的目录：光盘：\上位机驱动程序\，然后根据系统提示逐步操作即可。将光盘根目录下的"上位机程序"文件夹拷贝至计算硬盘，完成安装。应用软件安装完成后，点击"彩色面阵 CCD 实验仪 .exe"图标即可进入软件。软件界面如图 4.2.3 所示。外部设备都打开后，点击"采集/显示"图标，开始采集图像。

图 4.2.3　面阵 CCD 应用软件界面

菜单部分:图像采集部分功能是所有实验公用的功能,它提供给所有实验中的视频图像采集。

文件:

打开图片:由用户指定打开一个 bmp 格式的位图文件。

保存图片:将当前显示图像保存为 bmp 格式的位图文件。

保存所有数据:统计当前显示图像所有像素的 RGB 值和灰度值,记录在 txt 文件中并显示。统计时间由图片大小和电脑配置而定,一般为 1～30 s。

数据采集:

启动视频采集:打开摄像头,开始连续采集视频数据。

暂停视频采集:暂停视频采集,并将最后一帧以图像的格式显示在屏幕上。

4.2.4 实验内容与步骤

1. 视频输出信号的测量

(1)将彩色面阵 CCD 组件和主机箱的 9 针接口以及 BNC 接口对应相连。

(2)连接 220 V 交流电源,开启电源开关。

(3)开启 CCD 开关。

(4)示波器探针接到相机视频输出端子,用手遮住镜头,观察 CCD 输出视频信号的变化,并分析 CCD 输出信号波形。分别用交流和直流挡测试,观察钳位电平、视频信号电平、复位串扰、时钟串扰等现象。调节光强,观察信号波形变化情况,同时记录无效像素、暗电平像素和有效像素的对应关系。

2. 彩色面阵 CCD 的典型驱动时序测试

(1)将彩色面阵 CCD 组件和主机箱的 9 针接口以及 BNC 接口对应相连。

(2)连接 220 V 交流电源,开启电源开关。

(3)开启 CCD 开关。

(4)测试面阵 CCD 驱动时序信号。用示波器分别测试信号 $\oint H_1$、$\oint H_2$、$\oint RS$、$\oint V_1$、$\oint V_2$、$\oint V_3$、$\oint V_4$、AV 对应的测试点的波形,检查这些信号的相位对应关系是否与 CCD 数据手册上的时序一致。

彩色面阵 CCD 垂直方向驱动时序如图 4.2.4 所示,水平方向及复位驱动时序如图 4.2.5 所示。

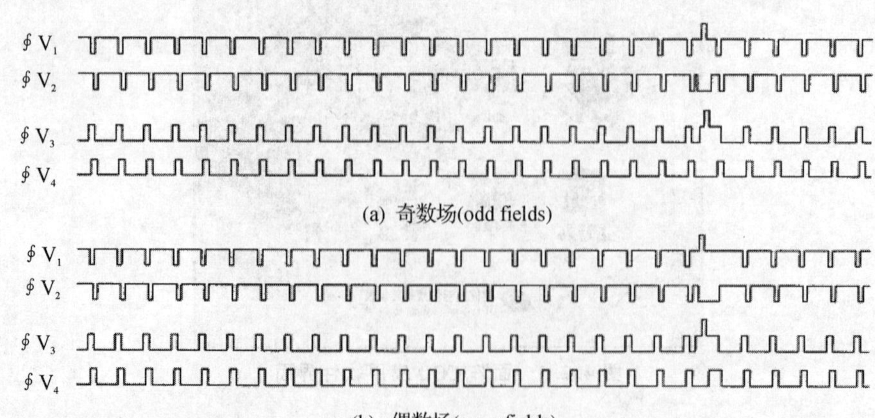

图 4.2.4 彩色面阵 CCD 垂直方向驱动时序

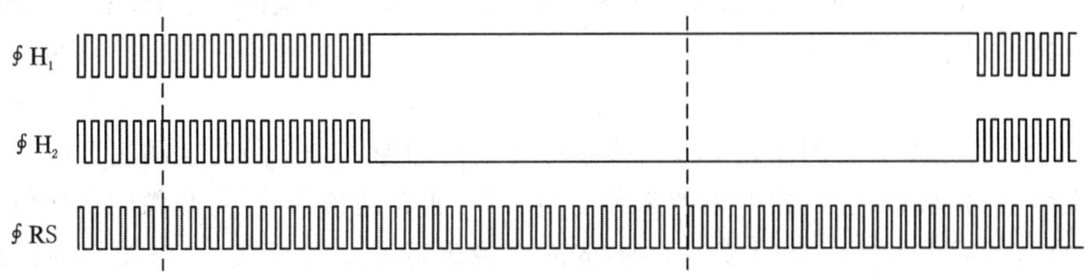

图 4.2.5 彩色面阵 CCD 水平方向及复位驱动时序

4.2.5 注意事项

1. 所需要保存的数据及文件保存到“软盘”或“闪存”中，以免关机时丢失。
2. 退出实验软件和其他执行软件，将计算机关机。
3. 关闭实验仪的电源，并盖好镜头盖。
4. 将被测图片妥善放置。

4.3 数据采集及图像增强处理

4.3.1 实验目的与要求

1. 熟悉面阵 CCD 实物扫描及实物投影；
2. 熟悉面阵 CCD 图像采集的实现；
3. 掌握图像增强及清晰处理的方法。

4.3.2 实验仪器与材料

计算机 1 台(配置要求：CPU PⅢ866 MHz 以上；内存大于 256 MB；显卡显存大于 32 MB；CRT 支持 1024 * 768 分辨率以上模式；操作系统兼容 Windows XP 操作系统)，40 M 以上双踪示波器 1 台。

4.3.3 实验原理与方法

一般情况下，各类图像系统中图像的传送和转换(如成像、复制、扫描、传输以及显示等)总要造成图像的降质。例如：在摄像时，光学系统的失真、相对运动、大气流动等都会使图像模糊；在传输过程中，由于噪声污染，图像质量会有所下降。对这些降质图像的改善处理方法有两类：一类是不考虑图像降质的原因，只将图像中感兴趣的特征有选择地突出，而衰减其次要信息；另一类是针对图像降质的原因，设法补偿降质因素，从而使改善后的图像尽可能地逼近原始图像。第一类方法能提高图像的可读性，改善后的图像不一定逼近原始图像，如改善后的图像可能会突出目标的轮廓，衰减各种噪声，将黑白图像转换成彩色图像等。这类方法通常称为图像增强技术。第二类方法能提高图像质量的逼真度，一般称为图像复原技术。

图像的增强技术通常又有两类方法：空间域法和频率域法。空间域法主要是在空间域中对图像像素灰度值进行运算处理。例如，将包含某点的一个小区域内的各点灰度值进行

平均计算，用所得的平均值来代替该点的灰度值，这就是通常所说的平滑处理。空间域法的图像增强技术用下式描述

$$g(x,y)=f(x,y)\cdot h(x,y)$$

式中，$g(x,y)$为处理后的图像，$f(x,y)$表示处理前的图像，$h(x,y)$为空间运算函数。

图像增强的频率域法是在图像的某种变换域中(通常是频率域)对图像的变换值进行某种运算处理，然后再变换回空间域。例如，先对图像进行傅立叶变换，再对图像的频谱进行某种修正(如滤波等)，最后将修正后的图像进行傅立叶反变换，返回空间域，得到原始图像。显然它是间接处理方法，可以用如图 4.3.1 所示的过程描述。

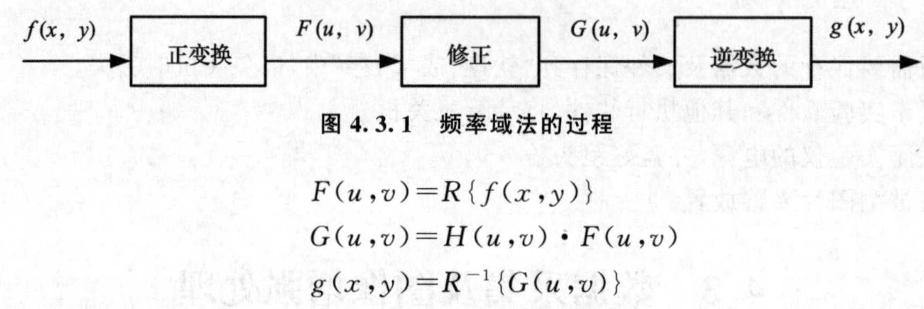

图 4.3.1　频率域法的过程

$$F(u,v)=R\{f(x,y)\}$$

$$G(u,v)=H(u,v)\cdot F(u,v)$$

$$g(x,y)=R^{-1}\{G(u,v)\}$$

式中，$R\{\ \}$表示某种领域正变换，$R^{-1}\{\ \}$表示该频域变换的反变换。$F(u,v)$为原始图像 $f(x,y)$结果频域正变换的结果，$H(u,v)$为领域中的修正函数，$G(u,v)$是修正后的结果，$g(x,y)$是$G(u,v)$反变换的结果，即增强后的图像。

4.3.4　实验内容与步骤

1. 面阵 CCD 实物扫描及实物投影

实物扫描是面阵 CCD 的重要功能之一。通过计算机与投影仪，可以把需要扫描的实物图像投影到屏幕上，使更多的人能够同时观测到被放大(缩小)的实物图像。该实验实际上为实验指导教师提供了实物投影演示的教学工具，这种教学工具不但能将实物转换成实物图像进行投影演示，还能将实物图像存储起来，以便后期应用。

(1)将投影仪正确连接到计算机上，打开投影仪。

(2)将实验仪 USB 接口线正确连接到计算机上，连接数据线及视频输入线。

(3)打开面阵 CCD 实验仪的电源开关，打开 CCD 开关。

(4)确定已经正确安装实验仪的驱动程序，启动视频采集程序。

(5)将实验仪的外接 CCD 摄像头的镜头对准被观测的“实物”，并调整物、像关系。

(6)点击“停止”按钮，实物摄影图像将冻结在屏幕上，输入文档名，将当前的图像保存于指定的文件夹内。

2. 面阵 CCD 图像采集

(1)将面阵 CCD 组件和主机箱的 9 针接口以及 BNC 接口对应相连。

(2)连接 220 V 交流电源，开启电源开关，开启 CCD 开关。

(3)打开图像采集软件，点击软件界面的“采集/显示”图标，进入图像采集界面。

(4)点击“数据采集”—“启动视频采集”，可以看到采集到的图像显示在软件界面上。

(5)调整 CCD 的镜头以及与物体组件的距离，使物体显示清晰。

(6)点击“数据采集”—“暂停视频采集”，然后可以进行保存图片和保存所有数据的操作。

保存图片：将当前显示图像保存为 bmp 格式的位图文件。

保存所有数据：统计当前显示图像所有像素的 RGB 值和灰度值，记录在 txt 文件中并显示。统计时间由图片大小和电脑配置而定，一般为 1～30 s。

3. 面阵 CCD 图像采集及图像增强和清晰处理

(1)将面阵 CCD 组件和主机箱的 9 针接口以及 BNC 接口对应相连。

(2)连接 220 V 交流电源，开启电源开关，开启 CCD 开关。

(3)按照实验 2 的内容完成图像的采集并暂停启动视频，然后退回软件主界面。

(4)点击软件界面的“增强/清晰”图标，进入图像增强清晰处理界面。

(5)可以进行亮度调节、对比度调节、平滑处理、中值滤波和图像锐化五个方面的操作，具体操作含义如下所述：

亮度调节：范围－255～255。执行后图像的亮度发生变化。

对比度调节：范围－100～100。执行后图像的对比度发生变化。

平滑处理：分为均匀平滑、高斯平滑和自定义模板。点击后弹出如图 4.3.2 对话框。

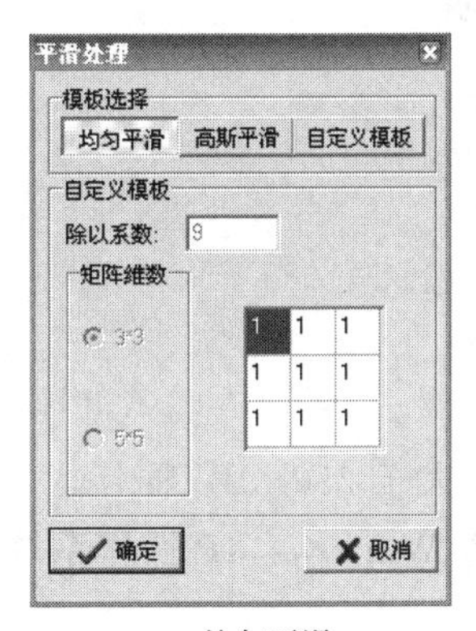

(a)均匀平滑

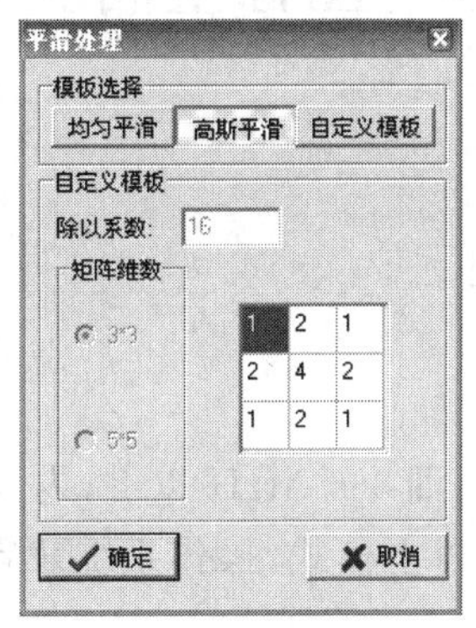

(b)高斯平滑

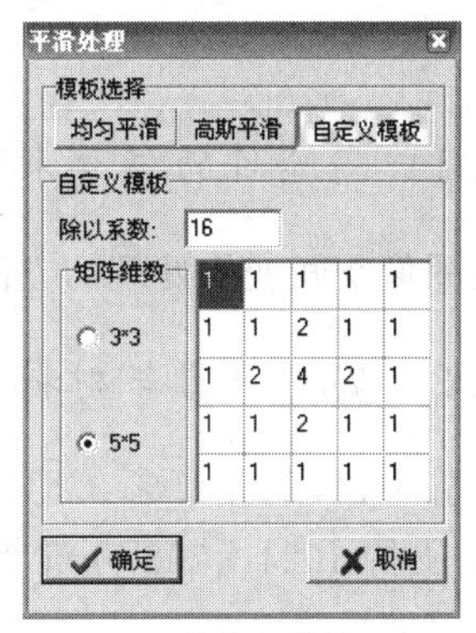

(c)自定义模板

图 4.3.2　图像平滑处理

均匀平滑：默认除以系数为 9，3 * 3 模板，模板矩阵均为 1。

高斯平滑：默认除以系数为 9，3 * 3 模板，模板矩阵为 1、2、4 组合。

自定义模板：用户可以自己定义模板的系数、矩阵维数(3 * 3 和 5 * 5)和矩阵内的组合，点击确定后将按照所定义的系数、矩阵组合进行平滑图像。

中值滤波：提供了 1 * 3、3 * 1、1 * 5、5 * 1、1 * 7、7 * 1 几种窗口模式，可供用户自行选择，如图 4.3.3。点击“确定”后，会按照选择的窗口方式对图像进行中值滤波。

图像锐化：图像锐化分为梯度锐化和拉普拉斯锐化。如图 4.3.3(b)、(c)所示，中间是锐化的原理说明，梯度锐化是在一个 2 * 2 的窗口内进行对角差求和。拉普拉斯锐化按照如图矩阵组合进行锐化。点击“确定”后，会按照选择的窗口方式对图像进行锐化。

4.3.5　注意事项

1. 所需要保存的数据及文件保存到“软盘”或“闪存”中，以免关机时丢失。

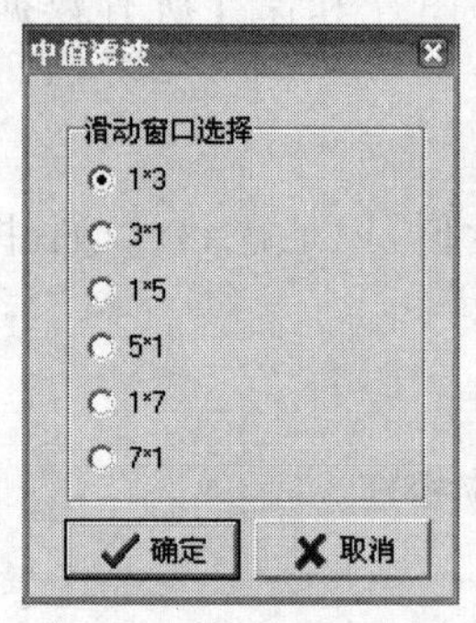

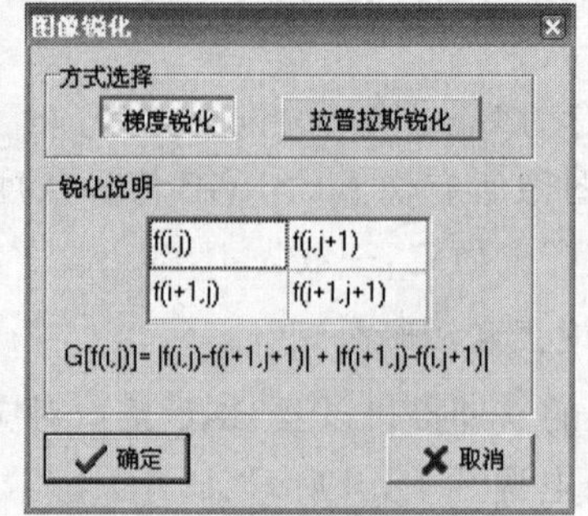

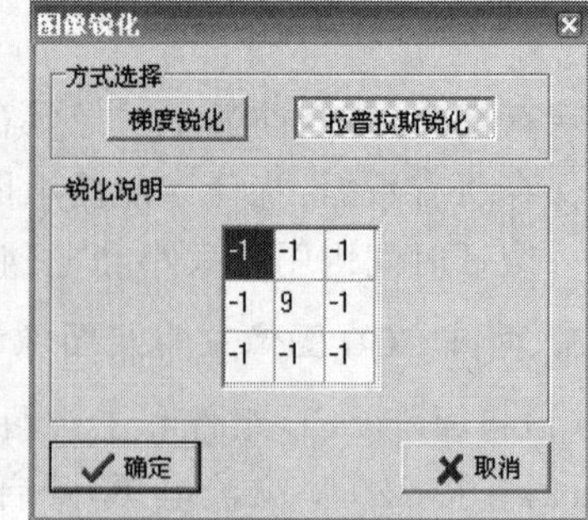

(a)中值滤波　　(b)梯度锐化　　(c)拉普拉斯锐化

图 4.3.3　中值滤波和图像锐化处理

2. 退出实验软件和其他执行软件，将计算机关机。
3. 关闭实验仪的电源，并盖好镜头盖。
4. 将被测图片妥善放置。

4.4　图像空间变换

4.4.1　实验目的与要求

掌握图像空间变换处理的方法。

4.4.2　实验仪器与材料

计算机 1 台（配置要求：CPU PⅢ866 MHz 以上；内存大于 256 MB；显卡显存大于 32 MB；CRT 支持 1024＊768 分辨率以上模式；操作系统兼容 Windows XP 操作系统），40 M 以上双踪示波器 1 台。

4.4.3　实验原理与方法

下面我们先介绍图像的几何变换，包括图像的移动、旋转、镜像变换和缩放等。如果熟悉矩阵运算，将发现实现这些变换是非常容易的。

图像的平移：图 4.4.1 所示的平移变换坐标是几何变换中最简单的一种。

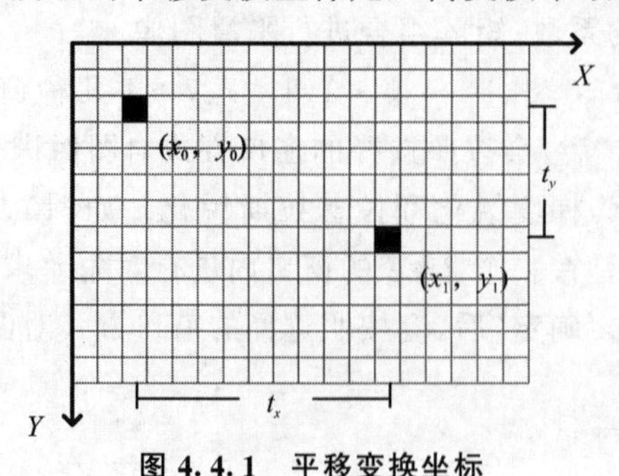

图 4.4.1　平移变换坐标

初始坐标为(x_0，y_0)的点经过平移(t_x，t_y)(以向右、向下为正方向)后，坐标变为(x_1，y_1)。这两点之间的关系是 $x_1=x_0+t_x$，$y_1=y_0+t_y$，以矩阵的形式表示为：

$$\begin{bmatrix} x_1 \\ y_1 \\ 1 \end{bmatrix} = \begin{bmatrix} x_0 \\ y_0 \\ 1 \end{bmatrix} \begin{bmatrix} 1 & 0 & 0 \\ 0 & 1 & 0 \\ t_x & t_y & 1 \end{bmatrix} \tag{1}$$

它的逆变换为：

$$\begin{bmatrix} x_0 \\ y_0 \\ 1 \end{bmatrix} = \begin{bmatrix} x_1 \\ y_1 \\ 1 \end{bmatrix} \begin{bmatrix} 1 & 0 & 0 \\ 0 & 1 & 0 \\ -t_x & -t_y & 1 \end{bmatrix} \tag{2}$$

求出矩阵(1)的逆矩阵(2)的目的是验证平移后的新图像中每个像素的颜色。例如我们想知道原图中左上角的点(0,0)在平移后图像中坐标的 RGB 值，很显然，该点是原图中的某一点经过平移后得到的，这两点的颜色肯定是一样的，所以只要知道了原图那点的 RGB 值即可。那么原图中左上角的点到底对应新图中的哪一点呢？将左上角点的坐标(0,0)代入公式(2)，得到 $x_0=-t_x$，$y_0=-t_y$，所以原图中的(0,0)点对应新图中($-t_x$，$-t_y$)点，它们的颜色是一样的。

这样就存在一个问题：如果新图中有一点(x_1，y_1)，按照公式(2)得到的(x_0，y_0)不在原图中该怎么办？通常的做法是，把该点的 RGB 值统一设成(0,0,0)或者(255,255,255)。

图像的旋转：旋转的一个问题就是以哪个地方为中心进行旋转，通常的做法是以图像的中心为圆心旋转。举个例子，将如图 4.4.2(a)所示的原始图像顺时针旋转 30°，所成的图像如图 4.4.2(b)所示。由图 4.4.2(b)可以看出，旋转后图像变大了。另一种做法是不让旋转后的图像变大，就必须将转出的部分裁剪掉，被剪后的图像如图 4.4.2(c)所示。

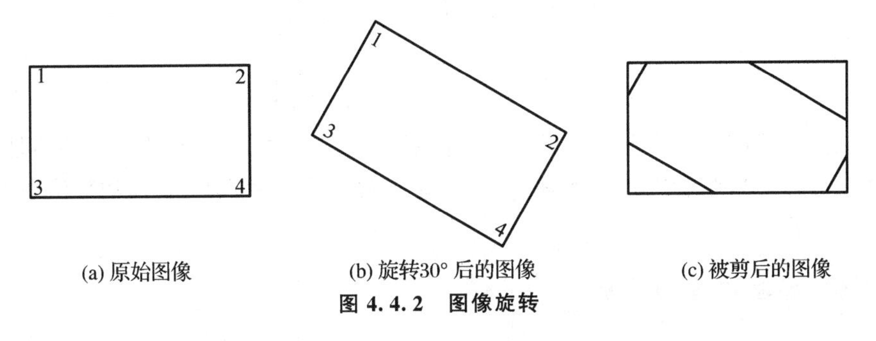

(a) 原始图像　　(b) 旋转30° 后的图像　　(c) 被剪后的图像

图 4.4.2　图像旋转

图 4.4.3 所示为图像旋转的坐标系示意图，点(x_0，y_0)经过旋转 θ 角后的坐标为(x_1，y_1)。

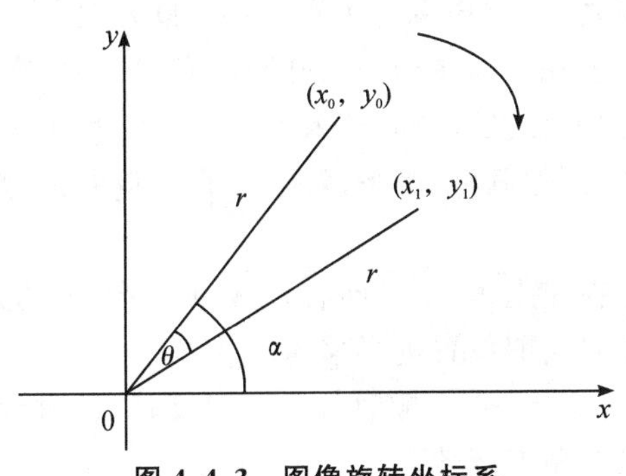

图 4.4.3　图像旋转坐标系

设旋转前点(x_0,y_0)为

$$\begin{cases}x_0=r\cos\alpha\\y_0=r\sin\alpha\end{cases}\tag{3}$$

旋转后变为：

$$\begin{cases}x_1=r\cos(\alpha-\theta)=x_0\cos\theta+y_0\sin\theta\\y_1=r\sin(\alpha-\theta)=-x_0\sin\theta+y_0\cos\theta\end{cases}\tag{4}$$

图像的镜像：图像的镜像变换可分为两种：水平镜像与垂直镜像。图像的水平镜像操作是将图像左半部分和右半部分以图像垂直中轴线为中心进行对换，图像的垂直镜像操作是将图像上半部分和下半部分以图像水平中轴线为中心进行对换。

镜像的变换矩阵很简单，设原图像的宽度为w，高度为h，变换后，图的宽度和高度不变。

水平镜像变换如矩阵(5)式所示：

$$\begin{bmatrix}x_0\\y_0\\1\end{bmatrix}=\begin{bmatrix}x_1\\y_1\\1\end{bmatrix}\begin{bmatrix}-1&0&0\\0&1&0\\w&0&1\end{bmatrix}\tag{5}$$

垂直镜像变换如矩阵(6)式所示：

$$\begin{bmatrix}x_0\\y_0\\1\end{bmatrix}=\begin{bmatrix}x_1\\y_1\\1\end{bmatrix}\begin{bmatrix}1&0&0\\0&-1&0\\0&h&1\end{bmatrix}\tag{6}$$

图像的缩放：假设放大因子为β(为了避免新图过大或过小，在程序中限制$0.1\leqslant\beta\leqslant10$)，缩放的变换矩阵为

$$\begin{bmatrix}x_0\\y_0\\1\end{bmatrix}=\begin{bmatrix}x_1\\y_1\\1\end{bmatrix}\begin{bmatrix}1/\beta&0&0\\0&1/\beta&0\\0&h&1\end{bmatrix}\tag{7}$$

由于放大图像时产生了新的像素，另外浮点数的操作可能使得到的坐标并不是整数，采用的做法是找与之最临近的点。实际上，更精确的做法是采用插值，具体的算法请参看有关图像处理的书籍。

4.4.4 实验内容与步骤

(1)将面阵 CCD 组件和主机箱的 9 针接口以及 BNC 接口对应相连。

(2)连接 220 V 交流电源，开启电源开关，开启 CCD 开关。

(3)按照实验 4.3 的内容完成图像的采集并暂停启动视频，然后退回软件主界面。

(4)点击软件界面的“空间变换”图标，进入图像空间变换处理界面。

(5)可以进行图像移动、图像旋转、水平镜像、垂直镜像和图像缩放五个方面的操作，具体操作含义如下所述：

图像移动：图像的原点在左上角，水平向右是 X 轴方向，垂直向下是 Y 轴方向。输入数值点击“确定”后，图像会相对当前位置进行移动。

图像旋转：推荐范围$-360°\sim360°$，顺时针为正向旋转，逆时针为逆向旋转，输入数值点击“确定”后，图像将相对当前角度旋转。

水平镜像：图像相对当前状态进行水平方向镜像。

垂直镜像：图像相对当前状态进行垂直方向镜像。

图像缩放：推荐范围 0.1～10，可以分别控制 X 轴方向和 Y 轴方向上的缩放，执行后图像的大小发生变化。

4.4.5 注意事项

1. 所需要保存的数据及文件保存到"软盘"或"闪存"中，以免关机时丢失。
2. 退出实验软件和其他执行软件，将计算机关机。
3. 关闭实验仪的电源，并盖好镜头盖。
4. 将被测图片妥善放置。

4.5 图像信息点运算

4.5.1 实验目的与要求

掌握图像信息点运算的方法。

4.5.2 实验仪器与材料

计算机 1 台(配置要求：CPU PⅢ866 MHz 以上；内存大于 256 MB；显卡显存大于 32 MB；CRT 支持 1024 * 768 分辨率以上模式；操作系统兼容 Windows XP 操作系统)，40 M 以上双踪示波器 1 台。

4.5.3 实验原理与方法

对于一幅输入图像，将产生一幅输出图像，输出图像的每个像素点的灰度值由输入图像的像素点决定。点运算由灰度变换函数(gray-scale transformation，GST)决定。

点运算的种类有：

$$B(x,y)=f[A(x,y)]$$

(1)灰度直方图

灰度直方图是数字图像处理技术中最简单、最有用的工具，它描述了一幅图像的灰度级内容。任何一幅图像的直方图都包括可见的信息，某些类型的图像还可用其直方图进行描述。

灰度直方图是灰度的函数，它描述的是图像中具有该灰度值的像素个数，其横坐标表示像素的灰度级别，纵坐标是该灰度出现的频率(像素个数)。接下来便可以根据具体实验观察并分析典型图像的直方图。

(2)灰度的线性变换

灰度的线性变换是点运算中最简单的运算之一。本实验包括图像的反色和图像的线性变换两个小实验，分别点击便可以进行这两个实验。

灰度的线性变换是将图像中所有点的灰度按照线性灰度变换函数进行变换。该线性灰度变换函数为 $f(x)$，是一个一维的线性函数。

$$f(x)=f_A\times x+f_B$$

式中，x 自变量为灰度值；f_A 为线性函数的斜率，f_B 为线性函数的截距，为两个非定值常量。当 $f_A>1$ 时，输出图像的对比度将增大；当 $f_A<1$ 时，输出图像的对比度将减小；当 $f_A=1$ 且 $f_B\neq0$ 时，变换仅使所有像素的灰度值上移或下移，其效果是使整个图像更暗或更亮；当 $f_A<0$ 时，暗区域将变亮，亮区域将变暗，点运算完成图像求补运算。特殊情况下，当 $f_A=1,f_B=0$ 时，输出图像和输入图像相同；当 $f_A=-1,f_B=255$ 时，输出图像的灰度正好反转。

(3)灰度的阈值变换

灰度的阈值变换可以将一幅灰度图像转换成黑白二值图像。本实验包括图像二值化、窗口变换两个小实验。

灰度的二值化变换是将一幅灰度图像转化成黑白二值图像。具体操作过程是先由用户设定一个阈值 T_{th}，如果图像中某像素单元的灰度值小于该阈值，则该像素单元的灰度值变换为 0，否则，其灰度值为 255。变换函数式为：

$$f(x)=\begin{cases}0 & x<T_{\text{th}}\\255 & x\geqslant T_{\text{th}}\end{cases}$$

灰度的窗口变换也是常见的点运算，它的操作和阈值变换类似。该变换过程是先设置窗口($L\leqslant x\leqslant U$)，x 值小于下限 L 的像素单元的灰度值变换为 0，大于上限 U 的像素单元的灰度值变换为 255，而处于窗口中的灰度值保持不变。灰度窗口变换函数为：

$$f(x)=\begin{cases}0 & x<L\\x & L\leqslant x\leqslant U\\255 & x>U\end{cases}$$

(4)灰度均衡变换

灰度均衡变换有时也称直方图均衡变换，它能使输入图像转换为在新图像每一灰度级上都有相同的像素点数的输出图像。灰度均衡变换的原理式如下：

$$A[a]=(\sum_{i=0}^{a}N[i])\times255/(H\times W)$$

式中，a 为原图像像素灰度值(0～255)，经过灰度均衡运算 a 的值变为灰度均衡值 A；N 为原图像各灰度值对应的像元数量；H 为图像的高度(单位是像元数)；W 为图像的宽度(单位是像元数)。例如原图像像元灰度值为 20 的像素点，经灰度均衡变换后，灰度变为：

$$A[20]=(\sum_{i=0}^{20}N[i])\times255/(H\times W)$$

经过灰度均衡后，图像的对比度大大提高，转换后图像的灰度分布也趋于均匀。

4.5.4 实验内容与步骤

(1)将面阵 CCD 组件和主机箱的 9 针接口以及 BNC 接口对应相连。

(2)连接 220 V 交流电源，开启电源开关，开启 CCD 开关。

(3)按照实验 4.3 的内容完成图像的采集并暂停启动视频，然后退回软件主界面。

(4)点击软件界面的“信息点运算”图标，进入信息点运算处理界面。

(5)可以进行直方图、灰度线性变换、反色效果、黑白效果、二值化、窗口二值化和灰度均

衡七个方面的操作，具体操作含义如下所述：

直方图：将当前显示图片的RGB和灰度值进行统计，并用直方图的方式显示出来。在直方图中可以通过点击按钮来控制显示R、G、B和灰度值中的一种或几种，并且可以用鼠标左键对统计图进行左右拖动。

灰度线性变换：点击后弹出如图4.5.1(a)对话框。坐标系内显示的 $y=kx+b$(k、b 分别表示斜率和截距)的方程曲线。x 是原像素点的灰度值，y 是转换后的像素点的灰度值。灰度线性变换的含义就是将图像的所有点经过该计算后转换为新的灰度值，替换原图像。

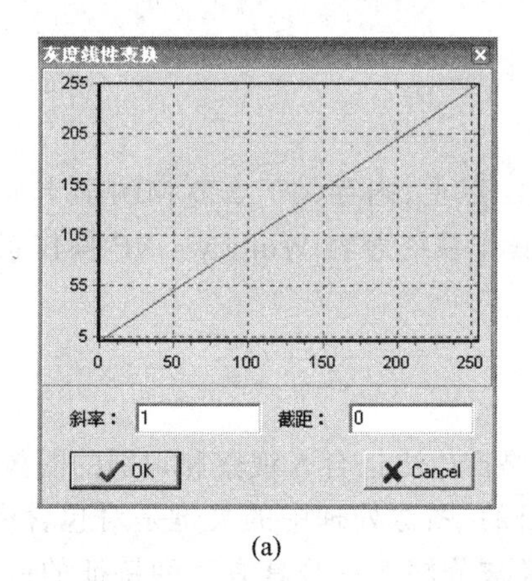

(a)

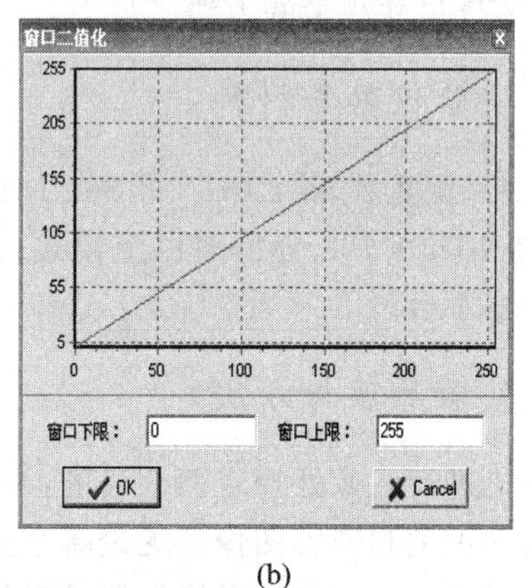

(b)

图 4.5.1　灰度线性变换和二值化处理

反色效果：将图像的所有像素点进行如下操作。

新的R值=255−旧的R值

新的G值=255−旧的G值

新的B值=255−旧的B值

新的灰度值=255−旧的灰度值

黑白效果：将图像转换成黑白效果。

二值化：点击后弹出对话框，可输入0～255范围的任意数值，点击“确定”后，将图像中灰度值低于该数值的像素点全部变为黑色，灰度值高于该数值的像素点全部变为白色。

窗口二值化：点击弹出如图4.5.1(b)对话框。坐标系内被截取的直线就是可以正常显示的像素范围，其他范围，低于窗口下限的像素点全部变黑，高于窗口上限的像素点全部变白(窗口下限不可高于窗口上限)。

灰度均衡：就是灰度直方图均匀化后生成的图像。

4.5.5　注意事项

1. 所需要保存的数据及文件保存到“软盘”或“闪存”中，以免关机时丢失。
2. 退出实验软件和其他执行软件，将计算机关机。
3. 关闭实验仪的电源，并盖好镜头盖。
4. 将被测图片妥善放置。

4.6 图像边缘检测及尺寸测量

4.6.1 实验目的与要求

1. 掌握图像边缘检测及二值形态学处理的方法；
2. 了解 CCD 尺寸测量的概念；
3. 掌握 CCD 尺寸测量的方法。

4.6.2 实验仪器与材料

计算机 1 台(配置要求：CPU PⅢ866 MHz 以上；内存大于 256 MB；显卡显存大于 32 MB；CRT 支持 1024 * 768 分辨率以上模式；操作系统兼容 Windows XP 操作系统)，40 M 以上双踪示波器 1 台。

4.6.3 实验原理与方法

利用计算机进行图像处理有两个目的：一是产生更适合人观察和识别的图像，二是希望能由计算机自动识别和理解图像。无论哪个目的，图像处理中的关键是对包含有大量景物信息的图像进行分解。分解的最终结果是图像被分解成一些具有某种特征的最小成分，称为图像的基元。相对于整幅图像，这种基元更容易被快速处理。

图像的特征指图像场中可用作标志的属性。它可以分为图像的统计特征和图像的视觉特征两类。图像的统计特征是指一些人为定义的特征，通过变换才能得到，如图像的直方图、频谱等。图像的视觉特征指人的视觉可直接感受到的自然特征，如区域的亮度、纹理或轮廓等。利用这两类特征把图像分解成一系列有意义的目标或区域的过程称为图像的分割。

图像的边缘是图像的最基本特征。所谓边缘(或边沿)是指其周围像素灰度有阶跃变化或屋顶变化的那些像素的集合。边缘广泛存在于物体与背景之间、物体与物体之间、基元与基元之间。因此，它是图像分割所依赖的重要特征。在本节实验中，我们将介绍图像边缘的检测和提取技术。

物体的边缘是由灰度不连续性所反映的。经典的边缘提取方法是考察图像的每个像素在某个邻域内灰度的变化，利用边缘邻近的一阶或二阶方向导数找出相应的变化规律，提取出边缘，再用简单的方法检测边缘，以便达到某种目的，如图像自动检测的目的。这种方法称为边缘检测局部算子法。

边缘的种类也可以分为两种：一种称为阶跃性边缘，它两边的像素的灰度值有着显著的差别；另一种称为屋顶状边缘，它位于灰度值从增加到减小的变化转折点。对于阶跃性边缘，二阶方向导数在边缘处呈零交叉；而对于屋顶状边缘，二阶方向导数在边缘处取极值。

如果一个像素落在图像中某一个物体的边界上，那么它的邻域将成为一个灰度级的变化带。对这种变化最有用的两个特征是灰度的变化率和方向，它们分别以梯度向量的幅度和方向来表示。

边缘检测算子检查每个像素的邻域并对灰度变化率进行量化，也包括方向的确定。大多数使用基于方向导数掩模求卷积的方法。

下面介绍几种边缘检测算子。

1. Sobel 边缘算子

图 4.6.1 所示的两个卷积核形成 Sobel 边缘算子，图像中的每个点都用这两个核做卷积，通常一个核对垂直边缘影响最大，而另一个对水平边缘影响最大。两个卷积的最大值作为该点的输出位。运算结果是一幅边缘幅度图像。

−1	−2	−1
0	0	0
1	2	1

−1	0	−1
−2	0	−2
−1	0	1

图 4.6.1　Sobel 边缘检测算子

2. Prewitt 边缘算子

图 4.6.2 所示的两个卷积核形成 Prewitt 边缘算子。与使用 Sobel 算子的方法一样，图像中的每个点都用这两个核进行卷积，取最大值作为输出。Prewitt 算子也产生了一幅边缘幅度图像。

−1	−1	−1
0	0	0
1	1	1

1	0	−1
1	0	−1
1	0	−1

图 4.6.2　Prewitt 边缘检测算子

3. Krisch 边缘算子

图 4.6.3 所示的 8 个卷积核组成了 Kirsch 边缘算子。图像中的每个点都用 8 个掩模进行卷积，每个掩模都对某个特定边缘方向作出最大响应，所有 8 个方向中的最大值都作为边缘幅度图像的输出。最大响应掩模的序号构成边缘方向的编码。

+5	+5	+5
−3	0	−3
−3	−3	−3

−3	+5	+5
−3	0	+5
−3	−3	−3

−3	−3	+5
−3	0	+5
−3	−3	+5

−3	−3	−3
−3	0	+5
−3	+5	+5

−3	−3	−3
−3	0	−3
+5	+5	+5

−3	−3	−3
+5	0	−3
+5	+5	−3

+5	−3	−3
+5	0	−3
+5	−3	−3

+5	+5	−3
+5	0	−3
−3	−3	−3

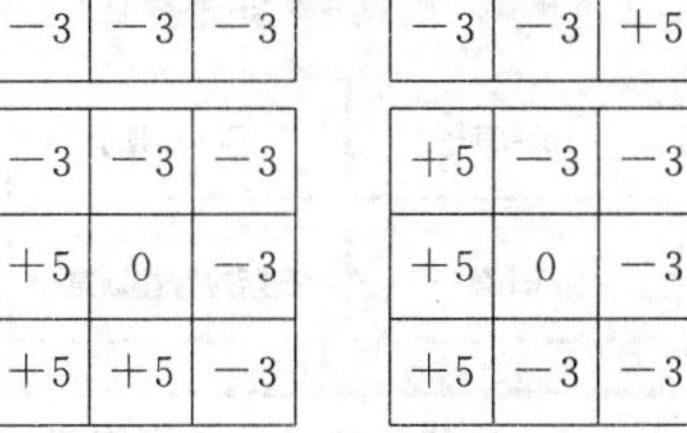

图 4.6.3　Krisch 边缘检测算子

4. 高斯-拉普拉斯算子

拉普拉斯算子是对二维函数进行运算的二阶导数算子。通常使用的拉普拉斯算子如图

4.6.4 所示。

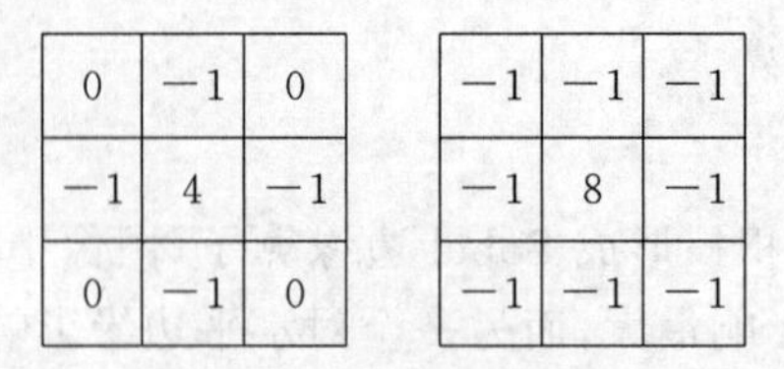

0	−1	0
−1	4	−1
0	−1	0

−1	−1	−1
−1	8	−1
−1	−1	−1

图 4.6.4　高斯-拉普拉斯算子

由于噪声点对边缘检测有一定的影响，所以高斯-拉普拉斯算子是效果较好的边缘监测器。它把高斯平滑滤波器和拉普拉斯锐化滤波器结合起来，先平滑掉噪声，再进行边缘检测，效果更好。常用的高斯拉普拉斯算子是 5×5 模板：

$$\begin{pmatrix} -2 & -4 & -4 & -4 & -2 \\ -4 & 0 & 8 & 0 & -4 \\ -4 & 8 & 24 & 8 & -4 \\ -4 & 0 & 8 & 0 & -4 \\ -2 & -4 & -4 & -4 & -2 \end{pmatrix}$$

5. 轮廓提取

轮廓提取就是获得图像的外部轮廓特征。在必要的情况下应用一定的方法表达轮廓的特征，为图像的形状分析做准备。

二值图像轮廓提取的算法非常简单，它掏空内部点，保留边缘轮廓值。原理为：如果原图中若有一点为黑，且它的 8 个相邻点都是黑色(该点便是内部点)，则应将该点删除。

4.6.4　实验内容与步骤

1. 图像边缘检测及二值形态学

(1)将面阵 CCD 组件和主机箱的 9 针接口以及 BNC 接口对应相连。

(2)连接 220 V 交流电源，开启电源开关，开启 CCD 开关。

(3)按照实验 4.3 的内容完成图像的采集并暂停启动视频，然后退回软件主界面。

(4)点击软件界面的边缘检测及二值形态学图标，进入边缘检测及二值形态学界面，如图 4.6.5 所示。

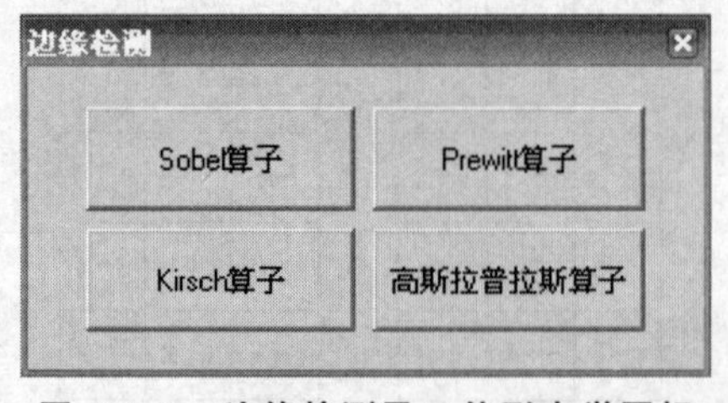

图 4.6.5　边缘检测及二值形态学图标

(5)可以进行边缘检测、抖动效果、轮廓提取、膨胀效果和腐蚀效果五个方面的操作，具体操作含义如下所述：

边缘检测：根据各种算子原理对图像求卷积。

抖动效果：执行后图像出现抖动效果。

轮廓提取：执行后，可以提取图像的轮廓。

膨胀效果：执行后，可以实现膨胀效果。

腐蚀效果：执行后，可以实现腐蚀效果。

2. 利用 CCD 测量提供物体的横条或竖条宽度

(1)将面阵 CCD 组件和主机箱的 9 针接口以及 BNC 接口对应相连。

(2)连接 220 V 交流电源，开启电源开关，开启 CCD 开关。

(3)按照实验 4.3 的内容完成图像的采集并暂停启动视频，然后退回软件主界面。

(4)点击软件界面的“尺寸测量”图标，进入尺寸测量界面。首先用鼠标框选要测量的目标，用鼠标指向要测量的行(或列)，点击“保存一行(或列)数据”，并查看该行(或列)的灰度值，选择合适的阈值进行测量，然后观测结果。通常 1 像素约等于 0.15 mm(可自行标定)。

(5)实验中不但可以进行尺寸测量，还可以进行保存一行数据和保存一列数据的操作。具体操作含义如下所述：

保存一行数据：点击该按钮会弹出一个对话框，输入对话框中所给出范围内的数字，可返回该行的所有像素点的 RGB 值和灰度值。

保存一列数据：点击该按钮会弹出一个对话框，输入对话框中所给出范围内的数字，可返回该列的所有像素点的 RGB 值和灰度值。

尺寸测量：点击该按钮会弹出一个信息框，根据框选的范围不同，可以计算出被框选的黑色区域的高度和宽度。

4.6.5　注意事项

1. 所需要保存的数据及文件保存到“软盘”或“闪存”中，以免关机时丢失。
2. 退出实验软件和其他执行软件，将计算机关机。
3. 关闭实验仪的电源，并盖好镜头盖。
4. 将被测图片妥善放置。

4.7　图像分割处理及颜色识别

4.7.1　实验目的与要求

1. 了解图像分割及图像处理的方法；
2. 了解彩色图像的组成；
3. 了解灰度图像恢复彩色图像的手段。

4.7.2　实验仪器与材料

计算机 1 台(配置要求：CPU PⅢ 866 MHz 以上；内存大于 256 MB；显卡显存大于 32 MB；CRT 支持 1024 * 768 分辨率以上模式；操作系统兼容 Windows XP 操作系统)，40 M 以上双踪示波器 1 台。

4.7.3 实验原理与方法

1. 最大熵法

它是对信号的功率谱密度估计的一种方法,1967 年由伯格提出。其原理是:取一组时间序列,使其自相关函数与一组已知数据的自相关函数相同,同时使已知自相关函数以外的部分的随机性最强,以所取时间序列的谱作为已知数据的谱估值。它等效于根据使随机过程的熵为最大的原则,利用 N 个已知的自相关函数值来外推其他未知的自相关函数值所得到的功率谱。最大熵法功率谱估值是一种可获得高分辨率的非线性谱估值方法,特别适用于数据长度较短的情况。

最大熵法谱估值对未知数据假定为一个平稳的随机序列,可以用周期图法对其功率谱进行估值。这种估值方法隐含着假定未知数据是已知数据的周期性重复。现有的线性谱估计方法是假定未知数据的自相关函数值为零,这种人为假定带来的误差较大。最大熵法是利用已知的自相关函数值来外推未知的自相关函数值,去除了对未知数据的人为假定,从而使谱估计的结果更为合理。

熵在信息论中是信息的度量,事件越不确定,其信息量越大,熵也越大。上述问题对随机过程的未知的自相关函数值,除了从已知的自相关函数值得到有关它的信息以外,没有其他的先验知识,因而在外推时,不希望加以其他任何新的限制,亦即使之"最不确定",换言之,就是使随机过程的熵最大。

最大熵法功率谱估值的表达式为:

$$\hat{S}_{Nx}(\omega)=\frac{P_M}{2B\left|1+\sum_{m=1}^{M}a_m\mathrm{e}^{-\mathrm{j}m\omega\Delta t}\right|^2}$$

式中,P_M 为 M 阶预测误差滤波器的输出功率;B 为随机过程的带宽;$\Delta t=\frac{1}{2B}$为采样周期;$a_m(m=1,2,\cdots,M)$由下式决定:

$$\begin{bmatrix} r_{Nx}(0) & r_{Nx}(-1) & \cdots & r_{Nx}(-M) \\ r_{Nx}(1) & r_{Nx}(0) & \cdots & r_{Nx}(1-M) \\ \vdots & \vdots & & \vdots \\ r_{Nx}(M-1) & r_{Nx}(M-2) & \cdots & r_{Nx}(-1) \\ r_{Nx}(M) & r_{Nx}(M-1) & \cdots & r_{Nx}(0) \end{bmatrix}\begin{bmatrix} 1 \\ a_1 \\ \vdots \\ a_{M-1} \\ M \end{bmatrix}=\begin{bmatrix} P_M \\ \\ \\ 0 \\ 0 \end{bmatrix}$$

式中,$r_{Nx}(M)$为已知的随机过程的自相关函数值。

从功率谱估值的表达式可以看出,最大熵法与自回归信号模型分析法以及线性预测误差滤波器是等价的,只是从不同的观点出发得到了相同的结果。

由已知信号计算功率谱估值的递推算法,应用上述的谱估值表达式进行计算时,需要知道有限个自相关函数值。但是,实际的情况往往是只知道有限长的时间信号序列,而不知道其自相关函数值。为了解决这个问题,伯格提出了一种直接由已知的时间信号序列计算功率谱估值的递推算法,使最大熵法得到广泛的应用。递推算法如下:

$x(L),x(L+1),\cdots,x(U)$

给定:$e_+^0(n)=x(n)$

$e_-^0(n)=x(n)$

$$K_{i+1}=\frac{-2\sum_{n=L+i+1}^{U}e_{+}^{j}(n)e_{-}^{j}(n-j-1)}{\sum_{n=L+i+1}^{U}\{[e_{+}^{j}(n)]^{2}+[e_{-}^{j}(n-j-1)]^{2}\}}$$

$$e_{+}^{j-1}(n)=e_{+}^{j}(n)+K_{i+1}e_{-}^{j}(n-j-1),n=L+j+1,\cdots,U$$

$$e_{-}^{j+1}(n)=e_{-}^{j}(n)+K_{i+1}e_{+}^{j}(n+j+1),n=L,L+1,\cdots,U-j-1,i=1,2,\cdots,j$$

递推算法只需要知道有限长的时间信号序列，不需计算其自相关函数值，所得的解保证是稳定的。但是，其解只是次优解。

应用递推算法往往使谱估值出现“谱线分裂”与“频率偏移”等问题，因而，又有各种改进的算法。其中，较著名的有傅格算法和马普尔算法，但是所需的计算量较大。另外，在有噪声的情况下，如何选定阶数仍有待进一步探讨。

2. 大律法

大律法由大律于 1979 年提出，对图像 Image，记 t 为前景与背景的分割阈值，前景点数占图像比例为 w_0，平均灰度为 u_0；背景点数占图像比例为 w_1，平均灰度为 u_1。图像的总平均灰度为 $u=w_0\times u_0+w_1\times u_1$。从最小灰度值到最大灰度值偏离 t，当使得值 $g=2w_0\times(u_0-u)+2w_1\times(u_1-u)$最大时，$t$ 即为分割的最佳阈值。对大律法可作如下理解：该式实际上就是类间方差值，阈值 t 分割出的前景和背景两部分构成了整幅图像，而前景取值 u_0 概率为 w_0，背景取值 u_1，概率为 w_1，总均值为 u，根据方差的定义即得该式。由于方差是灰度分布均匀性的一种度量，方差值越大，说明构成图像的两部分差别越大，当部分目标错分为背景或部分背景错分为目标时都会导致两部分差别变小，因此使类间方差最大的分割意味着错分概率最小。

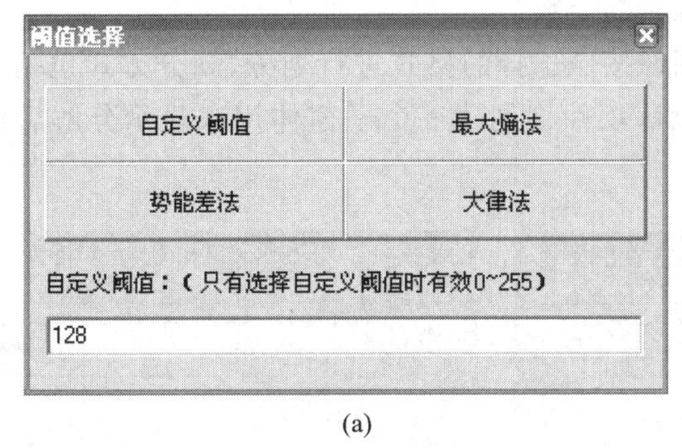

(a)

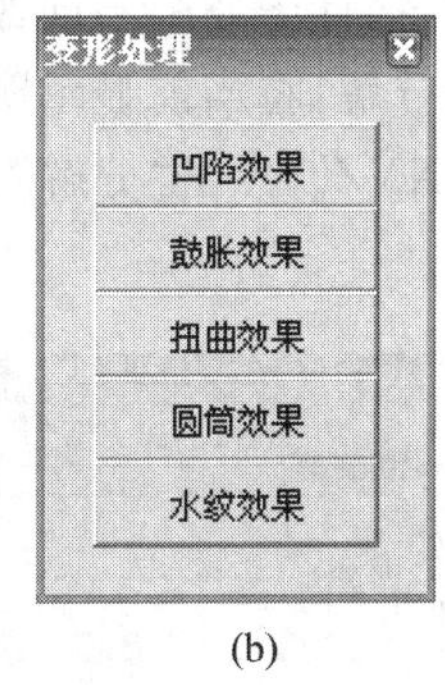

(b)

图 4.7.1 阈值选择和变形处理

4.7.4 实验内容与步骤

1. 图像分割及图像处理

(1)将面阵 CCD 组件和主机箱的 9 针接口以及 BNC 接口对应相连。

(2)连接 220 V 交流电源，开启电源开关，开启 CCD 开关。

(3)按照实验 4.3 的内容完成图像的采集并暂停启动视频，然后退回软件主界面。

(4)点击软件界面的“图像分割图像处理”图标，进入图像分割及图像处理界面。

(5)可以进行图像分割、差影检测、非锐度屏蔽滤镜、浮雕效果和变形处理五个方面的操作,具体操作含义如下所述:

图像分割:分为自定义阈值、最大熵法、势能差法和大律法。自定义阈值等同于二值化。

差影检测:点击后会弹出一个"打开图片文件"对话框,用户选择一个位图文件后,会将该位图与原本显示的位图进行差影检测,所得到的结果以图片的形式替换原显示位图。

非锐度屏蔽滤镜:执行非锐度屏蔽滤镜效果,它能提高物体边缘的对比度,将一些过渡的影响视觉清晰的中间层次去掉,让眼睛看起来好像变清晰了。

浮雕效果:使图片变成浮雕效果。

变形处理:包含凹陷效果、鼓胀效果、扭曲效果、圆筒效果、水纹效果。

2. 颜色识别

对于彩色图像,它的显示来源于R、G、B三原色亮度的组合。针对目标的单色亮度、对比度,可以人为分为0～255共256个亮度等级。0级表示不含此单色,255级表示最高的亮度,或此像元中此色的含量为100%。根据R、G、B的不同组合,就能表示出256×256×256(约1600万)种颜色。当一幅图像中的每个像素单元被赋予不同的R、G、B值,就能显示出五彩缤纷的颜色,形成彩色图像。

(1)将面阵CCD组件和主机箱的9针接口以及BNC接口对应相连。

(2)连接220 V交流电源,开启电源开关,开启CCD开关。

(3)按照实验4.3的内容完成图像的采集并暂停启动视频,然后退回软件主界面。

(4)点击软件界面的"颜色识别"图标,进入颜色识别界面。

(5)可以进行颜色统计、色彩模式分解、色彩模式合成和色彩还原四个方面的操作,具体操作含义如下所述:

颜色统计:统计图像中不同像素的个数。

色彩模式分解:将当前显示图像按照选择的格式进行划分,划分方式包括RGB、YUV、HSL、YIQ和XYZ。点击"分解"后,软件将创建三个子窗体用来显示分解后的图像,如图4.7.2(a)所示。

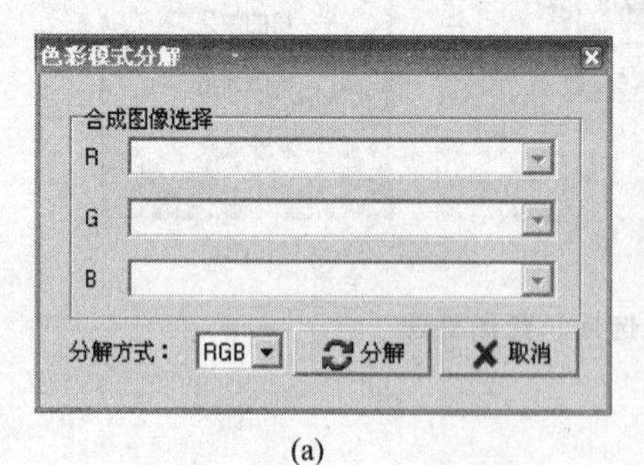

(a)

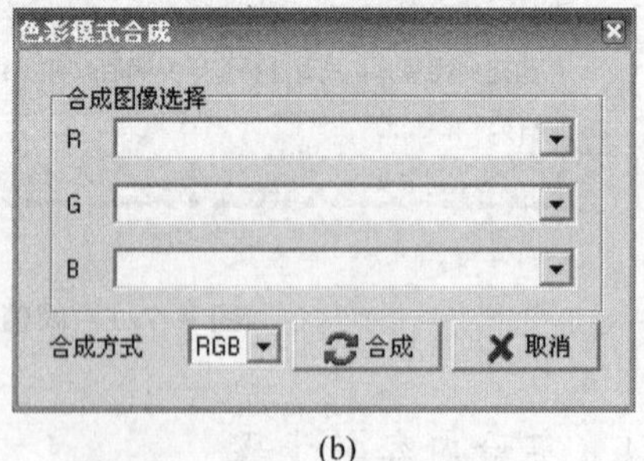

(b)

图4.7.2　色彩模式分解和合成

色彩模式合成:模式分解的逆过程,可以从下拉菜单中选择已经分解存在的子窗体名称进行合成,如图4.7.2(b)所示。但是已经关闭的子窗体将不存在于该列表中。

色彩还原:将红、绿、蓝三种原色提取出来分别显示。

4.7.5 注意事项

1. 所需要保存的数据及文件保存到“软盘”或“闪存”中，以免关机时丢失。
2. 退出实验软件和其他执行软件，将计算机关机。
3. 关闭实验仪的电源，并盖好镜头盖。
4. 将被测图片妥善放置。

第5章 LED与液晶显示技术实训

5.1 大功率LED光源驱动

5.1.1 实验目的与要求

1. 了解大功率LED光源驱动芯片的工作原理；
2. 了解并掌握大功率LED驱动芯片的使用方法及扩展应用；
3. 了解和掌握LED光源驱动电路原理。

5.1.2 实验仪器与材料

光电创新实验仪主机箱1个，大功率LED光源驱动模块1个，万用表1台，连接线若干。

5.1.3 实验原理与方法

1. LED发展简介

自20世纪60年代初问世以来，发光二极管(light emitting diode，LED)已被用于许多半导体器件。从第一个LED问世到现在，LED技术已经取得了很大的技术进步。通过对发光效率、光通量及功耗的改进，这些新的半导体材料能够产生更亮的光。过去大多数LED都是由5～20 mA的电流驱动的，而现在一些制造商生产的大功率LED需要由1 A甚至更大的连续电流才能驱动。

过去在操作小电流LED时，采用电阻器或线性稳压器提供驱动LED所需的电流是可以接受的。在这种小电流解决方案中，功耗是最小的，而且这种技术对于驱动许多应用中的LED来说足够了。然而对于大功率LED，则要更多地考虑到LED本身和电流驱动电路的散热管理和功耗问题。除了上述原因外，LED也需要更大稳流来保持颜色、亮度和使用时间，因此现在逐渐采用开关稳压器和控制器来提供驱动大功率LED所需的恒定电流。

2. 大功率LED驱动芯片DD311

DD311是一单通道输出的LED恒流驱动器，内建电流镜与电流开关组件，是专为驱动大功率LED而设计的芯片。DD311可驱动高达1 A的沈入电流(sink current)，并可通过调整参考输入电流I_{REF}来任意设定输出电流的大小。I_{REF}可由调整外挂电阻或偏压(bias)电压来设定，微调或使能偏压电压可校正LED间的亮度不一或实现多颗LED间整

体亮度同时调整。芯片的输出端可承受高达 36 V 的电压，支持多颗大功率 LED 的串接应用。内建输出使能端(enable)，可轻易地实现大功率 LED 的高灰阶应用，引脚如图 5.1.1 所示。

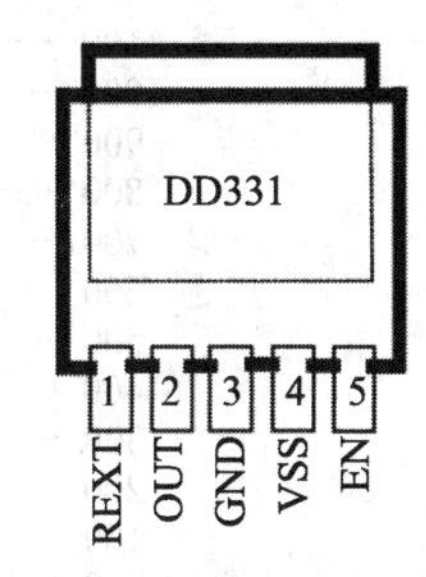

图 5.1.1　DD311 芯片引脚

(1)芯片参数与引脚功能

最大输出电流：1 A(由参考输入电流 I_{REF} 设定)；

最小输出电压：1 V(当 $I_{out}=1$ A 时)；

最大输出承受电压：36 V(输出通道漏电流小于 0.1 μA)；

最大输出使能频率：1 MHz；

绝佳的恒流输出特性。

表 5.1.1　DD311 引脚功能介绍

引脚编号	引脚名称	功能
1	REXT	参考电流输入端
2	OUT	恒流输出端(open-drain 架构)
3	GND	接地端
4	VSS	接地端
5	EN	输出电流使能端；$V_{EN}=0$ V，输出电流关闭；$V_{EN}>3.3$ V，输出电流导通

(2)输出电流设定

电路原理如图 5.1.2 所示。输出电流 I_{LED} 大小通过调整参考输入电流 I_{REF} 来设定。I_{LED} 约为 I_{REF} 的 100 倍。I_{REF} 可由接在 R_{EXT} 端与偏压 V_{bias} 电源间的外挂电阻来设定，关系如图 5.1.3 所示；也可直接控制 R_{EXT} 端的偏压电压 V_{bias} 来设定，如图 5.1.4 所示。调整外挂电阻或 V_{bias} 值可以控制高达 1 A 的恒流输出范围。需注意在装置本体温度与环境温度达到平衡前，输出电流会有微幅的增减情形。输出电流值可透过下列等式来估算：

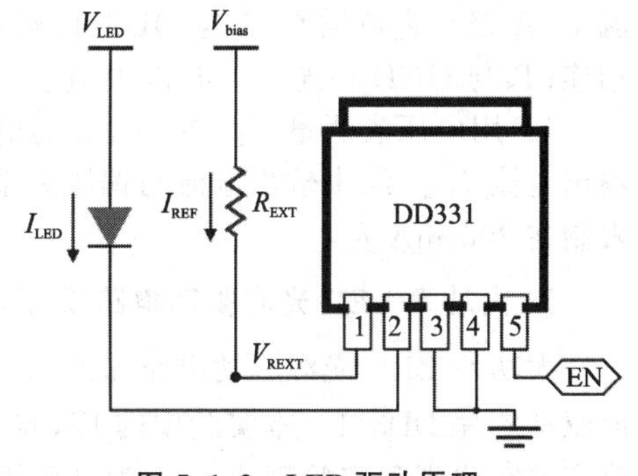

图 5.1.2　LED 驱动原理

$$I_{LED}\approx 100\times(V_{bias}-V_{REXT})/R_{EXT}=100\times I_{REF}$$

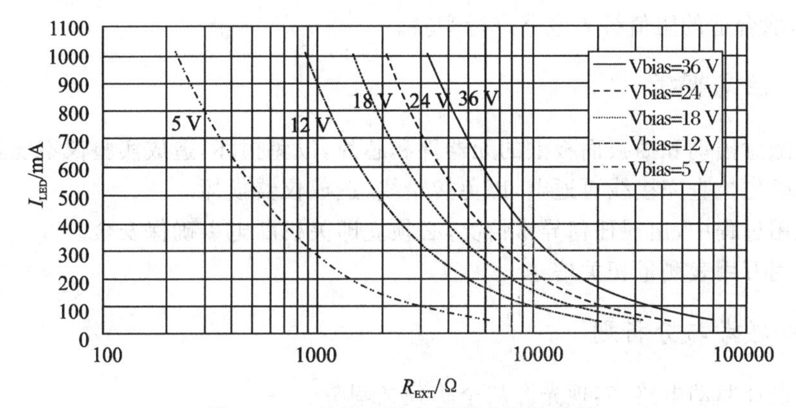

图 5.1.3　输出电流与调节电阻的关系

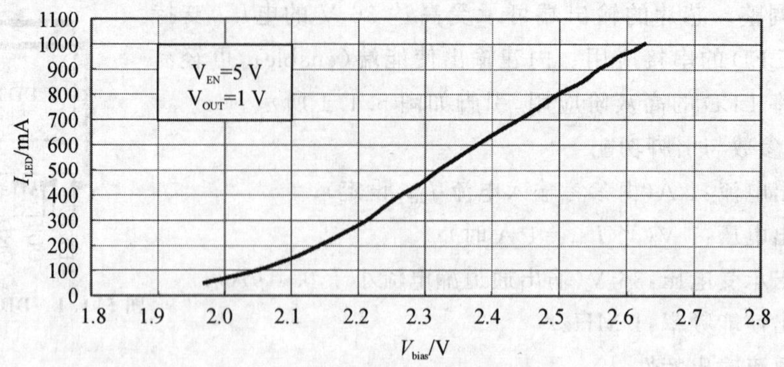

图 5.1.4 输出电流与偏压的关系

5.1.4 实验内容与步骤

1. 输出电流与调节电阻关系

(1)在金色插座 T_7 与 T_3 之间串联电流表(T_7 接红表笔,T_3 接黑表笔,电流表挡位拨到直流 10 A 挡);金色插座 T_2 与 OUT 相连;EN 及 T_{13} 与 VCC 相连;R_{EXT} 与 T_{14} 相连;T_9 与 T_8 相连。

(2)调节电位器 R_W,观察电流表示数及光源的明暗变化,并分析光源明暗变化的原理。

2. 输出电流与偏压关系

(1)在金色插座 T_7 与 T_3 之间串联电流表(T_7 接红表笔,T_3 接黑表笔,电流表挡位拨到直流 10 A 挡);金色插座 T_2 与 OUT 相连;EN 及 T_{11} 与 VCC 相连;R_{EXT} 与 T_{16} 相连;T_{15} 与 T_{14} 相连;T_6 与 GND 相连;T_9 与 T_{10} 相连。

(2)用电压表测量 R_{EXT} 或 T_{16} 处的电压 V_{bias},调节电位器 R_W,记录在不同 V_{bias} 下对应的输出电流 I_{LED},绘出输出电流与偏压关系图(本实验中采用的大功率 LED 为 1 W,最大电流限制在 300 mA 左右)。

3. 大功率 LED 光源驱动电路设计

大功率 LED 光源驱动电路如图 5.1.5 所示。S 为电源开关,后面为电源部分,U_1 为集成驱动芯片 DD311。本实验中的 EN 端直接接高电平,若条件允许,学生可接入 PWM 波,改变占空比观察实验现象。U_2 为电压跟随器,隔离前后级。D_2 为大功率 LED(1 W),学生也可接入 3 W 以下的其他大功率 LED 进行实验。在实验前,需先根据相关曲线算出各限流限压电阻,取合适的阻值接入电路进行实验。

5.1.5 注意事项

1. 不得随意摇动和插拔面板上的元器件和芯片,以免损坏,造成实验仪不能正常工作。
2. 实验时先检查完接线再通电,以免接错线,造成仪器损坏。
3. 在使用过程中,出现任何异常情况,必须立即关机断电以确保安全。
4. 可使用万用表测量相关信号。

5.1.6 思考与分析题

1. 如何设计驱动电路,实现光源从全暗到亮调节?

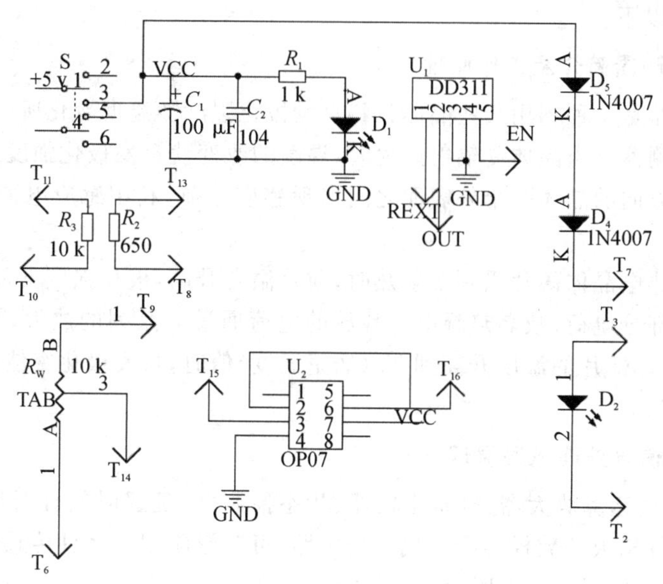

图 5.1.5　大功率 LED 光源驱动电路

2. 如何利用该芯片驱动小功率 LED 阵列？
3. 如何利用该驱动芯片控制全彩 LED 显示不同颜色？

5.2　太阳能 LED 节能台灯

5.2.1　实验目的与要求

1. 了解太阳能 LED 节能台灯的节能原理；
2. 了解光敏电阻、热释电传感器、距离传感器、继电器的工作原理；
3. 了解并掌握红外传感信号处理电路设计方法；
4. 了解并掌握各传感器的综合运用及相关电路设计。

5.2.2　实验仪器与材料

光电创新实验仪主机箱 1 个，光控开关模块 1 个，热释电报警器模块 1 个，太阳能 LED 节能台灯模块 1 个，示波器 1 台，万用表 1 台，连接线若干。

5.2.3　实验原理与方法

1. 光敏电阻的结构与工作原理

光敏电阻又称光导管，它几乎都是用半导体材料制成的光电器件。光敏电阻没有极性，纯粹是一个电阻器件，使用时既可加直流电压，也可以加交流电压。无光照时，光敏电阻值（暗电阻）很大，电路中电流（暗电流）很小。当光敏电阻受到一定波长范围的光照时，它的阻值（亮电阻）急剧减小，电路中电流迅速增大。一般希望暗电阻越大越好，亮电阻越小越好，此时光敏电阻的灵敏度高。实际光敏电阻的暗电阻值一般在兆欧量级，亮电阻值在几千欧以下。

2. 热释电探测器简介及工作原理

热释电探测器是一种利用某些晶体材料自发极化强度随温度变化所产生的热释电效应制成的新型热探测器。当晶体受辐射照射时，温度的改变使自发极化强度发生变化，结果在垂直于自发极化方向的晶体两个外表面之间出现感应电荷，利用感应电荷的变化可测量光辐射的能量。

当已极化的热电晶体薄片受到辐射热时，薄片温度升高，极化强度下降，表面电荷减少，相当于“释放”一部分电荷，故名热释电。释放的电荷通过一系列的放大，转化成输出电压。如果继续照射，晶体薄片的温度升高到 T_C(居里温度)值时，自发极化突然消失，不再释放电荷，输出信号为零。

3. 红外传感信号处理电路原理

BISS0001 是由运算放大器、电压比较器、状态控制器、延迟时间计时器、封锁时间计时器及参考电压源等构成的数模混合专用集成电路，可广泛应用于多种传感器和延时控制器。BISS0001 内部结构如图 5.2.1 所示。

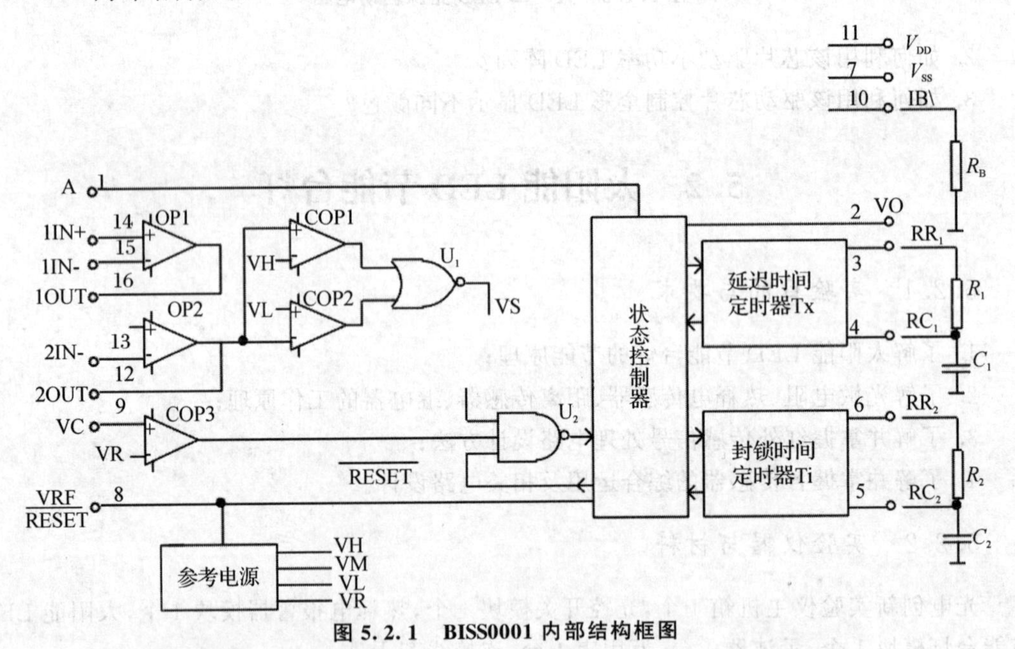

图 5.2.1　BISS0001 内部结构框图

各引脚的定义和功能如下：

V_{DD}:工作电源正端。范围为 3～5 V。

V_{SS}:工作电源负端。一般接 0 V。

1B:运算放大器偏置电流设置端。经 R_B接 V_{SS}端，R_B取值为 1 MΩ 左右。

1IN－:第一级运算放大器的反相输入端。

1IN＋:第一级运算放大器的同相输入端。

1OUT:第一级运算放大器的输出端。

2IN－:第二级运算放大器的反相输入端。

2OUT:第二级运算放大器的输出端。

VC:触发禁止端。当 VC＜VR 时,禁止触发;当 VC＞VR 时,允许触发。VR≈0.2V_{DD}。

VRF:参考电压及重定输入端。

A:可重复触发和不可重复触发端。当 A=“1”时,允许重复触发;当 A=“0”时,不可重复触发。

VO:控制信号输出端,由 V5 的上跳变沿触发使 VO 从低电平跳变到高电平时为有效触发。在输出延迟时间 T_X之处和无 V5 上跳变时 VO 为低电平状态。

RR1RC1:输出延迟时间 T_X 的调节端。T_X≈49152R1C1。

RR2RC2:触发封锁时间 T_i 的调节端。T_i≈24R2C2。

BISS01 的工作方式可分为可重复触发和不可重复触发方式,不同触发工作方式下的各点波形如图 5.2.2 所示。

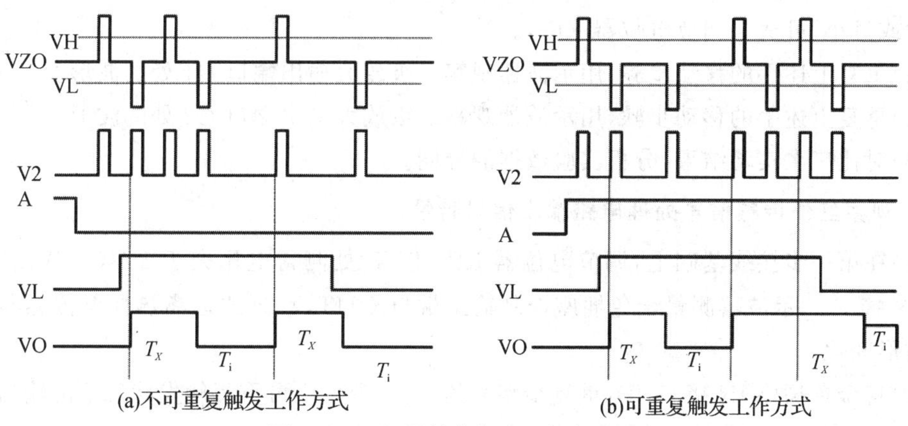

图 5.2.2 不同触发方式下各点波形

首先,由使用者根据实际需要,利用运算放大器 OP_1 组成传感信号预处理电路,将信号放大。然后综合给运算放大器 OP_2,再进行第二级放大,同时将直流电位抬高 V_M(≈0.5V_{DD})后,送到由比较器 COP_1 和 COP_2 组成的双向鉴幅器中,检出有效触发信号 VS。COP_1 是一个条件比较器。当输入电压 VC＜VR(≈0.2V_{DD})时,COP_1 输出为低电平,封住了 U_2,禁止触发信号 VS 向下级传递;而当 VC＞VR 时,COP_1 输出为高电平,打开 U_2,此时若有触发信号 VS 的上跳变沿到来,则可启动延迟时间计时器,同时 VS 端输出为高电平,进入延时周期。当 A 端接“0”电平时,在 T_X时间内任何 V_2的变化都被忽略,直至 T_X时间结束,即所谓不可重复触发工作方式。当 T_X时间结束时,V_2下跳回低电平,同时启动封锁时间计时器而进入封锁周期 T_i。在 T_i 周期内,任何 V_2的变化都不能使 VO 为有效状态。可重复触发工作方式下的各点波形如图 5.2.2(b)所示。

在 VC=“0”,A=“0”期间,V5 不能触发 VO 为有效状态。在 VC=“1”,A=“1”时,V5 可重复触发 VO 为有效状态,并在 T_X周期内一直保持有效状态。在 T_X时间内,只要有 V5 的上跳变,则 VO 将从 V5 上跳变时刻算起继续延长一个 T_X周期。若 VS 保持“1”状态,则 VO 一直保持有效状态;若 V5 保持为“0”状态,则在 T_X周期结束后 VO 恢复为无效状态,

并且在封锁时间 T_i 时间内，任何 VS 的变化都不能触发 VO 为有效状态。

将上述各元器件有机结合起来，可做到“人来灯亮，人走灯灭”，这种智能化的设计能有效减少浪费；采用新型 LED 光源，减少电力损耗，更加节能。在台灯使用过程中可将太阳能电池板放于灯下，边照明边给锂电池充电，循环利用，节能环保。

5.2.4 实验内容与步骤

1. 观察光敏电阻、热释电传感器输出特性

(1)将光控开关模块中的光敏电阻接至金色插座 T_9、T_{11}，数字万用表拨到直流电压挡，黑表笔接 GND，红表笔接金色插座 T_9，改变光敏电阻周边的光强，观察电压表示数的变化；保持光强不变，调节电位器 RP_1，观察电压表示数变化。

(2)将热释电报警器模块中的热释电传感器对应接到金色插座的 D、S、G；用手逐渐靠近热释电传感器，再将手移开，同时用示波器持续观察金色插座 S 处的输出波形(如波形幅度过大或过小，可适当调节电位器 RP_2)。

(3)重复上述手的移动步骤，用示波器观察一级放大输出端口 O1 处的波形。

(4)重复上述手的移动步骤，用示波器观察二级放大输出端口 O2 处的波形。

(5)对比三次实验结果，分析实验数据的异同。

2. 观察红外传感信号处理电路输出信号特性

(1)在第一步接线基础上，调节电位器 RP_1，使 T_9 处测得电压大于 1 V($0.2V_{DD}$)；金色插座 IN 接 V_{CC}，示波器测量金色插座控制输出端口 OUT，靠近或远离热释电传感器，观察输出波形变化。

(2)将金色插座 IN 接 GND，重复步骤 2 的实验，观察不可重复触发状态下的输出波形。

3. 太阳能 LED 节能台灯

(1)将热释电报警器模块中的热释电传感器对应接到金色插座的 D、S、G。

(2)将光控开关模块中的光敏电阻接至金色插座 T_9、T_{11}，调节 RP_1，使 T_9 处电压大于 1 V。

(3)将台灯座上的红色插座接 T_3，黑色插座接 T_4，台灯通电后再将其开关拨到打开状态。人远离或靠近热释电传感器，观察台灯的亮灭情况。

(4)在台灯亮的情况下，改变照射在光敏电阻上的亮度，观察台灯的亮灭情况。

4. 太阳能 LED 节能台灯电路设计

太阳能 LED 节能台灯电路原理如图 5.2.3 所示。BISS0001 的运算放大器 OP_1 作为热释电红外传感器的前置放大，由 C_5 耦合给运算放大器 OP_2 进行第二级放大，再经由电压比较器 COP_1 和 COP_2 构成的双向鉴幅器处理后，检出有效触发信号去启动延迟时间计时器。输出信号经晶体管 Q_1、驱动继电器去接通负载。T_9、T_{11} 接光敏电阻，用来检测环境照明度。当作为照明控制时，若环境较明亮，R_3 的电阻值会降低，使 9 脚输入为低电平而封锁触发信号，节省照明用电。若应用于其他方面，则可用遮光物将其罩住而不受环境影响。MOD 是工作方式选择开关，与高电平端连通时，红外开关处于可重复触发工作方式；与低电平连通

时，红外开关则处于不可重复触发工作方式。

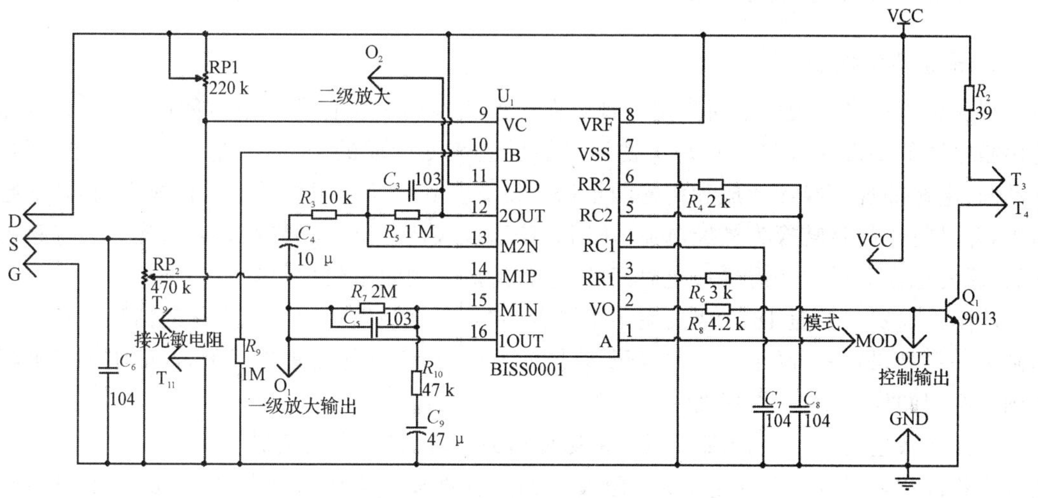

图 5.2.3　太阳能 LED 节能台灯电路

在可重复触发条件下，当输入端 S 一直为高电平时，输出将一直有效，因此 S 端可接入距离传感器、电容传感器等检测距离的传感器，当人或物靠近时使输出端继电器闭合。

5.2.5　注意事项

1. 不得随意摇动和插拔面板上的元器件和芯片，以免损坏，造成实验仪不能正常工作。
2. 实验时先检查完接线再通电，以免接错线，造成仪器损坏。
3. 由于台灯的灯座部分接交流电直接供电，实验前应仔细检查绝缘部分有无破损，实验中注意安全，以免发生危险。

5.2.6　思考与分析题

1. 要使节能台灯正常工作，MOD 端应该接什么电平，为什么？
2. 本模块的红外传感器处理电路部分能否用热释电报警模块替代？

5.3　LED 图像及文字显示技术

5.3.1　实验目的与要求

1. 了解大功率 LED 玩具模块的工作原理；
2. 了解并掌握电机驱动电路的原理；
3. 了解并掌握 LED 显示出字的原理。

5.3.2　实验仪器与材料

光电创新实验仪主机箱 1 个，LED 玩具模块 1 个，示波器 1 台，连接线若干。

5.3.3 实验原理与方法

1. 视觉暂留现象

视觉暂留是光对视网膜所产生的视觉在光停止作用后仍保留一段时间的现象，其具体应用是电影的拍摄和放映。它是由视神经的反应速度造成的，其时值是二十四分之一秒。是动画、电影等视觉媒体形成和传播的根据。视觉实际上是靠眼睛的晶状体成像，感光细胞感光，并且将光信号转换为神经电流，传回大脑引起人体视觉。感光细胞的感光靠一些感光色素，感光色素的形成是需要一定时间的，这就形成了视觉暂停的机理。

法国人保罗·罗盖1828年发明了留影盘，它是一个被绳子在两面穿过的圆盘。盘的一面画了一只鸟，另一面画了一个空笼子，当圆盘旋转时，鸟在笼子里出现了，这证明了当眼睛看到一系列图像时，它一次保留一个图像。

物体在快速运动时，当人眼所看到的影像消失后，人眼仍能继续保留其影像 0.1～0.4 s，这种现象被称为视觉暂留现象，是人眼具有的一种性质。人眼观看物体时，成像于视网膜上，并由视神经输入人脑，感觉到物体的像。但当物体移去时，视神经对物体的印象不会立即消失，而要延续 0.1～0.4 s，人眼的这种性质被称为眼睛的视觉暂留。

2. 风扇闪字

在扇叶上装有 LED 发光软体板，通电发光，当风扇高速度旋转时，利用人的视觉暂留，即可显示出发光的文字或图案。现假设风扇的转速为 600 r/min，即 10 r/s(实际转速会更快)，要显示出一个只有四个刻度的表盘，如图 5.3.1 所示。

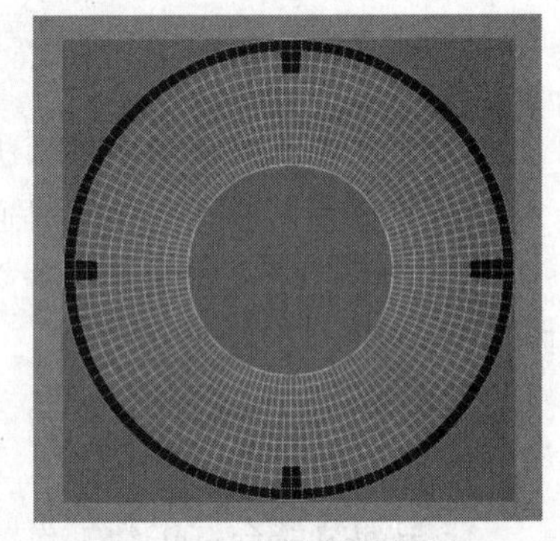

图 5.3.1　人的视觉暂留

风扇上有沿半径布置的 11 个 LED 灯，从轴心到扇叶边缘依次将它们编号为 1～11。假定 0 s 的时候 LED 灯是在风扇正上方 0°的位置。图形最外圈没间断点，因此 11 号灯一直是亮的，9、10 号灯分别在 0.01 s、0.024 s、0.025 s、0.049 s、0.05 s、0.074 s、0.075 s、0.099 s 的时刻点亮，以此类推，利用人眼的视觉暂留就会呈现出一个完整的四刻度表盘图像。复杂的图案也以此类推，只要在不同的位置点亮不同的 LED 灯，就能最终组成一个完整的图案。

5.3.4 实验内容与步骤

1. 观察电机控制电路输出频率特性

仪器通电后，打开模块开关，调节电机转速调节旋钮，观察实验现象。调节电机转速调节旋钮，用示波器观察 T_1 处的波形变化。

2. 观察扇叶显示图文现象

烧录软件操作步骤如下：

(1)将“LED. exe”“LedUSB. dll”“QHIDDLL. dll”3 个文件放在同一个文件夹内，双击“LED. exe”文件，运行软件。

(2)首选项如图 5.3.2 所示(必须按照如下要求进行选择)：

LED 数量:11;功能选项:高速旋转;存储空间:2 K。

首选项
LED 数量: 11
传感器状态: 关闭
功能选项: 高速旋转
存储空间: 2K

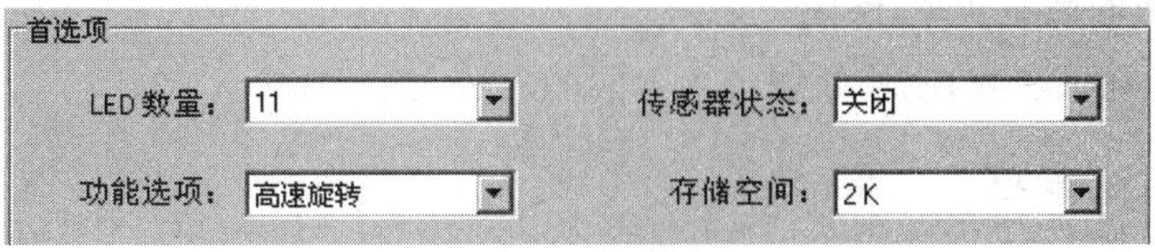

图 5.3.2 首选项设置

(3)可以点击“添加”按钮制作一个新的显示内容,点击后,在弹开的“位图编辑”框中,可以使用鼠标进行制作(鼠标左键画点,右键删除),如图 5.3.3 所示。

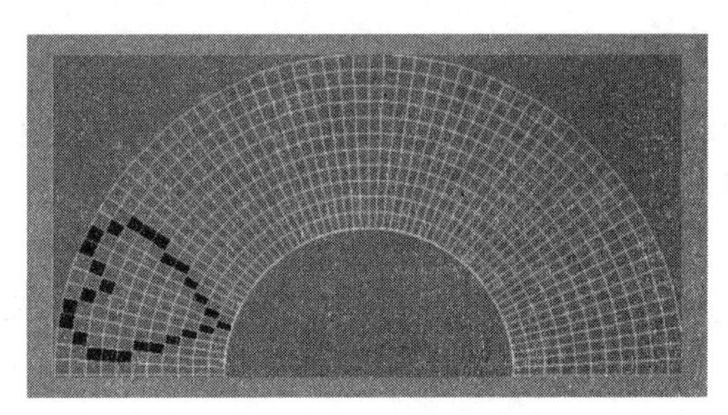

图 5.3.3 心形图标制作

也可以点击右边“载入位图”“输入文字”两个按钮进行制作。

(4)点击“输入文字”按钮,在弹开的“标语编辑”界面上,可以在空白框内直接输入文字(字体可以点击“字体设置”按钮进行修改),也可以直接点击界面上图形按钮,完成后,可以使用按钮进行简单的修整,如图 5.3.4 所示。

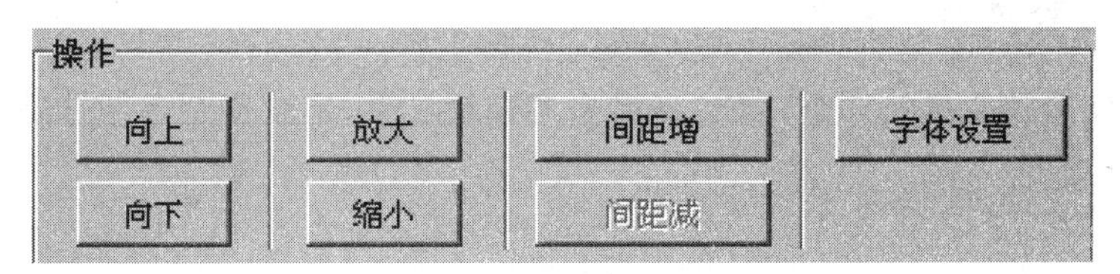

图 5.3.4 修整按钮图标

(5)点击“载入位图”按钮(载入的画面格式为.bmp 或.jpg,画面的高度最大为 11 像素,宽度最大为 128 像素),文件中附带了一幅例图,可供参考。

(6)选择合适的图画后,在弹出的“图片采样”界面中使用按钮进行调整,如图 5.3.5 所示。

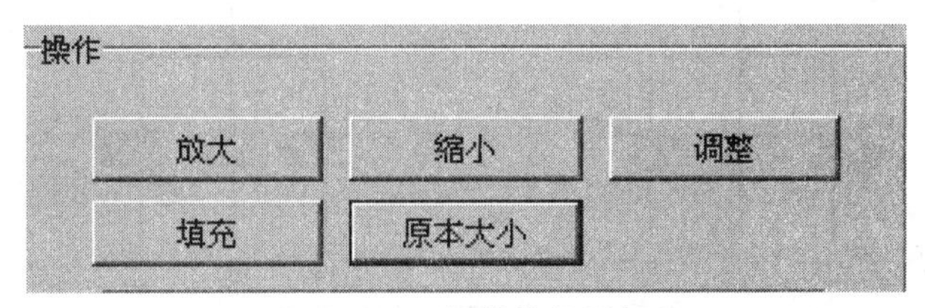

图 5.3.5 调整按钮图标

(7)初步完成后,点击“确定”,可以在生成的可编辑区域中使用鼠标进行最后的修缮。

(8)画面制作完成后，选择主选项中的“USB”“下载”进行数据存储。

3. 烧录不同的显示文字、图画

按实验软件烧录步骤，制作并烧录入不同的显示文字、图画。

5.3.5 注意事项

1. 不得随意摇动和插拔面板上的元器件和芯片，以免损坏，造成实验仪不能正常工作。
2. 实验时，手勿触摸扇叶，以免手被划伤，或造成仪器损伤。
3. 本模块配的USB烧录线中集成有烧录芯片，不可与普通充电线、数据线混用。

5.3.6 思考与分析题

1. 试分析本模块的扇叶与电机接口部分结构。有何优缺点？
2. 生活中还有哪些LED类玩具是利用了视觉暂留效应的？

5.4 LED新型光源全彩技术

5.4.1 实验目的与要求

1. 了解全彩LED光源的构造；
2. 了解并掌握全彩LED驱动电路的原理；
3. 了解并掌握全彩LED显示不同颜色的原理。

5.4.2 实验仪器与材料

光电创新实验仪主机箱1个，LED新型光源模块1个，示波器1台，连接线若干。

5.4.3 实验原理与方法

1. 全彩LED灯

全彩LED灯是一种新型LED幻彩灯，它在幻彩LED灯的基础上增加了专业白光照明功能。因为它既能提供专业照明白光，又能随意调节灯光的颜色和亮度，同时还能在同样的硬件环境下，通过软件增加定时、跑马灯等以往灯具所有的智能功能，照明行业内又称这种灯为“全彩智能LED灯”。如图5.4.1所示，左侧为共阴全彩LED，右侧为共阳全彩LED。

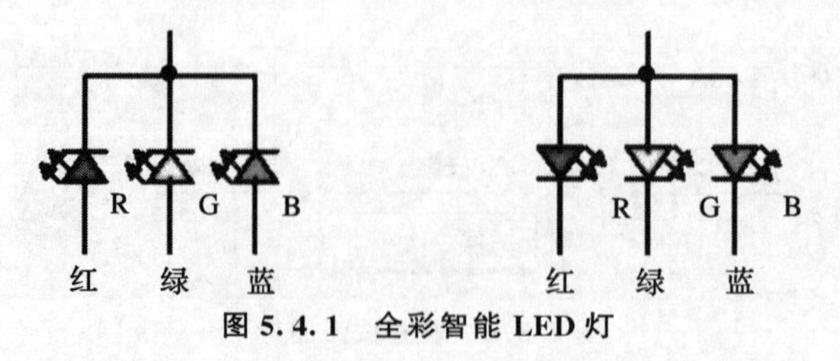

图5.4.1 全彩智能LED灯

全彩LED灯由红、绿、蓝(R、G、B)三种基本颜色的LED灯珠芯片组成，这些灯珠芯片

以多种形式进行封装，每一组颜色都可以分开单独使用，并分别与驱动电路和单片机相连接。使用者可以通过遥控器或灯具上有线连接的按钮，对红、绿、蓝三色灯珠的芯片进亮度调节，还可以控制红、绿、蓝三种 LED 灯珠芯片按光学三颜色原理(所有颜色均可以用三颜色红、绿、蓝按照一定比例混合出来)近似调出几乎所有人眼可见的光颜色。

全彩 LED 灯有以下几个主要特点：

(1)专业的 LED 照明白光柔和，护眼，不闪烁，接近自然光。

(2)全彩：可调配多种颜色(目前能调 1600 多万种绚丽色彩)。

(3)智能：可遥控调灯光颜色，调亮度，开关灯，定时。

(4)采用模块化设计，不受灯具外形限制。

(5)节能环保，使用寿命长。比白炽灯省电 10 倍，使用寿命长达 5 万小时。

2. LED 驱动

参见实验 5.1.3 节内容。

5.4.4 实验内容与步骤

1. 观察全彩 LED 输出特性

将单刀三掷开关 BM 拨至“静态”，调节三种颜色的调节电位器，观察灯光颜色的变化。

2. 静态驱动全彩 LED

将单刀三掷开关 BM 拨至“动态”，三种颜色的调节电位器调至最左端，调节脉宽调节电位器 W_1，用示波器观察金色插座 T_1 处的输出波形。

3. 动态驱动全彩 LED

在第二步的基础上将三色调节电位器调至适中位置，调节脉宽调节电位器，观察灯颜色及亮度随脉宽变化的变化规律。

4. 全彩智能 LED 灯驱动电路设计

电路原理图如图 5.4.2 所示。图中由 555 产生方波，由 BM 经行动静态的切换，动态时接方波，静态时直接与 +5 V 相连。从切换开关输出的信号输入至 DD311 的使能端，通过控制使能端的高电平时间长短，来控制输出电流的持续时间，从而控制 LED 亮度变化。三个 DD311 的控制端分别接有电位器，每一个电位器控制一种颜色，通过控制红绿蓝三种颜色所占比例来控制 LED 输出的最终显示颜色。

5.4.5 注意事项

1. 不得随意摇动和插拔面板上的元器件和芯片，以免损坏，造成实验仪不能正常工作。
2. 在使用过程中，出现任何异常情况，必须立即关机断电以确保安全。

5.4.6 思考与分析题

全彩 LED 还有哪些应用场合？

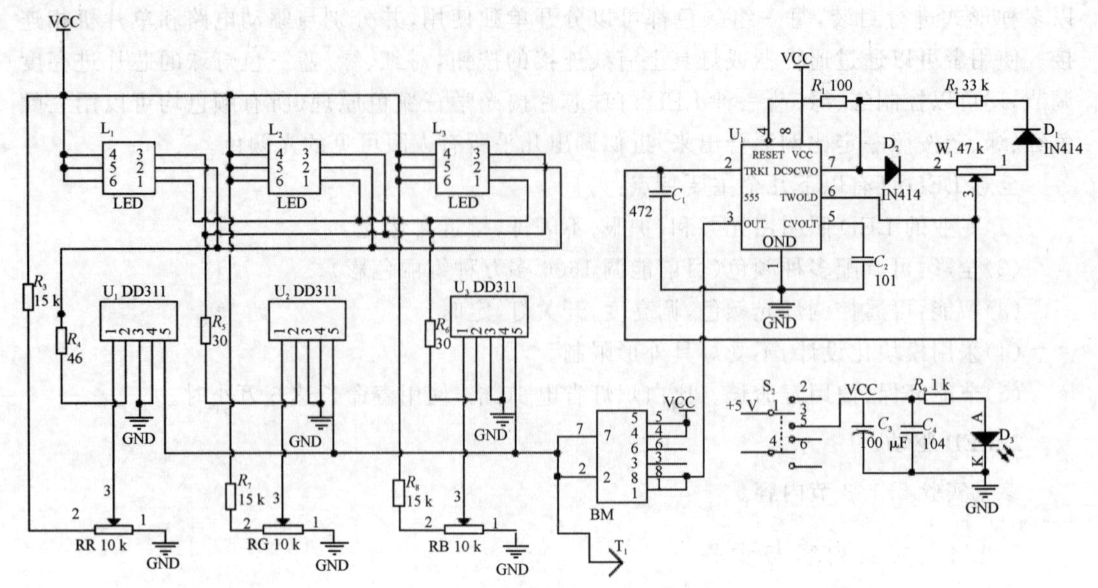

图 5.4.2　全彩智能 LED 灯驱动电路

5.5　液晶显示技术实训

5.5.1　实验目的与要求

1. 以 HT1621 驱动控制的 6 位数显液晶显示模块为显示，制作一个可以设置时间的倒计时器。

2. 以 HD44780U 驱动控制的 1602 字符点阵液晶显示模块为显示，制作一个可以设置时间的万年历。

3. 以 T6963C 控制的 12864 图形点阵液晶显示模块为显示，制作一个简易的窗口评价器。

4. 以 3.5′TFT 彩色液晶显示模块为显示，制作一个简易的温度闭环控制系统。

5. 以带触摸屏及硬件汉字库的 4.7′TFT 彩色液晶显示模块为显示，制作一个可以进行语音提示的温、湿度及时间一体化现实系统。

5.5.2　实验仪器与材料

1. MEGA16 开发板 1 个，6 位数显液晶显示模块 1 个。

2. MEGA16 开发板 1 个，1602 字符点阵液晶显示模块 1 个。

3. MEGA16 开发板 1 个，12864 图形点阵液晶显示模块 1 个。

4. MSP430F2618 开发板 1 个，3.5′TFT 彩色液晶显示模块 1 个，矩阵键盘 1 个，温度传感模块 1 个。

5. MSP430F2618 开发板 1 个，带触摸 4.7′TFT 彩色液晶显示模块 1 个，语音及温度传感 1 个。

5.5.3 实验内容与步骤

1.6 位数显液晶显示模块

(1)实验任务与要求

实验任务:以 HT1621 驱动控制的 6 位数显液晶显示模块为显示,制作一个可以设置时间的倒计时器。

实验要求:①显示部分使用 HT1621 驱动控制的 6 位数显液晶显示模块;②倒计时器的计时的时、分、秒均可以设置,计时时间从 1 s～24 h;③不使用专用的时钟或定时芯片或模块;④计时时间通过 6 位数显液晶显示模块即时显示;⑤计时终了产生声音报警。

(2)程序烧写

①接上 9 V 电源,将 usbasp 下载器插入电脑的 USB 接口,另一头连接 mgea16 主控板的 JTAG&STK 端,电脑端安装好 usbasp 的驱动。

②打开 AVR_fighter,点击左上角装 FLASH,选择需要烧写入单片机的 hex 文件,本实验的程序所在文件夹如图 5.5.1(a)所示。

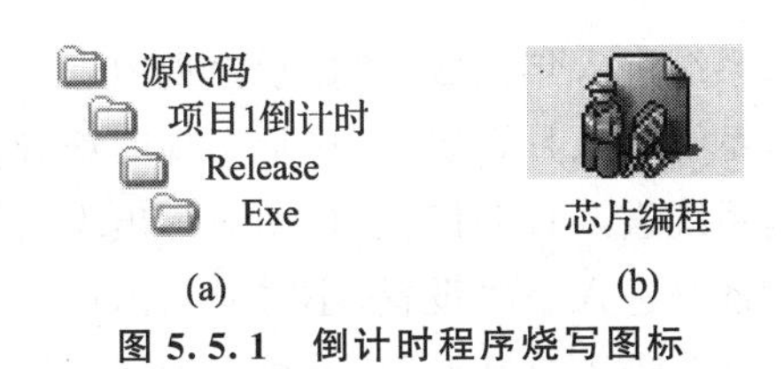

图 5.5.1 倒计时程序烧写图标

③在芯片选择区选择 Atmega16,其余设置默认即可。

④点击“芯片编程”,如图 5.5.1(b)所示,等待几秒,程序便可烧写完成。

(3)接线

用十芯的排线将液晶显示模块的端口(port)与 MEGA16 主控板的 PD 端口相连。

(4)验证与调试

①按一次 6 位数显液晶显示模块上的 K_1 按键,进入倒计时的小时设置,按 K_1 两次则进入分钟设置,按 K_1 三次进入秒设置,按 K_1 四次时,系统重新进入小时设置;按 K_2、K_3 键可进行时间的增减,K_4 为确定按钮。

②时间倒数到 00:00:00 时,蜂鸣器将发出警报。

2.1602 字符点阵液晶显示模块

(1)实验任务与要求

实验任务:以 HD44780U 驱动控制的 1602 字符点阵液晶显示模块为显示,制作一个可以设置时间的万年历。

实验要求:①显示部分使用 HD44780U 驱动控制的 1602 字符点阵液晶显示模块;②万年历的起始时间为 2001 年 1 月 1 日;③万年历要同时显示年、月、日、时、分、秒和星期信息;④万年历的年、月、日、时、分、秒均可以进行设置,星期必须根据年、月、日变化。

(2)程序烧写

①接上 9 V 电源,将 usbasp 下载器插入电脑的 USB 接口,另一头连接 mgea16 主控板

的 JTAG&STK 端，电脑端安装好 usbasp 的驱动。

②打开 AVR_fighter，点击左上角装 FLASH，选择需要烧写入单片机的 hex 文件，本实验的程序所在文件夹如图 5.5.2(a)所示。

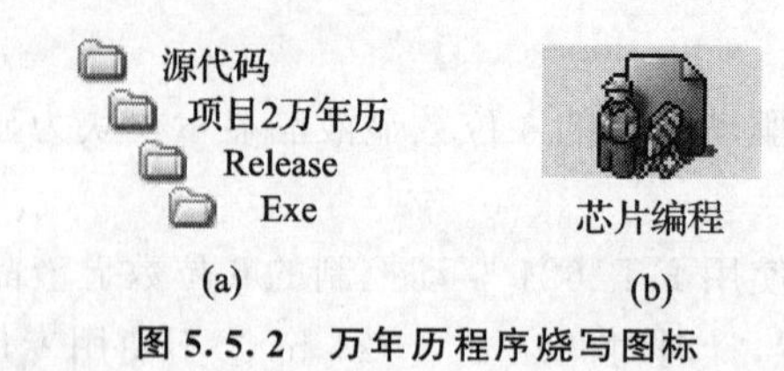

图 5.5.2　万年历程序烧写图标

③在芯片选择区选择 Atmega16，其余设置默认即可。

④点击“芯片编程”，如图 5.5.2(b)所示，等待几秒，程序便可烧写完成。

(3)接线

用十芯排线将 1602 字符点阵液晶显示模块的 Port1 端与 Mega16 主板的 PD 端相连，Port2 端与 PB 端相连。

(4)验证与调试

①当 K_1 第一次按下时，系统进入年设置，年显示出现闪烁；K_2、K_3 用来设置年。

②当 K_1 第二次按下时，系统进入月设置，月显示出现闪烁；K_2、K_3 用来设置月。

③当 K_1 第三次按下时，系统进入日期设置，日期显示出现闪烁；K_2、K_3 用来设置日期。

④当 K_1 第四次按下时，系统进入小时设置，小时显示出现闪烁；K_2、K_3 用来设置小时。

⑤当 K_1 第五次按下时，系统进入分钟设置，分显示出现闪烁；K_2、K_3 用来设置分钟。

⑥当 K_1 第六次按下时，系统进入秒设置，秒显示出现闪烁；K_2、K_3 用来设置秒。

⑦当 K_1 第七次按下时，系统重新进入年设置，年显示出现闪烁，以此循环。

⑧设置完后按下 K_4(确认键)，系统就开始时间的显示。

3. 12864 图形点阵液晶显示模块

(1)实验任务与要求

实验任务：以 T6963C 控制的 12864 图形点阵液晶显示模块为显示，制作一个简易的窗口评价器。

实验要求：①显示部分使用 T6963C 控制的 12864 图形点阵液晶显示模块；②在一般情况下显示部门、姓名与工号；③当接收到上位机(PC)发过来的指令后，进入评价窗口，显示四种评价状态；④可以使用不同的按键进行评价选择；⑤评价信息要即时的反馈给上位机(PC)。

(2)程序烧写

①接上 9 V 电源，将 usbasp 下载器插入电脑的 USB 接口，另一头连接 mgea16 主控板的 JTAG&STK 端，电脑端安装好 usbasp 的驱动。

②打开 AVR_fighter，点击左上角装 FLASH，选择需要烧写入单片机的 hex 文件，本实验的程序所在文件夹如图 5.5.3(a)所示。

图 5.5.3　窗口评价器程序烧写图标

③在芯片选择区选择 Atmega16,其余设置默认即可。

④点击“芯片编程”,如图 5.5.3(b)所示,等待几秒,程序便可烧写完成。

(3)接线

用十芯排线将 12864 图形点阵液晶显示模块的 Port1 端与 Mega16 主板的 PB 端相连,Port2 端与 PA/A-IN 端相连,用串口线将 MEGA16 主控板的 SPort 端与电脑串口相连。

(4)验证与调试

①如芯片已编程,通电后屏幕将显示图片。

②打开电脑上的串口调试工具,串口号选择与 MEGA 相连的串口,波特率默认 9600,数据以 16 进制发送。

③在发送数据区输入数据“88 38 FF”,电脑的串口数据接收端将会显示收到的代码,12864 屏幕上显示待评价信息,按键 K_1、K_2、K_3、K_4分别对应不同等级的评价,评价完后,电脑串口数据段会显示评价信息。

4.3.5′TFT 彩色液晶显示模块

(1)实验任务与要求

实验任务:以 3.5′TFT 彩色液晶显示模块为显示,制作一个简易温度闭环控制系统。

实验要求:①显示部分使用 3.5′TFT 彩色液晶显示模块;②可以设置温度上限与下限;③系统监视发热体当前温度,并与温度上、下限进行比较,进行调整,从而使发热体的温度保持在温度上限、下限规定的范围内;④温度上限、下限与发热体当前温度实时显示。

(2)程序烧写(BSL 下载方式)

①接上 5 V 电源。打开 msp430BSL 编程器(LSD-BSL430 V2.0),用 USB-BSL 下载器将 MSP430 开发板与电脑相连,在电脑的“设备管理器”中查看所使用的端口。

②在 MSP430 编程器的参数设置中将通信端口设置为在“设备管理器”中查看到的端口,映像文件选择如图 5.5.4 所示文件夹下的 txt 文件,点击运行,等待烧写结束。

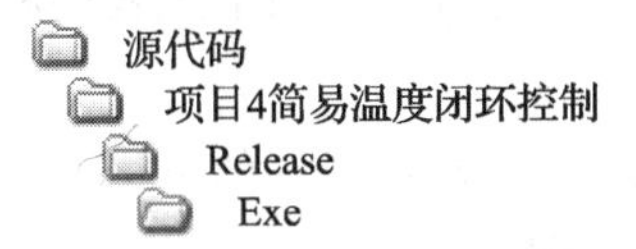

图 5.5.4 简易温度闭环控制(BSL 下载方式)程序烧写图标

(3)程序烧写(JTAG 下载方式)

①接上 5 V 电源。打开 IAR FOR MSP430,用 MSP430 仿真器将开发板与电脑相连。

②在 IAR FOR MSP430 中“点击”打开,在如图 5.5.5(a)所示,文件夹“项目 4 简易温度闭环控制”中选择 *.eww 文件,如图 5.5.5(b)所示。

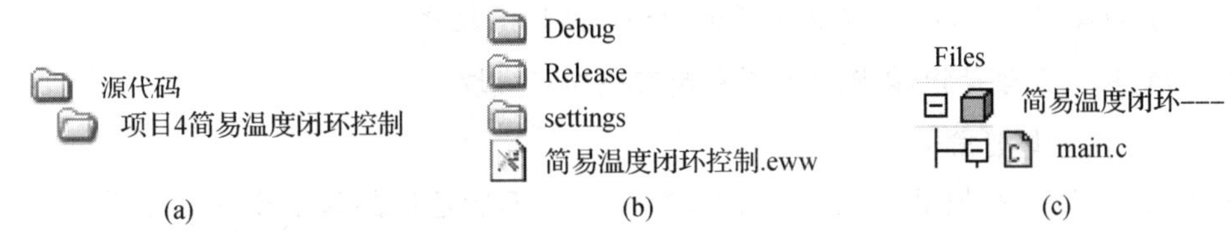

图 5.5.5 简易温度闭环控制(JTAG 下载方式)程序烧写图标

③软件左侧文件管理区如图 5.5.6(a)所示，可选择需要打开或编辑的源程序文件，右侧的编辑区可进行编辑修改。

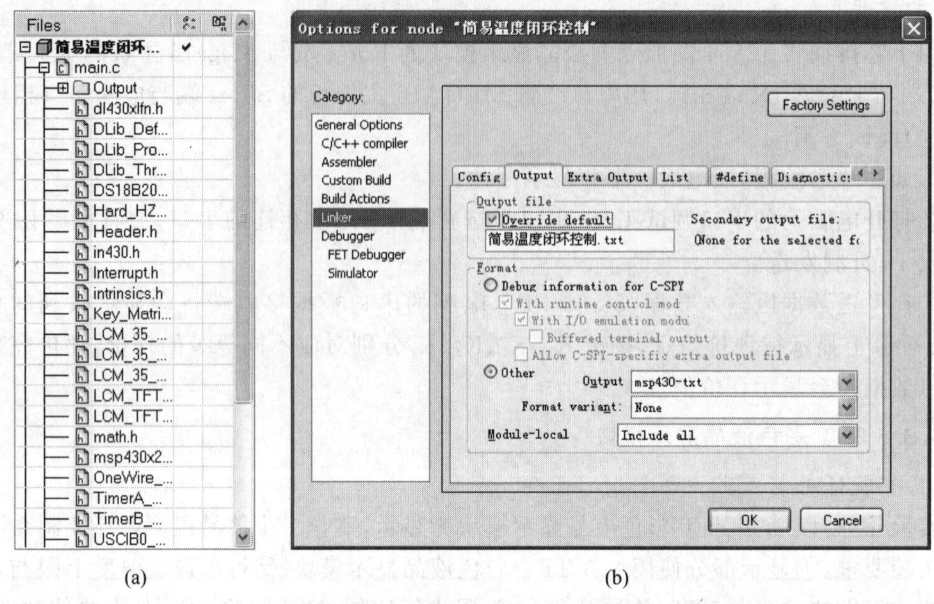

(a)　　　　　　　　　　　　　　(b)

图 5.5.6　简易温度闭环控制(JTAG 下载方式)程序修改图标

④修改完后保存，点击 Project 下的 Make 按键可编译出烧写所需的烧录文件。如果要生成 BSL 下载所需的 txt 文件，则右键单击工程文件，如图 5.5.5(c)所示；在弹出的菜单中选择 Option，进行如图 5.5.6(b)所示的设置，保存后，同样点击 Make 按键进行编译即可。

⑤点击软件菜单栏 Project 下的 Download and Debug，可以烧写程序并进行软件的调试，工具栏中的▷按键可以进行相同的操作。只需要烧录不调试可以选择 Project→Download→Download active application，即可烧入当前工程的程序。

(4)接线

用十芯的排线将主控板上的 P_5 与显示屏座的 $P_{5\text{-}1}$ 连接，P_4 与 $P_{4\text{-}1}$ 连接，P_3 与 $P_{3\text{-}1}$ 连接，P_2 与矩阵键盘相连接，P_1 与温度传感器连接。

(5)验证与调试

①接线完成后打开电源开关，观察屏幕显示是否正常。

②用矩阵键盘对温度进行设置，KEY1～KEY9 对应数字 1～9，KEY11 为数字 0，KEY10、KEY12 为左右移动，KEY13 和 KEY15 为确定和设置，KEY14 为向下。

③温度设置的上限必须比下限高。

④上下限设置完后，改变温度即可进行相关数据的观察。

5. 带触摸屏及硬件汉字库的 4.7′彩色液晶显示模块

(1)实验任务与要求

实验任务：以带触摸屏及硬件汉字库的 4.7′TFT 彩色液晶显示模块为显示，制作一个可以进行语音提示的温度、湿度及时间一体化实现系统。

实验要求：①显示部分使用带触摸屏及硬件汉字库的 4.7′TFT 彩色液晶显示模块；②

可以进行温湿度的采集与显示；③可以进行时间的显示；④可以进行时间的修改与设置；⑤温度、湿度和时间信息可以用语音进行提示。

（2）程序烧写

由于本项目程序较大，因此推荐采用 jtag 下载模式，下载及调试方法与第 4 个实验操作方法一致，因此不再赘述。

（3）接线

MSP430 主控板的 P_5 与 4.7 英寸屏座的 $P_{5\text{-}1}$ 相连，P_4 与 $P_{4\text{-}1}$ 相连，P_3 与 $P_{3\text{-}1}$ 相连，P_2 与 $P_{2\text{-}1}$ 相连，P_1 与 $P_{1\text{-}1}$ 相连。声音及温度传感模块的 P_3 口与 4.7 英寸屏座的 $P_{3\text{-}2}$ 相连。主控板的 CLK 与 P_{10} 用跳线连接。

（4）验证与调试

程序烧入后通电需要进行屏幕校准，按屏幕要求进行点击即可，校准完成后进入时间日期的设置，设置完后即可进入程序主界面。（屏幕的校准即时间设置在出厂时已经设置好。）

点击屏幕上的报时，听到当前时间的播报；点击报温，听到当前温度、湿度的播报，即为正常。点击设置可以进入时间日期的设置。

第6章 太阳能光伏发电实训

6.1 太阳能光伏发电实训说明

6.1.1 太阳能光伏发电系统

1. 产品介绍

太阳能电池是一种半导体光电子器件，它利用器件的“光伏效应”原理直接将太阳能转变成电能。其发电机制是一个纯物理过程，不排放任何化学物质，是一种十分理想的洁净的可再生能源。与其他发电方式相比较，光伏发电系统有着无污染，不需要燃料，无转动器件，运行安全可靠，使用维护简便，维护费用极低，发电系统可大可小，可随意组合等一系列优点，从而使其应用十分广泛，覆盖着从几瓦、几十瓦的小型便携式电源到几兆瓦的并网发电系统，同时在太阳能照明以及通信系统、水文观测系统、气象和地震台站等中得到了广泛的应用。

目前太阳能电子产品发展迅速，但是各大高校实验室相关实验资源相对不足。为了帮助学生理解太阳能光伏发电原理，学习工程应用技能，我们开发了这套光伏发电实训系统。

本实训系统主要面向高等院校、职业技术学校的本科生和研究生，通过理论知识结合实训系统的交互式学习，让学生深刻理解太阳能光伏发电原理及详细过程，提高了学生的专业实践能力和动手能力，也增强了学生的就业竞争力。

本实训系统设计了验证性实验、控制性实验、综合设计性实验三部分实验内容，采用了1000 W金卤灯来模拟太阳光，使得实训项目随时都可以进行，而不受天气变化的限制。工程实用价值强，采用工业用电池板，可在室内和室外灵活放置。整个实训装置的各模块均与实际工程应用一模一样并完全独立，学生在实训过程中可完全根据自己对太阳能光伏发电应用的理解自己动手安装。

2. 面板介绍

(1)负载面板模块

如图6.1.1所示，220 V LED光源的供电端为其右侧的3芯电源插座，12 V LED光源的供电端为其右边的红色和黑色香蕉插座(注意：12 V LED光源供电是分正负极性的，若极性反了，则光源不亮，需要将光源拔下来换个极性插上去)。

0～50 Ω可调电阻的阻值通过其正下方的旋钮来调节，顺时针增大，逆时针减小。阻值由对应的红色和黑色香蕉插座引出。

0～10 kΩ可调电阻的阻值通过其正下方的旋钮来调节，顺时针增大，逆时针减小。阻值由对应的红色和黑色香蕉插座引出。

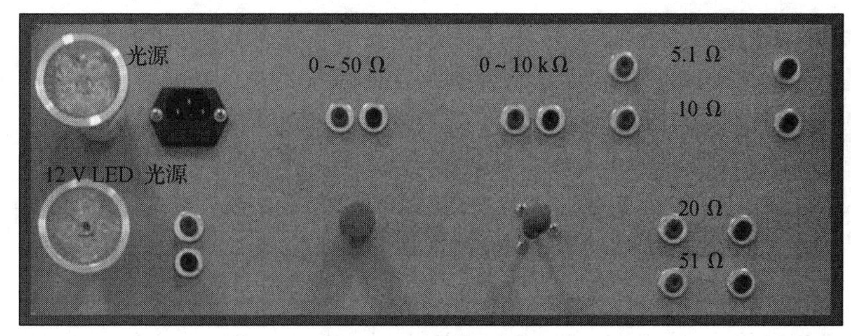

图 6.1.1　负载面板图

5.1 Ω、10 Ω、20 Ω 和 51 Ω 电阻的阻值由各自标识对应左右两边的红色和黑色香蕉插座引出。

(2)太阳能控制器面板模块

如图 6.1.2 所示,左侧控制器为 MPPT 控制器,太阳能电池组标识上方的红色和黑色香蕉插座为控制器太阳能电池输入,红色对应为输入正极,黑色对应为输入负极;蓄电池标识上方的红色和黑色香蕉插座为蓄电池接入端,红色对应接蓄电池正极,黑色对应接蓄电池负极;负载标识上方的红色和黑色香蕉插座为负载供电端,输出 12 V 直流电压,红色对应正极,黑色对应负极。

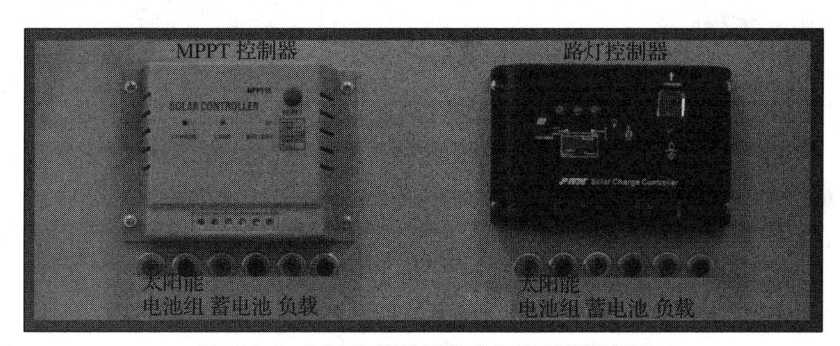

图 6.1.2　MPPT 控制器和路灯控制器面板图

右侧侧控制器为普通路灯控制器,太阳能电池组标识上方的红色和黑色香蕉插座为控制器太阳能电池输入,红色对应为输入正极,黑色对应为输入负极;蓄电池标识上方的红色和黑色香蕉插座为蓄电池接入端,红色对应对应接蓄电池正极,黑色对应接蓄电池负极;负载标识上方的红色和黑色香蕉插座为负载供电端,输出 12 V 直流电压,红色对应正极,黑色对应负极。

(3)蓄电池和逆变器面板模块

如图 6.1.3 所示,左侧蓄电池标识正下方红色和黑色香蕉插座为蓄电池正负极,红色对应正极,黑色对应负极。

中间为 3 个开关,这 3 个开关在实验过程中可灵活使用,每个开关右边的红色和黑色香蕉插座对应开关的两端。

右侧逆变器下方的红色和黑色香蕉插座对应逆变器的电压输入,红色为正输入,黑色为负输入。因为此逆变器为 12 V 输入的逆变器,所以输入电压应该为 12 V。逆变器输出由

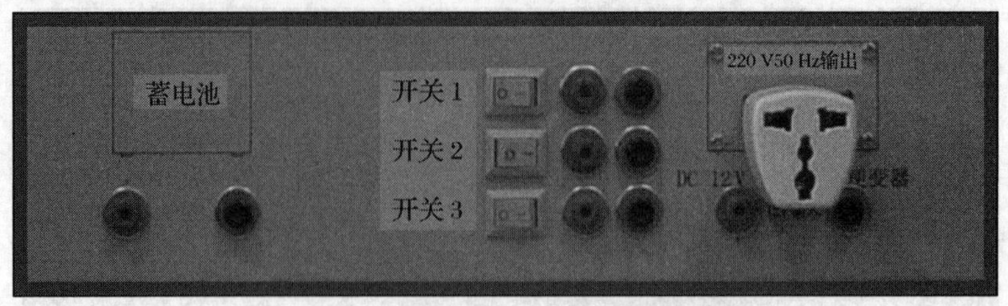

图 6.1.3　蓄电池和逆变器面板图

中间白色 3 孔插座输出，输出电压为 220 V 交流，功率为 150 W，可以为 150 W 以内的负载或者其他用电器供电。

6.1.2　路灯控制器说明

1. 主要特点

(1)使用单片机和专用软件，实现了智能控制。

(2)利用蓄电池放电率特性修正的准确放电控制。放电终了电压是由放电率曲线修正的控制点，消除了单纯的电压控制过放的不准确性，符合蓄电池固有的特性，即不同的放电率具有不同的终了电压。

(3)具有过充、过放、电子短路、过载保护、独特的防反接保护等全自动控制，以上保护均不损坏任何部件，不烧保险。

(4)采用了串联式 PWM 充电主电路，使充电回路的电压损失较使用二极管的充电电路降低近一半，充电效率较非 PWM 高 3%～6%，增加了用电时间；过放恢复的提升充电、正常的直充及浮充自动控制方式使系统有更长的使用寿命，同时具有高精度温度补偿。

(5)直观的 LED 发光管指示当前蓄电池状态，让用户了解使用状况。

(6)所有控制全部采用工业级芯片(仅对带Ⅰ工业级控制器)，能在寒冷、高温、潮湿环境运行自如。同时使用了晶振定时控制，定时控制精确。

(7)取消了电位器调整控制设定点，而利用了 E 方存储器记录各工作控制点，使设置数字化，消除了因电位器震动偏位、温漂等使控制点出现误差，降低准确性、可靠性的因素。

(8)使用了数字 LED 显示及设置，一键式操作即可完成所有设置，使用极其方便直观。

(9)全密封防水型具有完全的防水防潮性能。

2. 技术指标

表 6.1.1　路灯控制器的技术指标

额定充电电流	10 A
额定负载电流	10 A
系统电压	12 V
过载、短路保护	大于 1.25 倍额定电流 60 s 或大于 1.5 倍额定电流 5 s 时过载保护动作，大于 23 倍额定电流时短路保护动作，反应时间小于 20 μs
空载损耗	≤5 mA
充电回路压降	不大于 0.26 V

续表

放电回路压降	不大于 0.15 V
超压保护	17 V，×2/24 V
工作温度	工业级：−35 ℃至+55 ℃（后缀 I）
提升充电电压	14.6 V，×2/24 V（维持时间：10 min，只有当出现过放时才调用）
直充充电电压	14.4 V，×2/24 V（维持时间：10 min）
浮充	13.6 V，×2/24 V（维持时间：直至充电返回电压动作）
充电返回电压	13.2 V，×2/24 V
温度补偿	−5 mV/℃/2 V（提升、直充、浮充、充电返回电压补偿）
欠压电压	11.2 V，×2/24 V
过放电压	11.1 V～放电率补偿修正的初始过放电压（空载电压），×2/24 V
过放返回电压	12.6 V，×2/24 V
过放可强制返回电压	11.8 V，×2/24 V（按键强制返回）
控制方式	充电为 PWM 脉宽调制，控制点电压为不同放电率智能补偿修正

3. 系统说明

本控制器专为太阳能直流供电系统、太阳能直流路灯系统设计，并使用了专用电脑芯片的智能化控制器，如图 6.1.4 所示。采用一键式轻触开关，完成所有操作及设置。具有短路、过载、独特的防反接保护，充满、过放自动关断、恢复等全功能保护措施，及详细的充电指示、蓄电池状态、负载和各种故障指示。本控制器通过电脑芯片对蓄电池的端电压、放电电流、环境温度等涉及蓄电池容量的参数进行采样，通过专用控制模型计算，实现符合蓄电池特性的放电率、温度补偿修正的高效、高准确率控制，并采用高效 PWM 蓄电池的充电模式，保证蓄电池工作在最佳的状态，大大延长了蓄电池的使用寿命。具有多种工作模式、输出模式，满足用户各种需要。

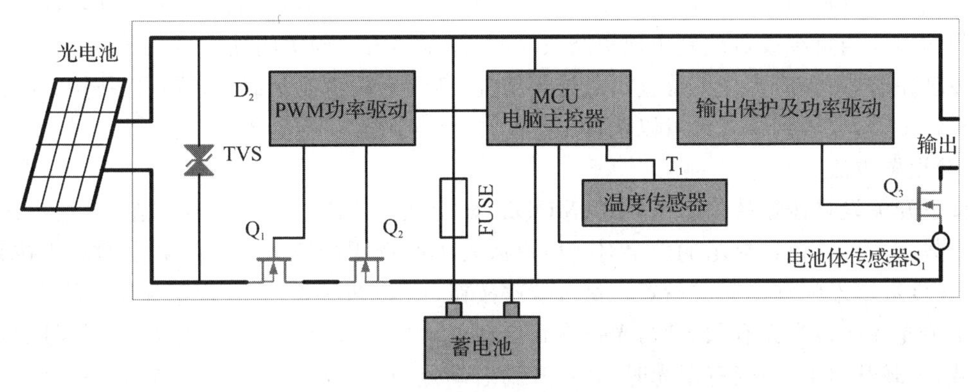

图 6.1.4 太阳能光伏发电系统结构

4. 安装及使用

（1）导线的准备：建议使用多股铜芯绝缘导线。先确定导线长度，在保证安装位置的情况下，尽可能减小连线长度，以减少电损耗。按照不大于 4 A/mm² 的电流密度选择铜导线截面积，将控制器一侧的接线头剥去 5 mm 的绝缘。

(2)先连接控制器上蓄电池的接线端子，再将另外的端头连至蓄电池上，注意“+”“−”极不要反接。如果连接正确，指示灯②应亮，可按按键来检查；否则，需检查连接对否。如发生反接，不会烧保险及损坏控制器任何部件。保险丝只作为控制器本身内部电路损坏短路的最终保护。

(3)连接光电池导线，先连接控制器上光电池的接线端子，再将另外的端头连至光电池上，注意“+”“−”极不要反接。如果有阳光，充电指示灯应亮；否则，需检查连接对否。

(4)将负载的连线接入控制器上的负载输出端，注意“+”“−”极不要反接，以免烧坏用电器。

5. 使用说明

(1)充电及超压指示

当系统连接正常，且有阳光照射到光电池板时，充电指示灯①为绿色常亮，表示系统充电电路正常；当充电指示灯①出现绿色快速闪烁时，说明系统过电压，处理见故障处理内容。充电过程使用了 PWM 方式，如果发生过放动作，充电先要达到提升充电电压，并保持 10 min，而后降到直充电压，保持 10 min，以激活蓄电池，避免硫化结晶，最后降到浮充电压，并保持浮充电压。如果没有发生过放，将不会有提升充电方式，以防蓄电池失水。这些自动控制过程将使蓄电池达到最佳充电效果，并保证或延长其使用寿命。

(2)蓄电池状态指示

蓄电池电压在正常范围时，状态指示灯②为绿色常亮；充满后，状态指示灯②为绿色慢闪；当电池电压降低到欠压时，状态指示灯②变成橙黄色；当蓄电池电压继续降低到过放电压时，状态指示灯②变为红色，此时控制器将自动关闭输出，提醒用户及时补充电能。当电池电压恢复到正常工作范围内时，将自动使能输出开通动作，状态指示灯②变为绿色。

(3)负载指示

当负载开通时，负载指示灯③常亮。如果负载电流超过控制器 1.25 倍的额定电流 60 s，或负载电流超过控制器 1.5 倍的额定电流 5 s 时，指示灯③为红色慢闪，表示过载，控制器将关闭输出。当负载或负载侧出现短路故障时，控制器将立即关闭输出，指示灯③快闪。出现上述现象时，用户应当仔细检查负载连接情况，断开有故障的负载后，按一次按键，30 s 后恢复正常工作，或等到第二天可以正常工作。

(4)设置方法

按下开关设置按钮持续 5 s，模式(MODE)显示数字 LED 闪烁，松开按钮，每按一次转换一个数字，直到 LED 显示的数字对上用户从表中所选用的模式对应的数字即停止按键，等到 LED 数字不闪烁即完成设置。每按一次按钮，LED 数字点亮，可观察到设置的值。

①纯光控(0)：当没有阳光时，光强降到启动点，控制器延时 10 min 确认启动信号后，开通负载，负载开始工作；当有阳光时，光强升到启动点，控制器延时 10 min 确认关闭输出信号后关闭输出，负载停止工作。

②光控+延时方式(1～9，0.～5.)：启动过程同前。当负载工作到设定的时间就关闭负载。

③通用控制器方式(6.)：此方式仅取消光控、时控及输出延时等相关的功能，保留其他

所有功能，作为一般的通用控制器使用(即通过按键控制负载的输出或关闭)。

④调试方式(7.)：用于系统调试使用，与纯光控模式相同，只取消了判断光信号控制输出的 10 min 延时，保留其他所有功能。无光信号即接通负载，有光信号即关断负载，方便安装调试时检查系统安装的正确性。

(5)输出模式说明

当停止 LED 显示时，所设置的模式自动存入 MCU 的内部 E 方 ROM，断电也不会丢失，工作模式说明见表 6.1.2。

表 6.1.2　工作模式设置

LED 显示	工作模式	LED 显示	工作模式
0	光控开＋光控关	0.	光控开＋延时 10 h 关
1	光控开＋延时 1 h 关	1.	光控开＋延时 11 h 关
2	光控开＋延时 2 h 关	2.	光控开＋延时 12 h 关
3	光控开＋延时 3 h 关	3.	光控开＋延时 13 h 关
4	光控开＋延时 4 h 关	4.	光控开＋延时 14 h 关
5	光控开＋延时 5 h 关	5.	光控开＋延时 15 h 关
6	光控开＋延时 6 h 关	6.	通用控制器模式
7	光控开＋延时 7 h 关	7.	调试模式
8	光控开＋延时 8 h 关		
9	光控开＋延时 9 h 关		

6. 常见故障现象及处理方法

在出现下列现象时，请按照表 6.1.3 所述方法进行检查。

表 6.1.3　常见故障现象及处理方法

现象	处理方法
当有阳光直射光电池组件时，绿色充电指示灯①不亮	请检查光电池电源两端接线是否正确，接触是否可靠
充电指示灯①快闪	系统电压超压，蓄电池开路，检查蓄电池是否连接可靠，或充电电路损坏
负载指示灯③亮，但无输出	请检查用电器具是否连接正确、可靠
负载指示灯③快闪且无输出	输出有短路，请检查输出线路，移除所有负载后，按一下开关按钮，30 s 后控制器恢复正常输出
负载指示灯③慢闪，且无输出	负载功率超过额定功率，请减少用电设备，按一下按钮，30 s 后控制器恢复输出
状态指示灯②为红色，且无输出	蓄电池过放，充足电后自动恢复使用

6.1.3 MPPT 控制器说明

1. 主要特点

MPPT 控制器的主要特点有:①其充电系统充电效能比一般太阳能控制器提高 10%~30%;②具有同时充电、放电工作的功能;③具备完善的 SOC 电池系统,控制充电电流,决定是否向负载供电;④经常保持蓄电池处在饱满状态;⑤防止蓄电池过度充电;⑥防止蓄电池过度放电;⑦防止夜间蓄电池向太阳能电池板反向充电;⑧蓄电池反接保护;⑨太阳能电池板反接保护;⑩负载短路保护;⑪电池电压过低,控制器会切断负载,并具有自动恢复功能;⑫控制器雷击保护;⑬控制器开机时会根据电池电压等级自动设置停充电压、负载恢复电压;⑭充电电压温度补偿功能。

2. 技术指标

表 6.1.4 MPPT 控制器的技术指标

额定充电电流	15 A
额定负载电流	15 A
系统电压	12~20 V
空载损耗	≤10 mA
工作温度	工业级:-25 ℃至+55 ℃
充电返回电压	13.7~14.4 V
温度补偿	-3 mV/℃/2 V
欠压电压	10.5~11 V
过放电压	11.1 V~放电率补偿修正的初始过放电压(空载电压),×2/24 V
效率	95%~97%

3. 系统说明

MPPT 充放电控制器在设计时已经充分考虑了人身和财产安全,但不正确的使用方法有可能导致安全事故及故障的发生。为了保证安全,在使用安装时一定要遵守以下规则:①小孩或自主能力不足的人不能使用本产品;②不要将本产品放置在电热器、取暖机等热源旁,尽量避免阳光直射;③系统连接前请仔细核对并确定太阳能板、蓄电池、负载的额定电压相同;④连线时特别注意太阳能板、蓄电池、负载的正负极不能接错;⑤连接必须牢固,确保接触良好。

4. 安装及使用

用户按照标志接线即可,值得注意的是:①在连接太阳能板前,应该首先将蓄电池与控制器连接好,不可以用太阳能电池直接带负载工作;②用灯照太阳能板时发电很弱;③不能用直流电源代替太阳能电池板。

5. 使用说明

(1)红色充电指示灯(charge)常亮表示正在强力充电,闪动表示正在 MPPT 充电,不亮

表示充电停止。

(2)绿色负载指示灯(load)亮表示有输出,负载可以工作;不亮表示没有输出,负载不能工作。

(3)蓄电池电量指示灯(battery)红色表示蓄电池欠压,绿色表示电池充满,正常情况下为橙色。

(4)蓄电池电量指示灯工作电压指示范围(空载参考值):红色,10.5～11 V;橙色,11～13.7 V;绿色,13.7 V 以上。

6. 常见故障现象及处理方法

(1)故障 1

现象:绿灯熄,蓄电池电量指示灯为红色,造成该现象的原因是蓄电池电压不足。

解决办法:断开负载,待蓄电池充上电后,再接上负载;若蓄电池充电有问题,则应增加太阳能板的功率或更换蓄电池。

(2)故障 2

现象:蓄电池电量指示灯(橙色)及负载指示灯(绿色)正常,负载不能工作。造成该现象的原因是负载超载或短路,造成控制器内保险断开。

解决办法:消除负载的超载或短路后,过 10～20 min,保险自动恢复。

6.2　太阳能光伏发电实训

6.2.1　实验目的与要求

1. 了解并掌握光伏发电系统的原理;
2. 了解并掌握光伏发电系统的组成,学习太阳能发电系统的装配;
3. 了解并掌握太阳能发电系统的工程应用方法。

6.2.2　实验仪器与材料

MPPT 控制器(WS-MPPT15)1 台,路灯控制器(WS-L2412)1 台,太阳能电池板 1 套,光源 1 套,光照度计 1 台,蓄电池 1 组,逆变器 1 台,万用表 2 台,可调电阻 2 个。

6.2.3　实验原理与方法

1. 太阳能电池的结构

以晶体硅太阳能电池为例,其结构示意图如图 6.2.1 所示。晶体硅太阳能电池以硅半导体材料制成大面积 PN 结进行工作。一般采用 N+/P 同质结的结构,即在约 10 cm×10 cm 面积的 P 型硅片(厚度约 500 μm)上用扩散法制作出一层很薄(厚度约为 0.3 μm)的经过重掺杂的 N 型层,然后在 N 型层上面制作金属栅线,作为正面接触电极。在整个背面也制作金属膜,作为背面欧姆接触电极,这样就成了晶体硅太阳能电池。为了减少光的反射损失,一般在整个表面上再覆盖一层减反射膜。

2. 光伏效应

当光照射在距太阳能电池表面很近的 PN 结上时,只要入射光子的能量大于半导体材

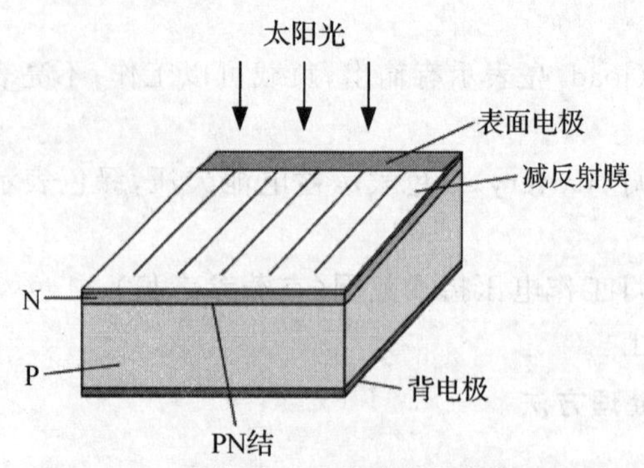

图 6.2.1　晶体硅太阳能电池的结构示意图

料的禁带宽度 E_g，则在 P 区、N 区和结区光子被吸收会产生电子-空穴对。那些在结附近 N 区中产生的少数载流子由于存在浓度梯度而要扩散，只要少数载流子离 PN 结的距离小于它的扩散长度，总有一定概率扩散到结界面处。在 P 区与 N 区交界面的两侧即结区，存在一空间电荷区，也称为耗尽区。在耗尽区中，正负电荷间成一电场，电场方向由 N 区指向 P 区，这个电场称为内建电场。这些扩散到结界面处的少数载流子（空穴）在内建电场的作用下被拉向 P 区。同样，如果在结附近 P 区中产生的少数载流子（电子）扩散到结界面处，也会被内建电场迅速拉向 N 区。结区内产生的电子-空穴对在内建电场的作用下分别移向 N 区和 P 区。如果外电路处于开路状态，那么这些光生电子和空穴积累在 PN 结附近，使 P 区获得附加正电荷，N 区获得附加负电荷，这样在 PN 结上产生一个光生电动势。这一现象称为光伏效应（photovoltaic effect，缩写为 PV）。

3. 太阳能电池的表征参数

太阳能电池的工作原理是基于光伏效应。当光照射太阳能电池时，将产生一个由 N 区到 P 区的光生电流 I_{ph}。同时，由于 PN 结二极管的特性，存在正向二极管电流 I_D，此电流方向从 P 区到 N 区，与光生电流相反。因此，实际获得的电流 I 为：

$$I=I_{ph}-I_D=I_{ph}-I_0\left[\exp\left(\frac{qU_D}{nk_BT}\right)-1\right] \tag{1}$$

式中，U_D 为结电压；I_0 为二极管的反向饱和电流；I_{ph} 为与入射光的强度成正比的光生电流，其比例系数是由太阳能电池的结构和材料的特性决定；n 称为理想系数（n 值），是表示 PN 结特性的参数，通常在 1～2 之间；q 为电子电荷；k_B 为波尔茨曼常数；T 为温度。如果忽略太阳能电池的串联电阻 R，U_D 即为太阳能电池的端电压，则(1)式可写为：

$$I=I_{ph}-I_0\left[\exp\left(\frac{qU}{nk_BT}\right)-1\right] \tag{2}$$

当太阳能电池的输出端短路时，$U=0(U\approx0)$，由(2)式可得到短路电流

$$I_{sc}=I_{ph} \tag{3}$$

即太阳电池的短路电流等于光生电流，与入射光的强度成正比。当太阳能电池的输出端开路时，$I=0$，由(2)和(3)式可得到开路电压

$$U_{oc}=\frac{nk_BT}{q}\ln\left(\frac{I_{sc}}{I_0}+1\right) \tag{4}$$

当太阳能电池接上负载 R 时，所得的负载伏安特性曲线如图 6.2.2 所示。负载 R 可以

从零到无穷大。当负载 R_m 使太阳电池的功率输出为最大时，它对应的最大功率 P_m 为：

$$P_m = I_m U_m \tag{5}$$

式中，I_m 和 U_m 分别为最佳工作电流和最佳工作电压。将 U_{oc} 与 I_{sc} 的乘积与最大功率 P_m 之比定义为填充因子 FF，则

$$\mathrm{FF} = \frac{P_m}{U_{oc} I_{sc}} = \frac{U_m I_m}{U_{oc} I_{sc}} \tag{6}$$

FF 为太阳能电池的重要表征参数，FF 愈大则输出的功率愈高。FF 取决于入射光强、材料的禁带宽度、理想系数、串联电阻和并联电阻等。

太阳能电池的转换效率 h 定义为太阳能电池的最大输出功率与照射到太阳能电池的总辐射能 P_{in} 之比，即

$$\eta = \frac{P_m}{P_{in}} \times 100\% \tag{7}$$

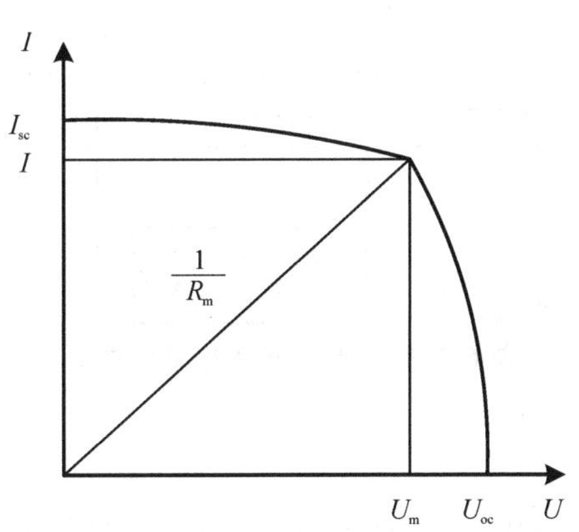

图 6.2.2　太阳能电池的伏安特性曲线

4. 太阳能电池的等效电路

太阳能电池可用 PN 结二极管 D、恒流源 I_{ph}、太阳能电池的电极等引起的串联电阻 R_s 和相当于 PN 结泄漏电流的并联电阻 R_{sh} 组成的电路来表示，如图 6.2.3 所示，该电路为太阳能电池的等效电路。由等效电路图可以得出太阳能电池两端的电流和电压关系为：

$$I = I_{ph} - I_0 \left\{ \exp\left[\frac{q(U + R_s I)}{n k_B T} \right] - 1 \right\} - \frac{U + R_s I}{R_{sh}} \tag{8}$$

为了使太阳能电池输出更大的功率，必须尽量减小串联电阻 R_s，增大并联电阻 R_{sh}。

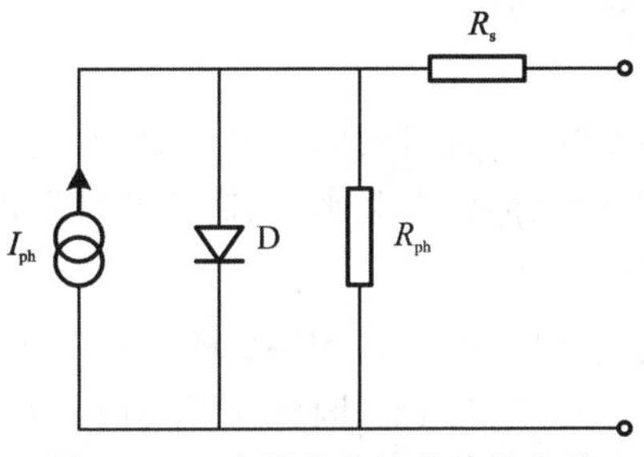

图 6.2.3　太阳能电池的等效电路

5. 太阳能电池的最大输出功率点跟踪(MPPT)

从图6.2.2中可以看出,在一定的光照强度与温度下,光伏电池输出曲线上都可以找到一个最大的功率输出点 P_m。如果可以使光伏电池工作在最大功率点,就可以极大地提升光伏电池的效率,故应寻找其最大功率点,即寻优。通过对光伏电池当前输出电压与电流的检测,得到当前电池输出功率,将其与前一时刻功率相比较,然后根据功率与占空比的关系,改变占空比,使其向最大功率点不断靠近,如此反复,直至达到最大点附近的一个极小区域内。当外界光照强度与温度发生明显改变时,系统会进行再次寻优。

从图6.2.4可知,改变脉宽调制信号(pulse width modulation,PWM)的占空比 D,实质上是改变了光伏电池的负载,从而实现阻抗匹配的功能,也即使光伏电池的输出功率点发生改变,从而达到寻找最大功率点的目的。国内外一些光伏发电系统对光伏电池的最大功率跟踪控制,提出过多种方法,如定电压跟踪法、扰动观察法、功率回授法和增量电导法等。

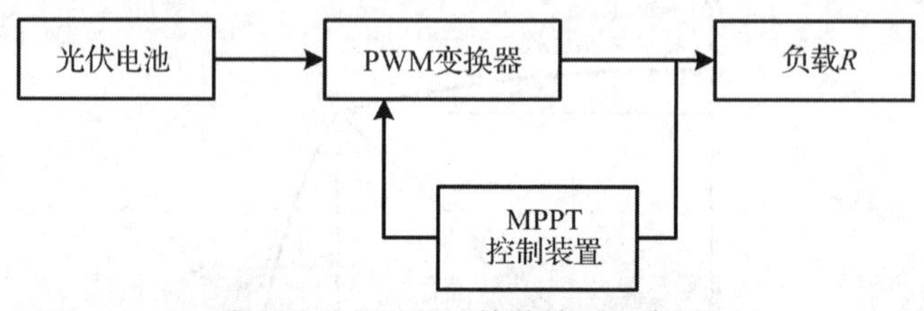

图6.2.4 MPPT简单控制示意图

6. 光伏发电系统组成

太阳能发电系统由太阳能电池组、太阳能控制器、蓄电池(组)组成。如输出电源为交流220 V或110 V,还需要配置逆变器,如图6.2.5所示。各部分的作用为:

(1)太阳能电池板

太阳能电池板是太阳能发电系统中的核心部分,也是太阳能发电系统中价值最高的部分。其作用是将太阳的辐射能转换为电能,或送往蓄电池中存储起来,或推动负载工作。太阳能电池板的质量和成本将直接决定整个系统的质量和成本。

(2)太阳能控制器

太阳能控制器的作用是控制整个系统的工作状态,并对蓄电池起到过充电保护、过放电保护的作用。在温差较大的地方,合格的控制器还应具备温度补偿的功能。其他附加功能如光控开关、时控开关都应当是控制器的可选项。

(3)蓄电池

一般为铅酸电池,小微型系统中,也可用镍氢电池、镍镉电池或锂电池。其作用是在有光照时将太阳能电池板所发出的电能储存起来,到需要的时候再释放出来。

(4)逆变器

在很多场合,都需要提供220 V AC、110 V AC的交流电源。由于太阳能控制器的直接输出一般都是12 V DC、24 V DC、48 V DC,因此需要使用逆变器将控制器输出的直流电压转换为220 V的电压。本实验仪器使用的逆变器输入电压为12 V,功率为150 W。(注意:由于本实训系统需要在日光下操作,考虑到实验方便性,特使用光源替代日光,但是在光源

照射条件下，太阳能电池的输出达不到最佳状态，只作为实验参考。）

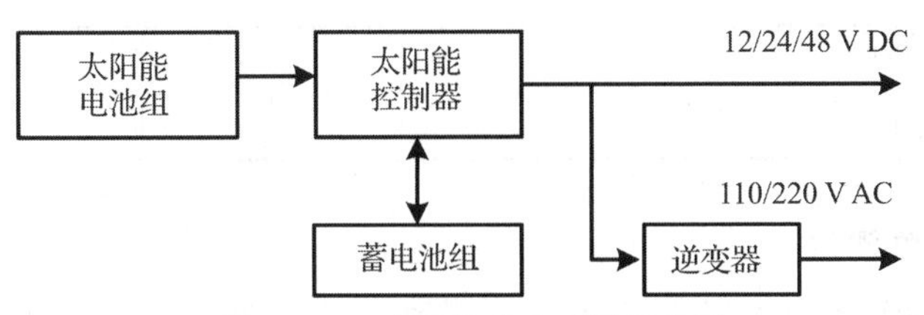

图 6.2.5　太阳能发电系统示意图

6.2.4　实验内容与步骤

1. 短路电流和开路电压特性测试

(1)短路电流特性测试

测试装置原理如图 6.2.6(a)所示，将电流表直接接在太阳能电池组件的正、负极，红表笔接正极，黑表笔接负极。

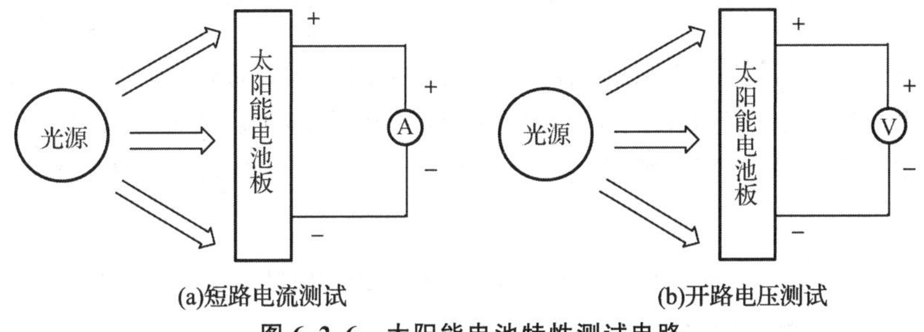

图 6.2.6　太阳能电池特性测试电路

光源的发光方向对着太阳能电池组件，打开光源电源，等光源发光亮度稳定后开始测量（金卤灯从接通电源到稳定发光需要等几分钟）。用照度计测量照射在太阳能电池组件表面的光照度，改变光源和太阳能电池组件之间的距离，测量不同光照度下太阳能电池组件的输出电流 I，并填入表 6.2.1。

表 6.2.1　光照度与光生电流

光照度/lx							
光生电流/A							

(2)开路电压特性测试

测试装置原理框图如图 6.2.6(b)所示，将电压表直接接在太阳能电池组件的正负极，红表笔接正极，黑表笔接负极。

光源的发光方向对着太阳能电池组件，打开光源电源，等光源发光亮度稳定后开始测量。用照度计测量照射在太阳能电池组件表面的光照度，改变光源和太阳能电池组件之间的距离，测量不同光照度下太阳能电池组件的输出电压 U，填入表 6.2.2。

表 6.2.2　光照度与光生电压

光照度/lx							
光生电压/V							

2. 负载伏安特性测试

测试装置原理如图 6.2.7 所示，按照图连接线路。光源的发光方向对着太阳能电池组件，打开光源电源，等光源发光亮度稳定后开始测量。

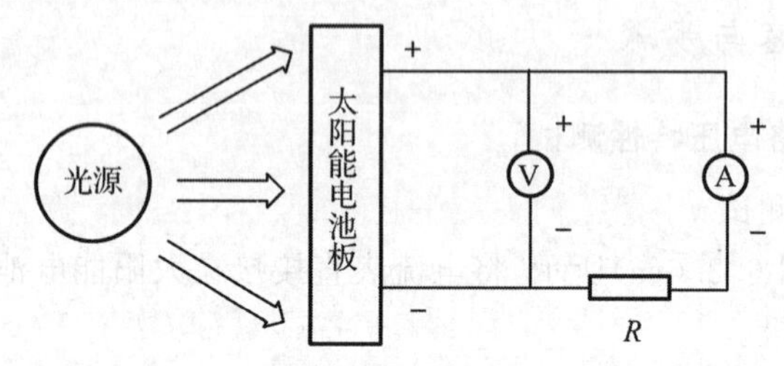

图 6.2.7　太阳能电池负载伏安特性测试电路

改变电阻阻值，测量流经电阻的电流 I 和电阻上的电压 U，即可得到该光伏组件的伏安特性曲线。测量过程中辐射光源与光伏组件的距离要保持不变，以保证整个测量过程是在相同光照强度下进行的，将测量数据填入表 6.2.3。根据测量结果绘制伏安特性曲线，求短路电流 I_{sc} 和开路电压 U_{oc}。

表 6.2.3　太阳能电池负载电阻的伏安特性

电阻/Ω							
光生电压/V							
光生电流/A							

改变光源和太阳能电池组件之间的距离，分别测量几组(具体组数自定)不同光照下的光伏组件的伏-安特性曲线，绘制不同光照下的伏-安特性曲线。

3. 最大功率点跟踪实验测试

(1)根据实验 2 所测得的数据，绘制负载-功率曲线。

(2)求太阳能电池的最大输出功率及最大输出功率时负载电阻。

(3)计算填充因子 $FF=\frac{P_{max}}{I_{sc}U_{oc}}$。

4. 最大输出功率与入射角的关系测试

(1)按照图 6.2.7 连接线路。光源的发光方向对着太阳能电池组件，打开光源电源，等光源发光亮度稳定后开始测量。

改变电阻阻值，测量流经电阻的电流 I 和电阻上的电压 U，即可得到该光伏组件的伏安特性曲线。测量过程中辐射光源与光伏组件的距离要保持不变，以保证整个测量过程是在相同光照强度下进行的，将测量数据填入表 6.2.4。

表 6.2.4　太阳能电池负载电阻与输出功率

电阻/Ω							
光生电压/V							
光生电流/A							

(2)求出最大输出功率。

(3)改变光照入射角度,测量太阳能电池在不同入射角度下的最大输出功率。

(4)绘制最大输出功率与入射角的关系曲线。

5. 最大输出功率与光照强度的关系测试

(1)按照图 6.2.7 连接线路。光源的发光方向对着太阳能电池组件,打开光源电源,等光源发光亮度稳定后开始测量。

改变电阻阻值,测量流经电阻的电流 I 和电阻上的电压 U,即可得到该光伏组件的伏安特性曲线。测量过程中辐射光源与光伏组件的距离要保持不变,以保证整个测量过程是在相同光照强度下进行的,将测量数据填入表 6.2.5。

表 6.2.5　太阳能电池负载电阻与输出功率

电阻/Ω							
光生电压/V							
光生电流/A							

(2)求出最大输出功率。

(3)改变光源与太阳能电池组件之间的距离,测量太阳能电池在不同光照下的最大输出功率。

(4)绘制最大输出功率与光照强度的关系曲线。

6. 控制器原理

(1)太阳能控制器是整个太阳能发电系统的控制中心,其作用是控制太阳能发电系统的工作状态,能够根据太阳能电池板的输出功率和蓄电池的特性,对蓄电池进行充放电控制,并保护蓄电池不受过充电和过放电的损害。同时输出功率给负载进行供电,还有 MPPT(最大功率跟踪)功能,保证太阳能电池能够随着表面照射光强变化时始终保持最大功率输出,提高太阳能利用率。

(2)本实训系统提供了两种不同类型的控制器:普通单路路灯控制器和带 MPPT 功能的控制器,通过对不同控制器的实际操作使用,了解不同控制器的优缺点及应用方向。

(3)控制器使用方法参考控制器使用说明。

7. 蓄电池充放电控制实践

选 MPPT 控制器作为操作对象,路灯控制器接线与 MPPT 控制器相同。

(1)按照图 6.2.8 所示电路组建系统。将蓄电池输出的红色和黑色香蕉插座用连接线对应接到 MPPT 控制器的蓄电池输入端,红色对应接红色,黑色对应接黑色。

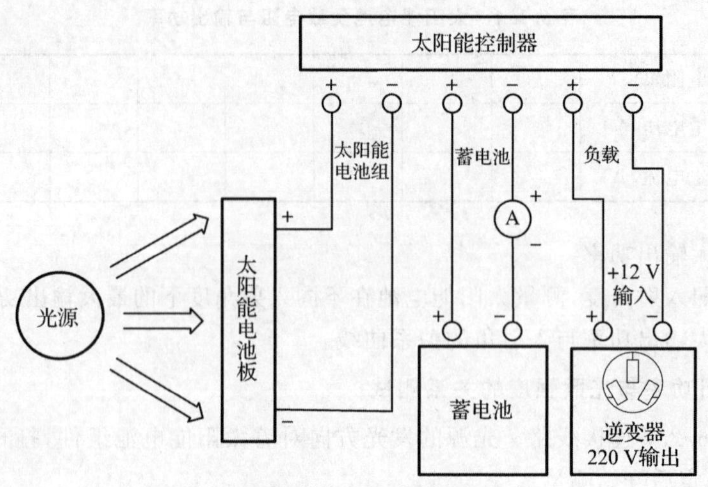

图 6.2.8　蓄电池充放电控制系统

(2)万用表串接在蓄电池和控制器间。

(3)改变光照度和光入射角度,观察充电电流变化。

(4)电池充满后观察充电电流大小。

(5)用电压表测量控制器负载输出端电压值。

(6)将控制器负载端直接接 12 V LED 光源负载,观察放电电流变化。

8. 蓄电池保护

(1)按照图 6.2.8 所示电路组建系统。将蓄电池输出的红色和黑色香蕉插座用连接线对应接到 MPPT 控制器的蓄电池输入端,红色对应接红色,黑色对应接黑色。

(2)万用表串接在蓄电池和控制器间。

(3)改变光照度和光入射角度,观察充电电流变化。当蓄电池充满时,观察充电电流变化,分析变化原因。

(4)电池充满后接入负载,观察放电电流变化。蓄电池电量放完时观察放电电流变化,分析变化原因。

9. 光伏阵列设计(需要配置两块太阳能电池板)

(1)按照图 6.2.8 所示电路组建系统。将蓄电池输出的红色和黑色香蕉插座用连接线对应接到 MPPT 控制器的蓄电池输入端,红色对应接红色,黑色对应接黑色。

(2)万用表串接在蓄电池和控制器间。

(3)增加一块太阳能电池板,新增加的太阳能电池板与电路中的电池板并联接入,观察充电电流变化和放电电流变化情况。

10.太阳能照明系统设计

(1)按照图 6.2.8 所示电路组建路灯照明控制系统。将蓄电池输出的红色和黑色香蕉插座用连接线对应接到 MPPT 控制器的蓄电池输入端,红色对应接红色,黑色对应接黑色,将控制器负载端直接接 12 V LED 光源负载。

(2)根据控制器使用方法设置负载输出模式并观察路灯照明控制过程。

11. 太阳能系统电器负载

(1)按照图 6.2.8 所示电路组建路灯照明控制系统。将蓄电池输出的红色和黑色香蕉插座使用连接线对应接到 MPPT 控制器的蓄电池输入端,红色对应接红色,黑色对应接黑色,将控制器负载端按照正负接到逆变器输入端(红色插座对红色插座,黑色插座对黑色插座)。

(2)用万用表测量逆变器输出电压。

(3)接入 220 V 负载(220 V LED 光源),看能否正常工作。注意逆变器最大输出功率为 150 W,不要使用大于 150 W 的用电设备。

12. 综合实验

将不同控制器接入太阳能发电系统中,测量分析不同控制器的输出情况及应用方向。

6.2.5　注意事项

1. 太阳能电池空载时电压较高,最好不要同时接触其正负极,以免触电。在接线时应将光伏组件用不透明物体遮挡住,这样就不会产生电压和电流,从而可以安全操作。

2. 不要将蓄电池错接到控制器的太阳能电池端子上。

3. 连接顺序:蓄电池-负载-太阳能电池。

6.3　太阳能电池及充电器设计

6.3.1　实验目的与要求

1. 了解并掌握太阳能电池的充电原理;
2. 了解并掌握 DC-DC 变换的原理。

6.3.2　实验仪器与材料

光电创新实验仪主机箱 1 个,太阳能电池充电模块 1 块,万用表 1 台,连接线若干。

6.3.3　实验原理与方法

1. 太阳能电池充电

太阳能电池也称为光伏电池,是将阳光辐射能直接转换为电能的器件。由这种器件封装成太阳能电池组件,再按需要将一块以上的组件组合成一定功率的太阳能电池方阵,经与储能装置、测量控制装置及直流-交流变换装置等相配套,即构成太阳能电池发电系统,也称为光伏发电系统。

太阳能电池具有不消耗常规能源、无转动部件、寿命长、维护简单、使用方便、功率大小可任意组合、无噪音、无污染等优点。

经过 40 多年的努力,太阳能电池的研究、开发与产业化已取得巨大进步。目前,太阳能电池已成为空间卫星的基本电源和地面无电、少电地区及某些特殊领域(通信设备、气象台站、航标灯等)的重要电源。

本实验作为一个综合设计性的实验，联系科技开发实际，有一定的新颖性和实用价值，能激发学生的学习兴趣。

本实验原理的核心是太阳能充电控制芯片 CN3083，该芯片是可以用太阳能板供电的单节锂电池充电管理芯片。该器件内部包括功率晶体管，应用时不需要外部的电流检测电阻和阻流二极管。内部的 8 位模拟-数字转换电路能够根据输入电压源的电流输出能力自动调整充电电流，用户不需要考虑最坏情况，可最大限度地利用输入电压源的电流输出能力，非常适合利用太阳能板等电流输出能力有限的电压源供电的锂电池充电应用。CN3083 只需要极少的外围元器件，并且符合 USB 总线技术规范，非常适合于便携式应用的领域。热调制电路在器件的功耗比较大或者环境温度比较高的时候可以将芯片温度控制在安全范围内。内部固定的恒压充电电压为 4.2 V，也可以通过一个外部的电阻调节。充电电流通过一个外部电阻设置。当输入电压掉电时，CN3083 自动进入低功耗的睡眠模式，此时电池的电流消耗小于 3 μA。其他功能包括输入电压过低锁存、自动再充电、电池温度监控以及充电状态/充电结束状态指示等功能。充电状态和充电结束状态双指示输出，电源电压掉电时自动进入低功耗的睡眠模式。采用恒流/恒压/恒温模式充电，既可以使充电电流最大化，又可以防止芯片过热。有电池温度监测、自动再充电、充电结束检测等功能。

2. DC-DC 变换

DC-DC 变换就是将一个量级的直流电压转换为另一个量级的直流电压，包括升压、降压和电压极性变换等。本实验 DC-DC 变换的核心器件为 MC34063。

该器件本身包含了 DC-DC 变换器所需要的主要功能。它由具有温度自动补偿功能的基准电压发生器、比较器、占空比可控的振荡器，RS 触发器和大电流输出开关电路等组成。该器件可用作升压变换器、降压变换器、反向器的控制核心，由它构成的 DC-DC 变换器仅用少量的外部元器件。主要应用于以微处理器(MPU)或单片机(MCU)为基础的系统里。

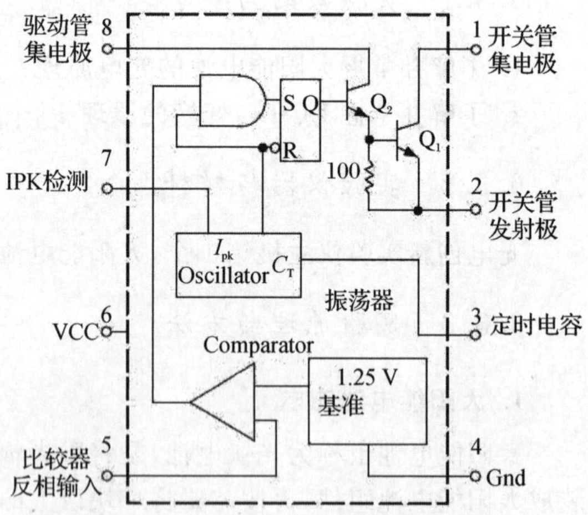

MC34063 集成电路的主要特性：

输入电压范围：2.5～40 V；

输出电压可调范围：1.25～40 V；

输出电流：可达 1.5 A；

工作频率：最高可达 100 kHz；

低静态电流；

短路电流限制；

可实现升压或降压电源变换器。

图 6.3.1　MC34063 的基本结构及引脚

MC34063 的基本结构及引脚见图 6.3.1，各脚功能见表 6.3.1。

本实验由 MC34063 组成的升压电路完成，工作原理如图 6.3.2 所示。当芯片内开关管 Q_1 导通时，电源经取样电阻 R_{SC}、电感 L、MC34063 的 1 脚和 2 脚接地，此时电感 L 开始存储能量，而由 C_o 对负载提供能量。当 Q_1 断开时，电源和电感同时给负载和电容 C_o 提供能量。电感在释放能量期间，由于其两端的电动势极性与电源极性相同，相当于两个电源串联，因而负载上得到的电压高于电源电压。开关管导通与关断的频率称为芯片的工作频率。

只要此频率相对于负载的时间常数足够大，负载上便可获得连续的直流电压。

表 6.3.1 MC34063 的引脚功能

管脚	功能	管脚	功能
1	开关管 Q_1 集电极引出端	5	电压比较器反相输入端，同时也是输出电压取样端；使用时应外接两个精度不低于 1% 的精密电阻
2	开关管 Q_1 发射极引出端	6	电源端
3	定时电容 C_T 接线端；调节 C_T 可使工作频率在 100～100 kHz 范围内变化	7	负载峰值电流 I_{pk} 取样端；6、7 脚之间电压超过 300 mV 时，芯片将启动内部过流保护功能
4	电源地	8	驱动管 Q_2 集电极引出端

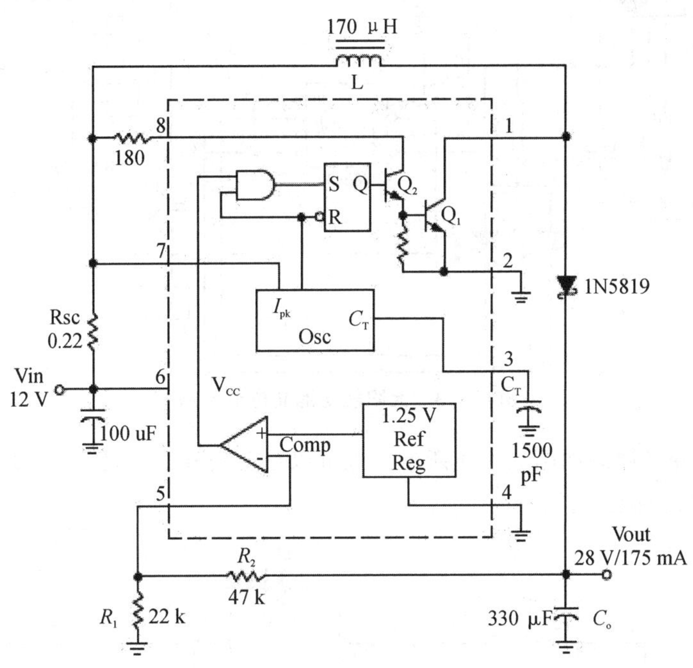

图 6.3.2 MC34063 的升压电路

6.3.4 实验内容与步骤

1. 锂电池充电和 DC/DC 变换

(1)锂电池正极接金色插座 J_5，负极接 J_6，金色插座 J_4 和 J_5 用导线端接或串接电流表(用来测量充电电流)，从其他模块引入＋5 V 接入实验模块的 J_1(正)和 J_3(负)，观察充电电流和充电指示灯指示状况。

(2)锂电池正极接金色插座 J_5 负极接 J_6，金色插座 J_4 和 J_5 用导线短接或串接电流表(用来测量充电电流)，太阳能电池接入实验模块的 J_1(正)和 J_3(负)，观察充电电流和充电指示灯指示状况。太阳照射太阳能电池或用随机配备的 50 W 射灯照射太阳能电池，观察充电电流和充电指示灯指示状况。

(3)充电模块金色插孔 OUT＋和 OUT－接入 DC-DC 变换模块的金色插孔“DCIN＋”和“DCIN－”，用万用表测量 DC－DC 变换模块的输出电压，对比输入输出电压。

2. 太阳能电池充电器电路设计

(1)太阳能电池充电器原理如图 6.3.3 所示。CON1 为外接＋5 V 输入端；J_2 为太阳能电池正输入端；J_3、J_8 为接地端；J_4、J_5 间串联电流表，用来测量充电电流；J_4、J_6 间接锂电池；J_7、J_8 为输出端，可以为其他用电设备供电。

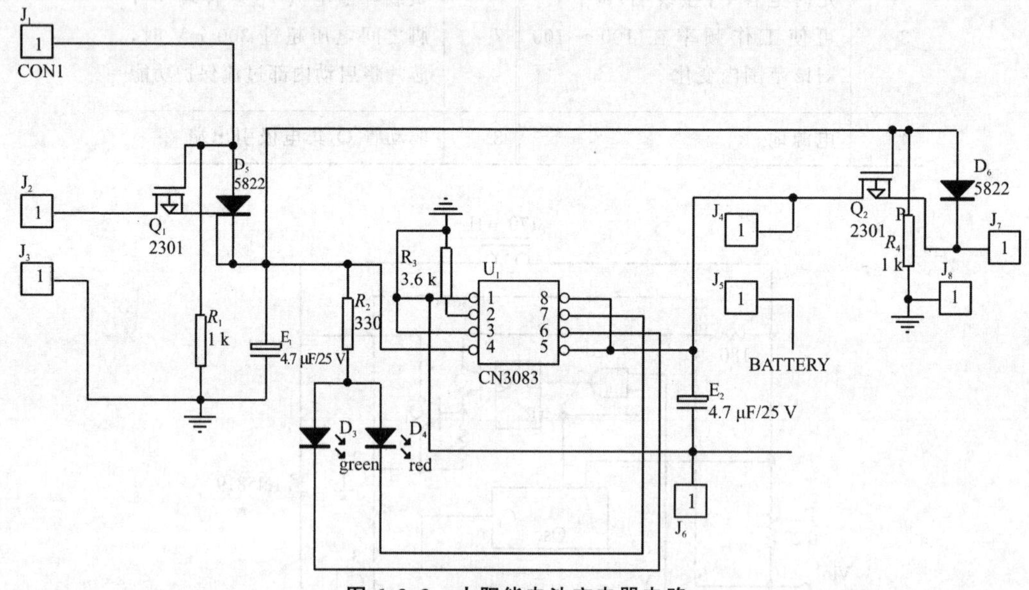

图 6.3.3 太阳能电池充电器电路

(2)DC-DC 变换原理如图 6.3.4 所示。也可以自己查找 MC34063 资料进行学习，自行设计降压和反向转换电路。

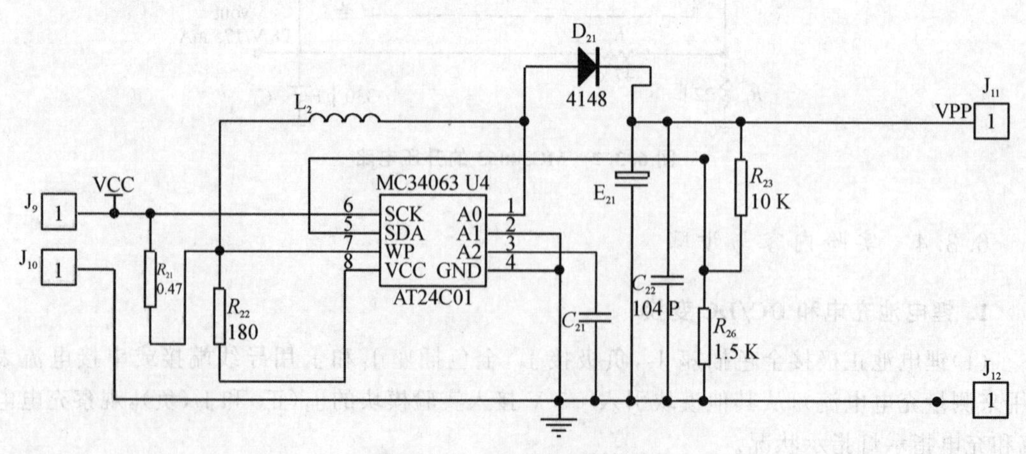

图 6.3.4 DC-DC 变换电路

6.3.5　注意事项

1. 不得扳动面板上面的元器件，以免造成电路损坏，导致实验仪不能正常工作。
2. 不要让锂电池短路，防止发生意外。

6.3.6　思考与分析题

自行设计 MC34063 降压电路。

6.4　220 V 逆变器的组装及性能测试

6.4.1　实验目的与要求

1. 了解并掌握逆变器的工作原理；
2. 了解并掌握逆变器性能的测试方法。

6.4.2　实验仪器与材料

光电创新实验仪主机箱 1 个，12 V 大电流电池 1 组，逆变器 1 台，万用表 3 台，连接线若干。

6.4.3　实验原理与方法

220 V 电源逆变器电路如图 6.4.1 所示。逆变器主要由 MOS 场效应管、普通电源变压器构成。其输出功率取决于 MOS 场效应管和电源变压器的功率。逆变器免除了烦琐的变压器绕制，方便制作。

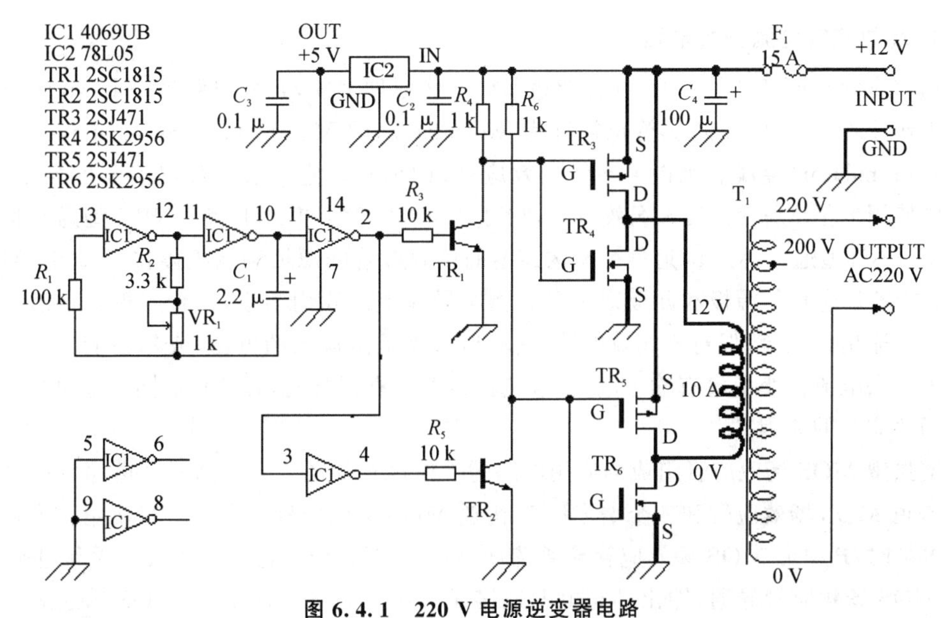

图 6.4.1　220 V 电源逆变器电路

1. 方波的产生

方波的产生采用CD4069构成方波信号发生器，如图6.4.2(a)所示。电路中R_1是补偿电阻，用于改善由于电源电压的变化而引起的振荡频率不稳。电路的振荡是通过电容C_1充放电完成的。其振荡频率为$f=1/2.2RC$。电路的最大频率为：

$$f_{max}=1/(2.2\times2.2\times10^3\times2.2\times10^{-6})=93.9(\mathrm{Hz})$$

最小频率为：

$$f_{min}=1/(2.2\times4.3\times10^3\times2.2\times10^{-6})=48.0(\mathrm{Hz})$$

由于元件的误差，实际值会略有差异。其他多余的反相器输入端接地，避免影响其他电路。

2. 场效应管驱动电路

由于方波信号发生器输出的振荡信号电压振幅为0～5 V，为充分驱动电源开关电路，这里用TR_1、TR_2将振荡信号电压放大至0～12 V，如图6.4.2(b)所示。

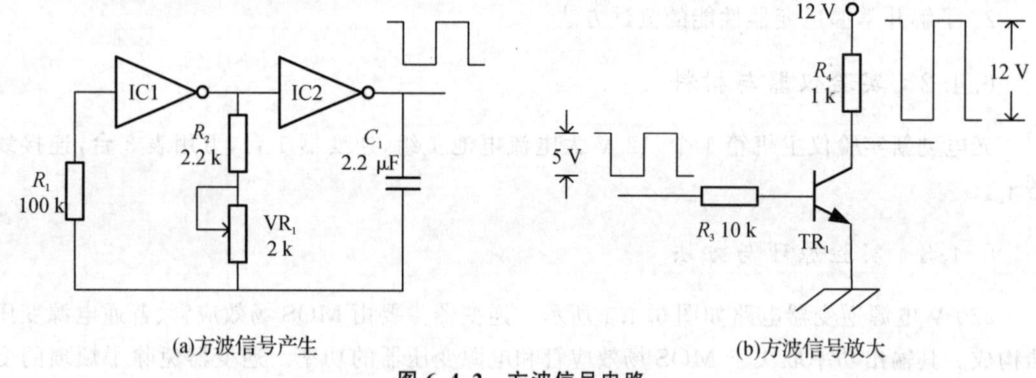

图6.4.2 方波信号电路

3. 场效应管电源开关电路

场效应管是该装置的核心，在介绍该部分工作原理之前，先简单解释一下MOS场效应管的工作原理。MOS场效应管也被称为MOS FET，即Metal Oxide Semiconductor Field Effect Transistor(金属氧化物半导体场效应管)的缩写。它一般有耗尽型和增强型两种。本实验使用的是增强型MOS场效应管，它可分为NPN型和PNP型。NPN型通常称为N沟道型，PNP型通常称P沟道型。N沟道型的场效应管的源极和漏极接在N型半导体上，P沟道的场效应管的源极和漏极则接在P型半导体上。我们知道，一般三极管是由输入的电流控制输出的电流，但对于场效应管，其输出电流是由输入的电压(或称场电压)控制，可以认为输入电流极小或没有输入电流，这使得该器件有很高的输入阻抗，同时这也是我们称之为场效应管的原因。

增强型MOS场效应管组成的应用电路的工作过程如图6.4.3所示。电路将一个增强型P沟道MOS场效应管和一个增强型N沟道MOS场效应管组合在一起使用。当输入端为低电平时，P沟道MOS场效应管导通，输出端与电源正极接通。当输入端为高电平时，N沟道MOS场效应管导通，输出端与电源地接通。在该电路中，P沟道MOS场效应管和N沟道场效应管总是在相反的状态下工作，其相位输入端和输出端相反。通过这种工作方式

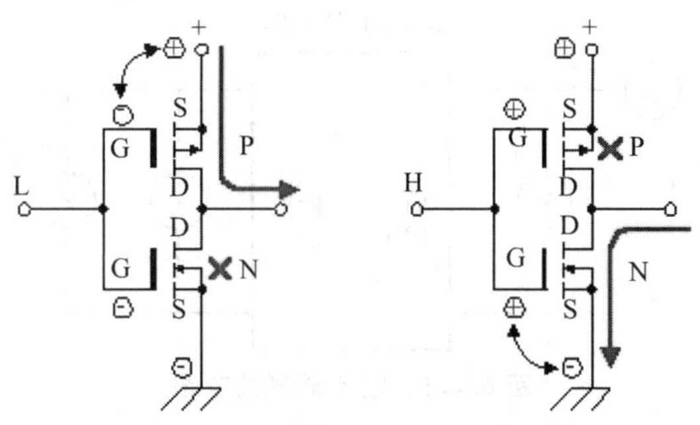

图 6.4.3　增强型 MOS 场效应管

我们可以获得较大的电流输出。同时由于漏电流的影响，栅压在还没有到 0 V，通常在栅极电压小于 1～2 V 时，MOS 场效应管即被关断。不同场效应管关断电压略有不同。也因为如此，该电路不会因为两管同时导通而造成电源短路。

根据以上分析可以画出原理图中 MOS 场效应管部分的工作过程，如图 6.4.4 所示。工作原理同前所述，这种低电压、大电流、频率为 50 Hz 的交变信号通过变压器的低压绕组时，会在变压器的高压侧感应出高压交流电压，完成直流到交流的转换。这里需要注意的是，在某些情况下，如振荡部分停止工作时，变压器的低压侧有时会有很大的电流通过，所以该电路的保险丝不能省略或短接。

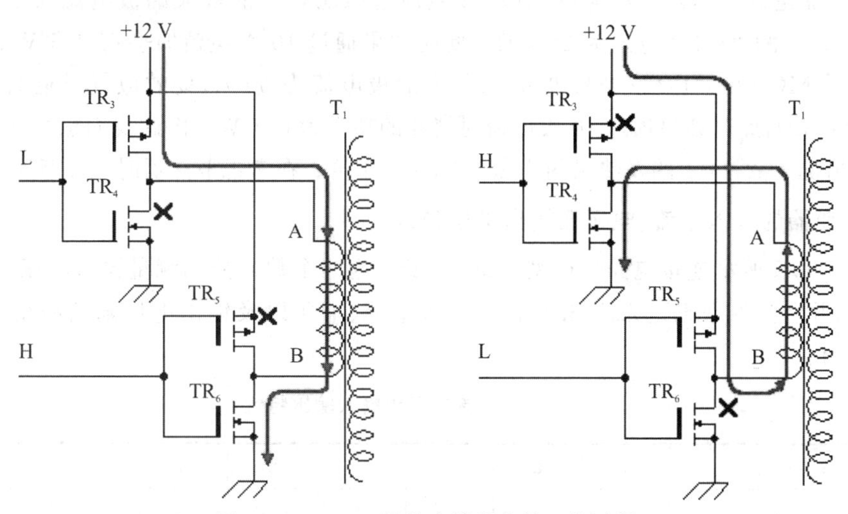

图 6.4.4　MOS 场效应管部分的工作过程

4. 逆变器的性能测试

测试电路如图 6.4.5 所示。这里测试用的输入电源采用内阻低、放电电流大(一般大于 100 A)的 12 V 汽车电瓶，可为电路提供充足的输入功率。测试用负载为普通 25 W 电灯泡。测试的方法是通过改变负载大小，并测量此时的输入电流、电压以及输出电压。输出电压随负荷的增大而下降，灯泡的消耗功率随电压变化而改变，也可以通过计算找出输出电压和功率的关系。但实际上由于电灯泡的电阻会随加在两端电压变化而改变，并且输出电压、电流也不是正弦波，所以这种计算只能看作估算。

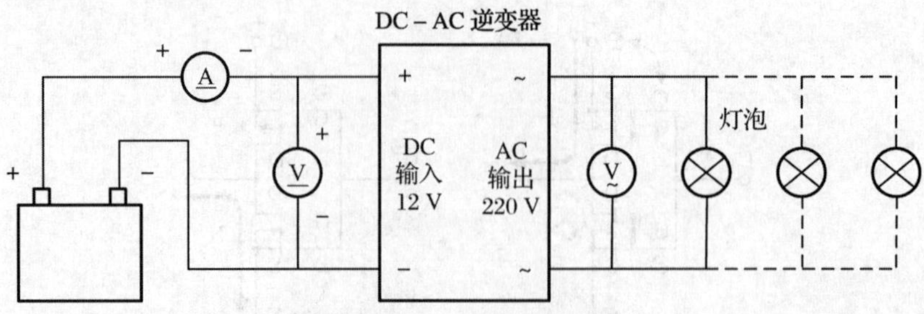

图 6.4.5　逆变器测试电路

假设 25 W 灯泡的电阻不随电压变化而改变。因为 $R=U^2/W=220^2/25=1936(\Omega)$，改变负载(改变灯泡的个数)，假设负载灯泡的个数为 n，则负载总电阻为 $1936/n(\Omega)$，此时负载的功率 $W=U^2/R$，由此可折算出输出电压和输出功率的关系。通过测量逆变器的输入电压和输入电流，再根据 $W=UI$ 可求输入功率，进而可求出逆变器的效率。

6.4.4　实验内容与步骤

1. 根据电路组装和调试逆变器

自行设计并制作电路板，逆变器的变压器采用次级为 12 V、电流为 10 A、初级电压为 220 V 的成品电源变压器。P 沟道 MOS 场效应管(2SJ471)的最大漏极电流为 30 A，在场效应管导通时，漏-源极间电阻为 25 mΩ。此时如果通过 10 A 电流时会有 2.5 W 的功率消耗。N 沟道 MOS 场效应管(2SK2956)的最大漏极电流为 50 A，场效应管导通时，漏-源极间电阻为 7 mΩ，此时如果通过 10 A 电流时消耗的功率为 0.7 W。由此我们也可知在同样的工作电流情况下，2SJ471 的发热量约为 2SK2956 的 4 倍。在考虑散热器时应注意这点。

2. 逆变器的输入电流、电压及输出电压测试

按图 6.4.5 所示连接电路。改变负载(改变灯泡的个数)，分别测量输入电流、电压以及输出电压，并将测量数据记入表 6.4.1，作输入电流、电压以及输出电压随负载变化的电流电压特性图。

表 6.4.1　电流电压和输入输出特性

R_L/个	1	2	3	3	5	6	7	8
I_{in}/A								
U_{in}/V								
U_{out}/V								
$P_{in}=I_{in}U_{in}$/W								
$P_{out}=\frac{nU_{out}^2}{1936}$/W								
$\eta=\frac{P_{out}}{P_{in}}$								

3. 逆变器的输入、输出功率及效率测试

根据表 6.4.1 所得的数据作逆变器的功率-效率特性图。

6.4.5 注意事项

1. 不得扳动面板上面的元器件,以免造成电路损坏,导致实验仪不能正常工作。
2. 不要让蓄电池短路,防止发生意外。
3. 电路中的保险丝不能省略或短接。

6.4.6 思考与分析题

1. 若负载换成大功率的变阻器,应如何考虑和分析其功率和最大允许通过的电流?
2. 如何安装 TR_1～TR_4 四个大功率场效应管的散热片?

附录 光学单位

光强度(坎德拉)、光亮度(坎德拉/米^2)、光通量(流明)、光照度(勒克斯)

1967 年法国第十三届国际计量大会规定了以坎德拉(cd)、坎德拉/米^2(cd/m^2)、流明(lm)、勒克斯(lx)分别作为发光强度、光亮度、光通量和光照度等的单位,对统一工程技术中使用的光学度量单位有重要意义。

名称	单位	符号	定义
光强度	cd (candela)坎德拉	$I=F/\Omega$	光源在指定方向的单位立体角内发出的光通量
光亮度	cd/m^2 坎德拉/米^2		表示发光面明亮程度,指发光表面在指定方向的发光强度与垂直于指定方向的发光面的面积之比
光通量	lm (lumen)流明	F	单位时间里通过某一面积的光能,称为通过这一面积的辐射能通量 绝对黑体在铂的凝固温度下,从 5.305×10^3 cm^2 面积上辐射出来的光通量为 1 lm 为表明光强和光通量的关系,发光强度为 1 cd 的点光源在单位立体角(1 球面度)内发出的光通量为 1 lm
光照度	lx (lux) 勒克斯		被光均匀照射的物体,距离该光源 1 m 处,在 1 m^2 面积上得到的光通量是 1 lm 时,它的照度是 1 lx 习称"烛光米"

1. 烛光、国际烛光、坎德拉的定义

在每平方米 101325 牛顿的标准大气压下,面积等于 1/60 cm^{2}的绝对"黑体"(即能够吸收全部外来光线而毫无反射的理想物体),在纯铂(Pt)凝固温度(约 2042 K 或 1769 ℃)时,沿垂直方向的发光强度为 1 坎德拉。烛光、国际烛光、坎德拉三个概念是有区别的,不宜等同。从数量上看,60 坎德拉等于 58.8 国际烛光,亥夫纳灯的 1 烛光等于 0.885 国际烛光或 0.919 坎德拉。

2. 发光强度与光亮度

发光强度简称光强,国际单位是 candela(坎德拉),简写 cd。Lcd 是指光源在指定方向的单位立体角内发出的光通量。光源辐射是均匀时,则光强为 $I=F/\Omega$,Ω 为立体角,单位为球面度(sr);F 为光通量,单位是流明。对于点光源,有 $I=F/4$。光亮度是表示发光面明亮程度的，指发光表面在指定方向的发光强度与垂直且指定方向的发光面的面积之比，单位是坎德拉/平方米。对于一个漫散射面，尽管各个方向的光强和光通量不同，但各个方向的亮度都是相等的。电视机的荧光屏就是近似于这样的漫散射面，所以从各个方向上观看图像，都有相同的亮度感。

部分光源的亮度值单位(cd/m^2)：太阳：1.5×10^{10}；日光灯：$(5\sim10)\times10^3$；月光(满月)：2.5×10^3；黑白电视机荧光屏：120 左右；彩色电视机荧光屏：80 左右。

3. 光通量与流明

光源所发出的光能是向所有方向辐射的。在单位时间里通过某一面积的光能，称为通过这一面积的辐射能通量。各色光的频率不同，眼睛对各色光的敏感度也有所不同，即使各色光的辐射能通量相等，在视觉上并不能产生相同的明亮程度，在各色光中，黄、绿色光能激起最大的明亮感觉。如果用绿色光作为标准，令它的光通量等于辐射能通量，则对其他色光来说，激起明亮感觉的本领比绿色光更小，光通量也小于辐射能通量。光通量的单位是流明，是英文 lumen 的音译，简写为 lm。绝对黑体在铂的凝固温度下，从 $5.305\times10^3\ cm^2$ 面积上辐射出来的光通量为 1 lm。为表明光强和光通量的关系，发光强度为 1 cd 的点光源在单位立体角(1 球面度)内发出的光通量为 1 lm。一只 40 W 的日光灯输出的光通量大约是 2100 lm。

4. 光照度与勒克斯

光照度可用照度计直接测量。光照度的单位是勒克斯，是英文 lux 的音译，简写为 lx。被光均匀照射的物体，在 1 m^2面积上得到的光通量是 1 lm 时，它的照度是 1 lx。有时为了充分利用光源，常在光源上附加一个反射装置，使得某些方向能够得到比较多的光通量，以增加这一被照面上的照度，如汽车前灯、手电筒、摄影灯等。

各种环境照度值(单位 lx)：黑夜：$0.001\sim0.02$；月夜：$0.02\sim0.3$；阴天室内：$5\sim50$；阴天室外：$50\sim500$；晴天室内：$100\sim1000$；夏季中午太阳光下：约为 10^9；阅读书刊时所需的照度：$50\sim60$；家用摄像机标准照度：1400。